普通物理教程

（上册）第3版

王俊平　苏欣纺　编著

清华大学出版社
北京

内容简介

《普通物理教程》(上、下册)第3版是根据教育部最新修订的“高等学校理工科非物理类专业大学物理课程基本要求”和国内工科物理教材改革动态，并结合编者多年从事工科物理教学的经验编写而成。其中：上册为力学篇、热学篇、振动与波动篇，下册为波动光学篇、电磁学篇、量子物理基础篇及专题选读篇，全书共计7篇15章内容。每章由教学基本内容、例题、章节要点、习题四部分组成，每章附有二维码，扫描二维码，可见本章相关科学家介绍、自测题和能力提高题以及答案。书后附有习题答案。

本书可作为高等学校非物理专业学生物理课程的基础教材，也可作为高校物理教师、学生和相关技术人员的参考书。

图书在版编目(CIP)数据

普通物理教程. 上册/王俊平，苏欣纺编著. —3版. —北京：清华大学出版社，2020.2
ISBN 978-7-302-54701-3

Ⅰ. ①普… Ⅱ. ①王… ②苏… Ⅲ. ①普通物理学－高等学校－教材 Ⅳ. ①O4

中国版本图书馆CIP数据核字(2019)第296852号

责任编辑：鲁永芳
封面设计：常雪影
责任校对：赵丽敏
责任印制：刘海龙

出版发行：清华大学出版社
网　　址：http://www.tup.com.cn，http://www.wqbook.com
地　　址：北京清华大学学研大厦A座　　**邮　　编**：100084
社 总 机：010-62770175　　**邮　　购**：010-62786544
投稿与读者服务：010-62776969，c-service@tup.tsinghua.edu.cn
质量反馈：010-62772015，zhiliang@tup.tsinghua.edu.cn
印 装 者：北京密云胶印厂
经　　销：全国新华书店
开　　本：185mm×260mm　　**印　　张**：14.5　　**字　　数**：353千字
版　　次：2012年9月第1版　2020年2月第3版　　**印　　次**：2020年2月第1次印刷
定　　价：45.00元

产品编号：083097-01

前言

FOREWORD

物理学是研究物质的基本结构、基本运动形式及其相互作用和转化规律的科学。它的基本理论渗透在自然科学的各个领域，广泛应用于生产技术，是自然科学和工程技术的基础。大学物理课程是高等学校理工科各专业学生一门重要的必修基础课，是为提高学生的现代科学素质服务的，在培养学生科学的自然观、宇宙观和辩证唯物主义世界观、探索创新精神、科学思维能力、掌握科学方法等方面，都具有其他课程不可替代的重要作用。

本书在内容上遵循教育部最新修订的"高等学校理工科非物理类专业大学物理课程基本要求"，在编写中力求使读者掌握物理学的基本概念和规律，建立较完整的物理思想，同时渗透人文社会科学知识，让读者活用所学知识，加强应用能力，实现知识、能力与素质协调发展。全书共分7篇：力学、热学、振动与波动、波动光学、电磁学、量子物理基础及专题选读，分上、下两册出版。为了帮助学生掌握各篇内容的体系结构与脉络，每章均编有章节要点并附有部分习题。书后附有物理学常用数据及常用数学公式以及习题答案，以方便学生查阅和使用。书中还选有少量的阅读材料以开阔学生视野，拓展知识面，激发学生的学习兴趣，并启迪学生的创造性。全书讲授约需120学时。

本书由王俊平、苏欣纺、黄伟、余丽芳、聂传辉、宫瑞婷、陈蕾、马黎君、孙立平、崔慧娟、黎芳等11位教师参加编写。上册包含1～8章。其中王俊平编写第1章和第2章，马黎君编写第3章，黄伟编写第4章，孙立平编写第5章，崔慧娟编写第6章，黎芳编写第7章，余丽芳编写第8章。下册包含9～15章，及专题选读。其中余丽芳编写第9章，苏欣纺编写第10～11章，聂传辉编写第12章，黎芳编写第13章，陈蕾编写第14～15章，宫瑞婷编写专题选读。上册由王俊平、苏欣纺负责统稿，下册由苏欣纺、王俊平负责统稿，黄伟教授负责全书主审。本教材第2版于2015年8月出版，经过北京建筑大学和部分院校使用4年多，基本体现了编者的初衷：难度适中、深入浅出、篇幅不大、易教易学。根据使用者反映的情况和编者在这几年使用本书授课的经验，我们出版了第3版。第3版保留了原有教材的框架，对上、下册的章节顺序进行了调整，对原书的部分内容进行了增补和修订，调整了部分习题，同时每章增加了二维码，二维码内含本章相关科学家介绍、自测题和能力提高题及答案等新内容，这些内容将会不断更新。

本书在编写过程中参考了近年来出版的部分优秀大学物理教材(见参考文献)，同时得到北京市优秀教学团队——北京建筑大学大学物理教学团队全体教师的支持和帮助，尤其得到了魏京花教授的大力支持，在此一并表示衷心的感谢。

由于编者水平有限，修订后书中仍不免存在错误和疏漏，恳请使用本教材的读者批评指正。

编　者

2019年10月

目录

CONTENTS

第1篇　力　　学

第2篇 热 学

第 3 篇　振动与波动

第1篇

力　学

第 1 章

质点运动学

物体之间或同一物体各部分之间相对位置的变动称为机械运动(简称运动)。机械运动是自然界中最简单、最普遍的一种运动形式,物理学中把研究机械运动的规律及其应用的学科称为力学。力学成为一门科学理论是从 17 世纪伽利略(Galileo Galilei,1564—1642 年)论述物体的惯性运动开始的,继而牛顿(Isaac Newton,1643—1727 年)提出了三个运动定律。以牛顿定律为基础的力学称为牛顿力学或经典力学。

质点是经典力学中的理想模型之一,是为了研究问题的方便,突出主要矛盾、忽略次要矛盾而抽象出来的理想模型,它是有质量而无线度的物体。任何物体都有一定的大小,但当其线度对所讨论的问题影响很小,且物体内部运动状态差别可忽略时,可把物体看作质点。描述质点运动状态变化的物理量有:位置矢量、位移、速度和加速度等。本章主要研究这四个物理量之间的相互关系及如何用它们来描述物体的机械运动。研究物体位置随时间的变化或运动轨道问题而不涉及物体发生运动变化原因的学科称为运动学。

1.1 位置矢量和位移

1.1.1 参考系与坐标系

物体的机械运动是指它的位置随时间的改变。位置总是相对的,这就是说任何物体的位置总是相对于其他物体或物体系来确定的。这个其他的物体或物体系就叫做确定运动物体位置的参考系,简而言之:被选做参照的物体或物体系称为参考系。

例如:确定交通车辆的位置时,我们用固定在地面上的一些物体,如房子或路牌作参考系,这样的参考系通常称为地面参考系。在物理实验中,确定某一物体的位置时,我们就用固定在实验室内的物体,如周围的墙壁或固定的实验桌作参考系,这样的参考系就称为实验室参考系。

经验告诉我们,相对于不同的参考系,同一物体的同一运动会表现为不同的运动形式。例如:一自由落体的运动,在地面参考系中观察时,它作竖直向下的直线运动;如果在近旁驶过的车厢内观察,即以一行进的车厢为参考系,则物体将作曲线运动。物体的运动形式随参考系的不同而不同,这个事实就是运动的相对性。由于运动的相对性,当我们确定一个物体的运动时就必须指明是相对于哪个参考系来说的。宇宙中的所有物体都处于永不停止的运动中,这就是与之相对应的运动的绝对性。

当确定了参考系后,为了确切地、定量地说明一个质点相对于此参考系的位置,就得在此参考系上选择一个坐标系。最常见的是笛卡儿(René Descartes,1596—1650年)直角坐标系,但有时为了研究问题的方便还会选用平面极坐标系、球坐标系、柱坐标系和自然坐标系等。对于笛卡儿直角坐标系而言,称一固定点为坐标原点,记作 O,从此原点沿三个相互垂直的方向引三条固定的且有刻度和方向的直线作为坐标轴,通常记作 x、y、z 轴,如图1-1所示。于是在这样的坐标系中,一个质点在任意时刻的位置将会准确给出,如 P 点就可以用坐标 $P(x,y,z)$ 来表示。

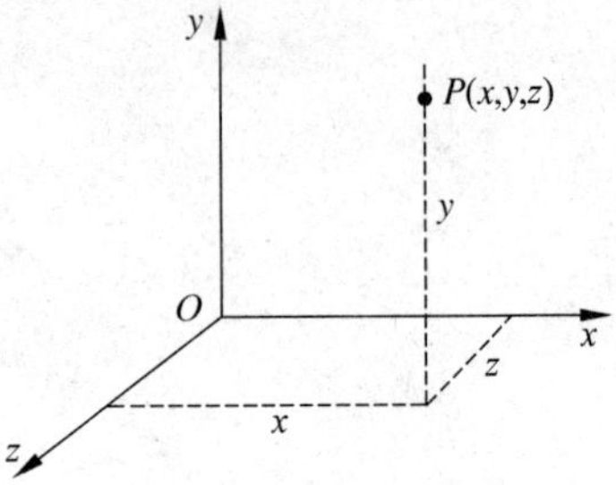

图1-1 质点的位置表示

1.1.2 位置矢量(即运动方程)

由于运动是与时间有关的,在不同的时刻,质点的位置不同,也就是说位置是随时间而变化的,用数学函数的形式来表示,即

$$\begin{cases} x = x(t) \\ y = y(t) \\ z = z(t) \end{cases} \tag{1-1}$$

这样的一组函数称为质点的运动方程。将质点的运动方程消去时间参数 t,得到坐标相关的方程称为质点的轨道方程

$$f(x,y,z) = 0 \tag{1-2}$$

在坐标系中可画出相应的函数曲线即质点运动的运动轨迹。

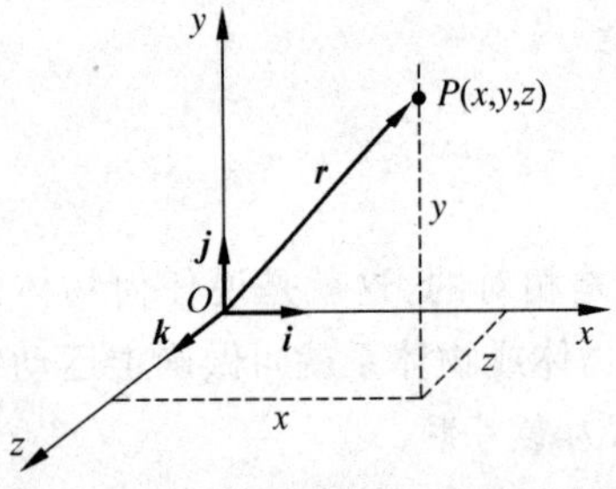

图1-2 位置矢量

为了确定质点在空间的位置,我们可以使用位置矢量这一更简洁、更清楚的概念。图1-2中质点 P 的位置,可以用笛卡儿坐标系中的三个坐标 x、y、z 确定。如果从原点 O 向 P 作有向线段 $\boldsymbol{r}$,显然,有向线段 $\boldsymbol{r}$ 与 P 点的位置 (x,y,z) 有一一对应的关系,因此可以借用从参考点 O 到 P 的有向线段 $\boldsymbol{r}$ 来表示 P 点的位置,我们称 $\boldsymbol{r}$ 为 P 点的位置矢量。若以 $\boldsymbol{i}$、$\boldsymbol{j}$、$\boldsymbol{k}$ 分别表示沿 x、y、z 轴的单位矢量,则在笛卡儿坐标系中,P 点的位置矢量为

$$\boldsymbol{r} = x(t)\boldsymbol{i} + y(t)\boldsymbol{j} + z(t)\boldsymbol{k} \tag{1-3}$$

式(1-1)中各函数表示质点位置的各坐标值随时间的变化情况,可以看作是质点沿各个坐标轴的分运动表示式。质点的实际运动是由式(1-1)中的三个函数的总体式(1-3)表示。同时式(1-3)也表明:质点的实际运动是各分运动的矢量和,这个由空间的几何性质所决定的各分运动和实际运动的关系称为运动叠加原理。

在国际单位制(SI)[①]中，位置矢量的量纲单位为米(m)，大小和方向分别用其模和方向余弦来表示，即

$$r=|\boldsymbol{r}|=\sqrt{x^2+y^2+z^2}$$

$$\cos(\boldsymbol{r},\boldsymbol{i})=\frac{x}{\sqrt{x^2+y^2+z^2}},\quad \cos(\boldsymbol{r},\boldsymbol{j})=\frac{y}{\sqrt{x^2+y^2+z^2}},\quad \cos(\boldsymbol{r},\boldsymbol{k})=\frac{z}{\sqrt{x^2+y^2+z^2}}$$

如：若质点 P 的位置为(2,3,4)，则质点 P 的位置矢量为

$$\boldsymbol{r}=2\boldsymbol{i}+3\boldsymbol{j}+4\boldsymbol{k}$$

质点 P 的位置矢量大小为

$$r=|\boldsymbol{r}|=\sqrt{2^2+3^2+4^2}\ \mathrm{m}=\sqrt{29}\ \mathrm{m}$$

质点 P 的位置矢量的方向余弦为

$$\cos(\boldsymbol{r},\boldsymbol{i})=\frac{2}{\sqrt{29}},\quad \cos(\boldsymbol{r},\boldsymbol{j})=\frac{3}{\sqrt{29}},\quad \cos(\boldsymbol{r},\boldsymbol{k})=\frac{4}{\sqrt{29}}$$

1.1.3 位移矢量

从运动质点初始时刻所在位置指向运动质点任意时刻所在位置的有向线段称为在对应时间内的位移矢量(简称位移)。如图1-3所示，质点 P 沿图中曲线运动，t 时刻位于 P_1 点，$t+\Delta t$ 时刻位于 P_2 点。P_1 和 P_2 两点的位置矢量分别为 $\boldsymbol{r}(t)$ 和 $\boldsymbol{r}(t+\Delta t)$，在时间 Δt 内质点的空间位置变化可用矢量 $\Delta\boldsymbol{r}$ 来表示，其关系式为

$$\boldsymbol{r}(t+\Delta t)-\boldsymbol{r}(t)=\Delta\boldsymbol{r} \tag{1-4}$$

$\Delta\boldsymbol{r}$ 是描述质点空间位置变化的物理量，它同时也表示了质点位置变化的距离和方向。

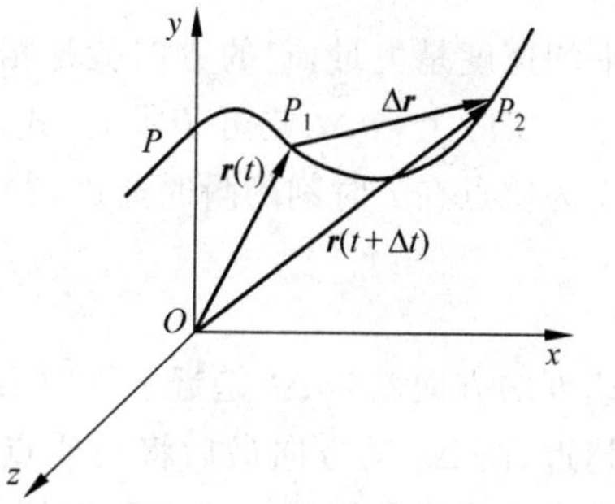

图1-3 位移矢量

位移不同于位置矢量。在质点运动过程中，位置矢量表示某时刻质点的位置，它描述该时刻质点相对于坐标原点的位置状态，是描述状态的物理量。位移则表示某段时间内质点位置的变化，它描述该段时间内质点状态的变化，是与运动过程相对应的物理量。

位移也不同于路程。质点从 P_1 运动到 P_2 所经历的路程 Δs 是图1-3中从 P_1 到 P_2 的一段曲线长度，路程是标量，恒取正值。在一般情况下，路程 Δs 与位移的大小 $|\Delta\boldsymbol{r}|$(图1-3中 P_1 和 P_2 之间的弦长)并不相等。只有当质点作单向的直线运动时，路程和位移的大小才是相等的。此外，在时间间隔 $\Delta t\to 0$ 的极限情况下，P_2 无限靠近 P_1，弦 P_1P_2 与曲线 P_1P_2 的长度无限接近，这时，路程 $\mathrm{d}s$ 与位移的大小 $|\mathrm{d}\boldsymbol{r}|$ 才相等，即 $\mathrm{d}s=|\mathrm{d}\boldsymbol{r}|$。

在笛卡儿坐标系中，位移 $\Delta\boldsymbol{r}$ 的表达式为

$$\begin{aligned}\Delta\boldsymbol{r}&=\boldsymbol{r}_2-\boldsymbol{r}_1\\&=(x_2\boldsymbol{i}+y_2\boldsymbol{j}+z_2\boldsymbol{k})-(x_1\boldsymbol{i}+y_1\boldsymbol{j}+z_1\boldsymbol{k})\end{aligned}$$

① 国际单位制(SI)见附录B。

$$=(x_2-x_1)\boldsymbol{i}+(y_2-y_1)\boldsymbol{j}+(z_2-z_1)\boldsymbol{k}$$
$$=\Delta x\boldsymbol{i}+\Delta y\boldsymbol{j}+\Delta z\boldsymbol{k}$$

如：若 P_1 点的位置矢量为 $\boldsymbol{r}_1=\boldsymbol{i}+3\boldsymbol{j}+5\boldsymbol{k}$，$P_2$ 点的位置矢量为 $\boldsymbol{r}_2=2\boldsymbol{i}+4\boldsymbol{j}+6\boldsymbol{k}$，则 P_1 与 P_2 间的位移为 $\Delta\boldsymbol{r}=\boldsymbol{r}_2-\boldsymbol{r}_1=\boldsymbol{i}+\boldsymbol{j}+\boldsymbol{k}$。

在实际应用中，常用坐标系还有平面极坐标系和自然坐标系等。平面极坐标系是在描述点 A 的位置由该点与选取的坐标原点 O 的距离 $r=|\boldsymbol{r}|$ 及位矢 $\boldsymbol{r}$ 与某选定的射线矢量 $\overline{Ox}$(极轴) 的有向 θ(辐角) 共同决定。自然坐标系是在质点运动轨迹已知的情况下，选定轨迹上任意一点 O 为原点，并沿轨迹规定一个正方向，于是，点 P 的位置可由该点到原点的轨迹长度 s(再加上正、负号)来确定。在讨论圆周运动时，由于质点运动轨迹是已知的圆周，因此选用自然坐标系就比较方便。

1.2 速度与加速度

1.2.1 速度

质点的位置随着时间变化产生了位移，而位移一般也是随时间变化的，那么位移 $\Delta\boldsymbol{r}$ 和产生这段位移所用的时间 Δt 之间有怎样的关系呢？$\Delta\boldsymbol{r}/\Delta t$ 是一个怎样的物理量呢？

从物理意义上来看，它描述的是质点位置变化的快慢和位置变化的方向。由于它对应的是时间间隔而不是某一时刻或位置，所以我们称其为在 Δt 时间内的平均速度，以 $\bar{\boldsymbol{v}}$ 表示，即

$$\bar{\boldsymbol{v}}=\frac{\Delta\boldsymbol{r}}{\Delta t} \tag{1-5}$$

平均速度是矢量，它的方向就是相应位移的方向，如图 1-4 所示。

实际上当 Δt 趋近于零时，式(1-4)的极限就是质点位置矢量对时间的变化率。将其定义为质点在 t 时刻的瞬时速度(简称速度)，以 $\boldsymbol{v}$ 表示，即

$$\boldsymbol{v}=\lim_{\Delta t\to 0}\frac{\Delta\boldsymbol{r}}{\Delta t}=\frac{\mathrm{d}\boldsymbol{r}}{\mathrm{d}t} \tag{1-6}$$

速度的方向就是 Δt 趋近于零时 $\Delta\boldsymbol{r}$ 的方向，如图 1-4 所示。当 Δt 趋近于零时 P_1 点向 P 点趋近，而 $\Delta\boldsymbol{r}$ 的方向最后将与质点运动轨道在 P 点的切线方向一致。因此质点在时刻 t 的速度方向沿着该时刻质点所在处运动轨道的切线指向运动的前方。可见它能够反映某一时刻或某一位置时质点的运动快慢和运动方向。这就是速度与平均速度的区别所在。

速度的大小定义为速率，以 v 表示，即

$$v=|\boldsymbol{v}|=\left|\frac{\mathrm{d}\boldsymbol{r}}{\mathrm{d}t}\right|=\lim_{\Delta t\to 0}\frac{|\Delta\boldsymbol{r}|}{\Delta t} \tag{1-6a}$$

以 Δs 表示在 Δt 时间内质点沿轨道所经历的路程。当 Δt 趋近于零时，由于 $|\Delta\boldsymbol{r}|$ 和 Δs 将趋于相同，因此可以得到

$$v=\lim_{\Delta t\to 0}\frac{|\Delta\boldsymbol{r}|}{\Delta t}=\lim_{\Delta t\to 0}\frac{\Delta s}{\Delta t}=\frac{\mathrm{d}s}{\mathrm{d}t} \tag{1-6b}$$

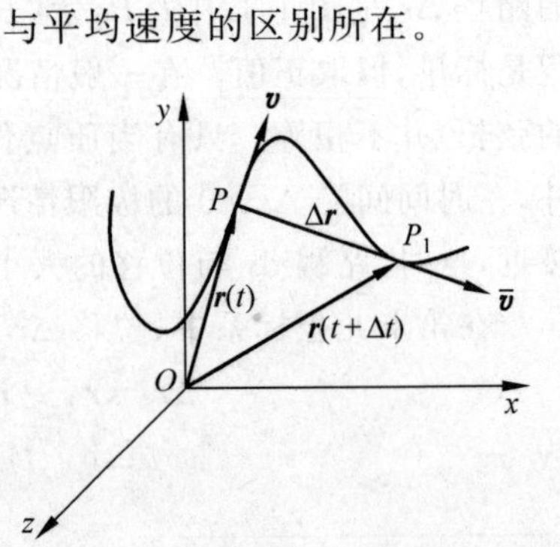

图 1-4 平均速度与速度

这就是说速度的大小又等于质点所走过的路程对时

间的变化率(即速率)。因此以后对速率和速度的大小不再区别。

注意：位移的大小 $|\Delta \boldsymbol{r}|$ 与 Δr 是有区别的，一般来讲

$$\boldsymbol{v}=\left|\frac{\mathrm{d}\boldsymbol{r}}{\mathrm{d}t}\right|\neq\frac{\mathrm{d}r}{\mathrm{d}t}$$

若将式(1-3)代入式(1-6)，由于三个坐标轴上的单位矢量都不随时间变化，所以有

$$\boldsymbol{v}=\frac{\mathrm{d}x}{\mathrm{d}t}\boldsymbol{i}+\frac{\mathrm{d}y}{\mathrm{d}t}\boldsymbol{j}+\frac{\mathrm{d}z}{\mathrm{d}t}\boldsymbol{k}=v_x\boldsymbol{i}+v_y\boldsymbol{j}+v_k\boldsymbol{k} \tag{1-6c}$$

从式(1-6c)可以看出：质点的速度 $\boldsymbol{v}$ 是各分速度的矢量和。这一关系式是式(1-3)的直接结果，也是由空间几何性质所决定。这一关系式称为速度叠加原理(一般来讲，各分速度不一定相互垂直)。

由式(1-6c)知各分速度相互垂直，所以 $\boldsymbol{v}$ 的大小和方向由下式决定：

$$v=\sqrt{v_x^2+v_y^2+v_z^2}$$

$$\cos(\boldsymbol{v},\boldsymbol{i})=\frac{v_x}{\sqrt{v_x^2+v_y^2+v_z^2}}$$

$$\cos(\boldsymbol{v},\boldsymbol{j})=\frac{v_y}{\sqrt{v_x^2+v_y^2+v_z^2}}$$

$$\cos(\boldsymbol{v},\boldsymbol{k})=\frac{v_z}{\sqrt{v_x^2+v_y^2+v_z^2}}$$

在国际单位制(SI)中速度的单位为 m/s。

1.2.2　加速度

当质点的运动速度随时间改变时，常常要搞清速度的变化情况，速度的变化情况常以另一个物理量——加速度来表示。若以 $\boldsymbol{v}(t)$ 和 $\boldsymbol{v}(t+\Delta t)$ 分别表示质点在 t 时刻和 $t+\Delta t$ 时刻的速度，如图 1-5 所示。

则在 Δt 时间内的平均加速度 $\boldsymbol{a}$ 由下式来定义：

$$\bar{\boldsymbol{a}}=\frac{\boldsymbol{v}(t+\Delta t)-v(t)}{\Delta t}=\frac{\Delta\boldsymbol{v}}{\Delta t} \tag{1-7}$$

当 Δt 趋于零时，此平均加速度的极限，即速度对时间的变化率，称为质点在 t 时刻的瞬时加速度(简称加速度)。以 $\boldsymbol{a}$ 表示，即

$$\boldsymbol{a}=\lim_{\Delta t\to 0}\frac{\Delta\boldsymbol{v}}{\Delta t}=\frac{\mathrm{d}\boldsymbol{v}}{\mathrm{d}t} \tag{1-8}$$

加速度也是矢量，由于它是速度对时间的变化率，所以不管是速度的大小发生变化，还是速度的方向发生变化，都有不为零的加速度存在。利用式(1-6)，则

$$\boldsymbol{a}=\frac{\mathrm{d}^2\boldsymbol{r}}{\mathrm{d}t^2} \tag{1-8a}$$

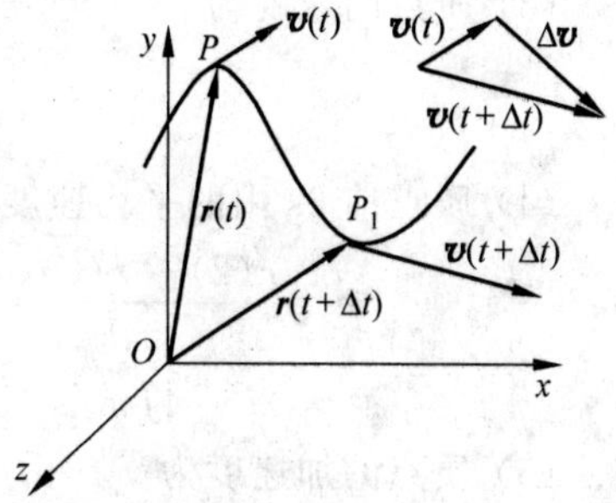

图 1-5　平均加速度矢量

将式(1-6c)代入式(1-8a)，可得加速度的分量表示

式如下：

$$\boldsymbol{a}=\frac{\mathrm{d}v_x}{\mathrm{d}t}\boldsymbol{i}+\frac{\mathrm{d}v_y}{\mathrm{d}t}\boldsymbol{j}+\frac{\mathrm{d}v_z}{\mathrm{d}t}\boldsymbol{k}=a_x\boldsymbol{i}+a_y\boldsymbol{j}+a_z\boldsymbol{k} \tag{1-8b}$$

加速度的大小和方向分别为

$$a=\sqrt{a_x^2+a_y^2+a_z^2}$$

$$\cos(\boldsymbol{a},\boldsymbol{i})=\frac{a_x}{\sqrt{a_x^2+a_y^2+a_z^2}}$$

$$\cos(\boldsymbol{a},\boldsymbol{j})=\frac{a_y}{\sqrt{a_x^2+a_y^2+a_z^2}}$$

$$\cos(\boldsymbol{a},\boldsymbol{k})=\frac{a_z}{\sqrt{a_x^2+a_y^2+a_z^2}}$$

在国际单位制(SI)中加速度的单位为 $\mathrm{m/s^2}$。

在定义速度和加速度时，都用到了求极限的方法，这种做法在物理学各部分经常出现。求极限是人类对物质和运动作定量描述时在准确程度上的一次重大飞跃。实际上极限概念是牛顿在17世纪对物体的运动作定量研究时提出的，可见微积分学的创立是与对物体运动的定量研究分不开的。微积分学是数学的一个重要分支，也是研究物理学不可缺少的重要工具。

例 1-1 已知一质点的运动方程为 $x=2t$，$y=18-2t^2$，其中 x、y 以 m 计，t 以 s 计。求：

(1) 质点的轨道方程并画出其轨道曲线；

(2) 质点的位置矢量；

(3) 质点的速度；

(4) 质点前 2s 内的平均速度；

(5) 质点的加速度。

解 (1) 将质点的运动方程消去时间参数 t，得质点轨道方程为 $y=18-\dfrac{x^2}{2}$，质点的轨道曲线如图 1-6 所示。

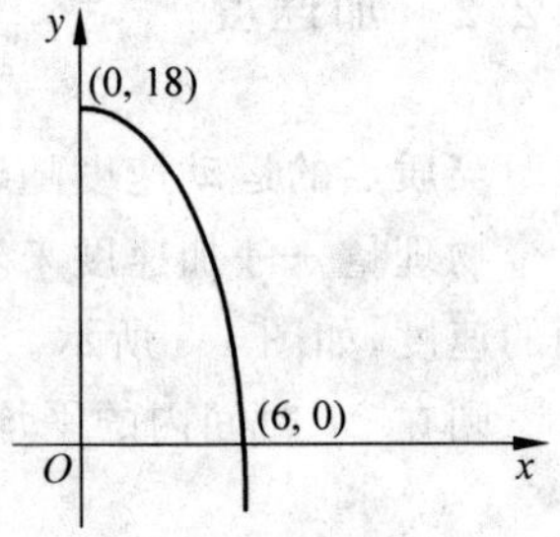

图 1-6 质点的轨迹曲线

(2) 质点的位置矢量为

$$\boldsymbol{r}=2t\boldsymbol{i}+(18-2t^2)\boldsymbol{j}$$

(3) 质点的速度为

$$\boldsymbol{v}=\frac{\mathrm{d}\boldsymbol{r}}{\mathrm{d}t}=2\boldsymbol{i}-4t\boldsymbol{j}$$

(4) 质点前 2s 内的平均速度为

$$\bar{\boldsymbol{v}}=\frac{\boldsymbol{r}(2)-\boldsymbol{r}(0)}{2-0}=\frac{1}{2}\{[2\times 2\boldsymbol{i}+(18-2\times 2^2)\boldsymbol{j}]-18\boldsymbol{j}\}\,\mathrm{m/s}$$
$$=2\boldsymbol{i}-4\boldsymbol{j}\ \mathrm{m/s}$$

(5) 质点的加速度为

$$\boldsymbol{a}=\frac{\mathrm{d}^2\boldsymbol{r}}{\mathrm{d}t^2}=-4\boldsymbol{j}\ \mathrm{m/s^2}$$

例 1-2　如图 1-7 所示，A、B 两物体由一长为 l 的刚性细杆相连，A、B 两物体可在光滑轨道上滑行。若物体 A 以确定的速率 v 沿 x 轴正向滑行，α 为杆与 y 轴的夹角，当 $\alpha=\pi/6$ 时，物体 B 沿 y 轴滑行的速度是多少？

解　根据题意，得 A 点坐标 $(x,0)$，B 点坐标 $(0,y)$

$$\boldsymbol{v}_{\mathrm{A}}=\frac{\mathrm{d}x}{\mathrm{d}t}\boldsymbol{i}=v\boldsymbol{i},\quad \boldsymbol{v}_{\mathrm{B}}=\frac{\mathrm{d}y}{\mathrm{d}t}\boldsymbol{j}$$

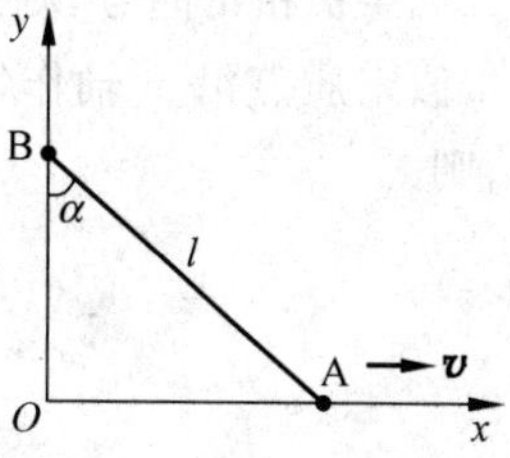

图 1-7　例 1-2 图

因为

$$x^2(t)+y^2(t)=l^2$$

所以

$$2x\frac{\mathrm{d}x}{\mathrm{d}t}+2y\frac{\mathrm{d}y}{\mathrm{d}t}=0$$

故

$$\boldsymbol{v}_{\mathrm{B}}=\frac{\mathrm{d}y}{\mathrm{d}t}\boldsymbol{j}=-\frac{x}{y}\frac{\mathrm{d}x}{\mathrm{d}t}\boldsymbol{j}=-v\tan\alpha\boldsymbol{j}$$

当 $\alpha=\pi/6$ 时，

$$\boldsymbol{v}_{\mathrm{B}}=-v\tan\frac{\pi}{6}\boldsymbol{j}=-\frac{\sqrt{3}}{3}v\boldsymbol{j}$$

1.3　直线运动

质点在一条确定的直线上的运动称为直线运动。作直线运动的质点，其位置以坐标 x 来表示，如图 1-8 所示。因为研究质点的直线运动，所以总是以该直线作为坐标轴来讨论。

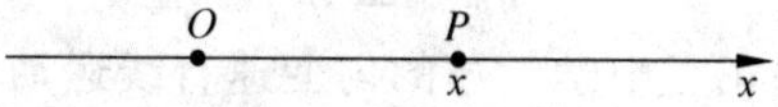

图 1-8　直线运动

于是质点 P 的位置矢量为

$$\boldsymbol{r}=x\boldsymbol{i}$$

质点 P 的位移为

$$\Delta\boldsymbol{r}=\Delta x\boldsymbol{i}$$

速度为

$$\boldsymbol{v}=\frac{\mathrm{d}x}{\mathrm{d}t}\boldsymbol{i}$$

加速度为

$$\boldsymbol{a}=\frac{\mathrm{d}^2x}{\mathrm{d}t^2}\boldsymbol{i}$$

由于质点在 Ox 直线上运动，上述矢量中的每一个矢量只能取两个方向：或者与 x 轴的正向相同，或者与 x 轴的负向相同。例如，在质点速度的方向与 Ox 轴的正向相同时，$v=\frac{\mathrm{d}x}{\mathrm{d}t}>0$，相反时 $v=\frac{\mathrm{d}x}{\mathrm{d}t}<0$；当加速度的方向与 Ox 轴的正向相同时，$a=\frac{\mathrm{d}^2x}{\mathrm{d}t^2}>0$，相反时

$a=\frac{d^2x}{dt^2}<0$。由此可见,沿一直线运动时的矢量 $\boldsymbol{r}$、$\Delta\boldsymbol{r}$、$\boldsymbol{v}$ 和 $\boldsymbol{a}$ 的方向,可以用相应的代数量 x、Δx、v 和 a 的正负符号来表示。即用这些代数量的绝对值表示其大小,正负号表示其方向。如果 $\boldsymbol{v}$ 和 $\boldsymbol{a}$ 同号,则质点作加速直线运动;如果 $\boldsymbol{v}$ 和 $\boldsymbol{a}$ 异号,则质点作减速直线运动。

假定质点沿 x 轴作匀加速直线运动,加速度 a 不随时间变化,初位置为 x_0,初速度为 v_0,则

$$a=\frac{dv}{dt}$$

所以

$$dv=a\,dt$$

对上式两边取定积分,可得

$$\int_{v_0}^{v}dv=\int_0^t a\,dt,\quad v=v_0+at \tag{1-9}$$

又因为

$$\frac{dx}{dt}=v_0+at$$

所以

$$dx=(v_0+at)dt$$

对上式两边再取定积分,可得

$$\int_{x_0}^{x}dx=\int_0^t(v_0+at)dt,\quad x=x_0+v_0t+\frac{1}{2}at^2 \tag{1-10}$$

式(1-9)和式(1-10)消去时间参数,可得

$$v^2-v_0^2=2a(x-x_0) \tag{1-11}$$

式(1-9)、式(1-10)和式(1-11)正是中学学过的匀变速直线运动公式。

可见:如果知道了质点的运动方程,我们就可以根据速度和加速度的定义用求导数的方法求出质点在任何时刻(或任何位置)时的速度和加速度。然而在许多实际问题中,往往先知道质点的加速度,而且要求在此基础上求出质点在各时刻的速度和位置。求解此类问题可采用积分法。

例 1-3 一质点沿 x 轴正向运动,其加速度为 $a=kt$,若采用国际单位制(SI),当 $t=0$ 时,$v=v_0$,$x=x_0$,试求质点的速度和质点的运动方程。

解 因为 $a=kt$,所以 $k=\frac{a}{t}$。又因为

$$a=\frac{dv}{dt}=kt$$

所以有

$$dv=kt\,dt$$

作定积分有

$$\int_{v_0}^{v}dv=\int_0^t kt\,dt,\quad v=v_0+\frac{1}{2}kt^2$$

而

$$v=\frac{\mathrm{d}x}{\mathrm{d}t}=v_0+\frac{1}{2}kt^2$$

所以有

$$\int_{x_0}^{x}\mathrm{d}x=\int_0^t\left(v_0+\frac{1}{2}kt^2\right)\mathrm{d}t$$

得

$$x=x_0+v_0t+\frac{1}{6}kt^3$$

1.4　平面曲线运动

质点在确定的平面内作曲线运动，称为平面曲线运动。常见的实例有抛体运动和圆周运动。

1.4.1　抛体运动

从地面上某点向空中抛出一物体，它在空中的运动称为抛体运动。物体被抛出后，若忽略风力及空气阻力的影响，它的运动轨迹总是被限制在通过抛射点的抛出方向和竖直方向所确定的平面内。因此描述这种运动，就可以把抛出点作为坐标原点，把水平方向和竖直方向分别作为 x 轴和 y 轴，如图 1-9 所示。若从抛出时刻开始计时，则 $t=0$ 时，物体的初位置在原点，即(0,0)。以 v_0 表示物体的初速度，以 θ 角表示抛射角，即初速度与 x 轴的夹角，则 v_0 沿 x 轴和 y 轴的分量分别为

$$\begin{cases}v_{0x}=v_0\cos\theta\\ v_{0y}=v_0\sin\theta\end{cases}$$

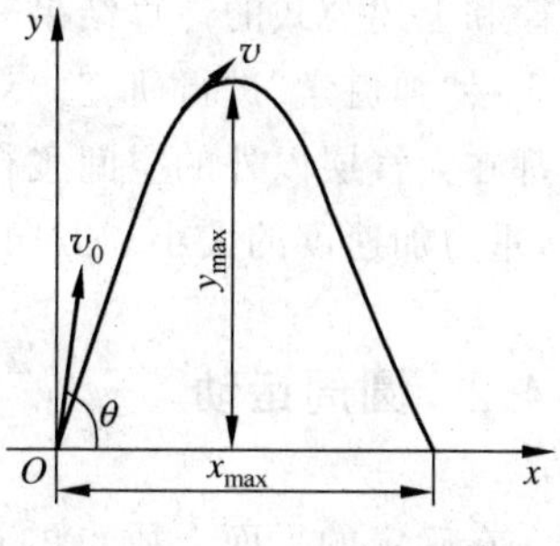

图 1-9　抛体运动

物体在空中的加速度分别为

$$\begin{cases}a_x=0\\ a_y=-g\end{cases}$$

其中负号表示加速度的方向与 y 轴的方向相反。利用这些条件，可以方便地得出物体在空中任意时刻的速度为

$$\begin{cases}v_x=v_0\cos\theta\\ v_y=v_0\sin\theta-gt\end{cases}\tag{1-12}$$

也可以得出物体在空中任意时刻的位置坐标为

$$\begin{cases}x=(v_0\cos\theta)t\\ y=(v_0\sin\theta)t-\dfrac{1}{2}gt^2\end{cases}\tag{1-13}$$

式(1-12)和式(1-13)就是在中学已熟知的抛体运动的有关公式。由这两式也可以求出物体在空中飞行回落到抛出点高度时所用的时间为

$$T=\frac{2v_0\sin\theta}{g}$$

飞行中的最大高度(即高出抛射点的最大距离)为

$$y_{max}=\frac{v_0^2\sin^2\theta}{2g}$$

飞行的射程(即回落到与抛出点的高度相同时所经过的水平距离)为

$$x_{max}=\frac{v_0^2\sin2\theta}{g}$$

由上面的公式可以看出:

若 $\theta=0$,则 $y_{max}=0$,此时为平抛运动;

若 $\theta=\frac{\pi}{4}$,则 $x_{max}=\frac{v_0^2}{g}$,此时射程最大;

若 $\theta=\frac{\pi}{2}$,则 $x_{max}=0$,此时为竖直抛体运动。

消去式(1-13)中的时间参数后可以得到抛体运动的轨迹方程为

$$y=x\tan\theta-\frac{1}{2}\frac{gx^2}{v_0^2\cos^2\theta}$$

对于一定的 v_0 和 θ,这一方程表示一条通过原点的二次曲线。这一曲线就是抛物线。

必须特别注意,以上关于抛体运动的公式,都是在忽略空气阻力的情况下得出的。只有在初速较小的情况下,它们的计算结果才比较符合实际。实际中子弹和炮弹在空中飞行的规律和上述公式的计算结果有很大的差别。子弹和炮弹的飞行规律,在军事技术中由专门的学科"弹道学"进行研究。对于射程和射高极大的抛射体,如洲际导弹,弹头在大部分时间内都在大气层以外的空间飞行,所受的空气阻力是很小的。但是由于在这样大的范围内飞行,重力加速度的大小和方向都有明显的变化,因而以上公式也不能适用。

1.4.2 圆周运动

在确定的平面上质点的运动轨迹为圆周的运动称为圆周运动。下面从加速度的定义出发,进一步分析讨论质点作圆周运动时的加速度。如图 1-10 所示,设 t 时刻质点位于 P 点,其速度为 $\boldsymbol{v}_P$;$t+\Delta t$ 时刻质点位于 Q 点,其速度为 $\boldsymbol{v}_Q$,则在 Δt 这一段时间内,速度的增量为 $\Delta\boldsymbol{v}=\boldsymbol{v}_Q-\boldsymbol{v}_P$。于是在由矢量 $\boldsymbol{v}_P$、$\boldsymbol{v}_Q$ 和 $\Delta\boldsymbol{v}$ 组成的 $\triangle CPQ$ 中取 CP' 的长度等于 CP 的长度,那么速度增量 $\Delta\boldsymbol{v}$ 就可以分解为两个矢量 $\Delta\boldsymbol{v}_n$ 和 $\Delta\boldsymbol{v}_\tau$ 之和,即 $\Delta\boldsymbol{v}=\Delta\boldsymbol{v}_n+\Delta\boldsymbol{v}_\tau$。所以加速度

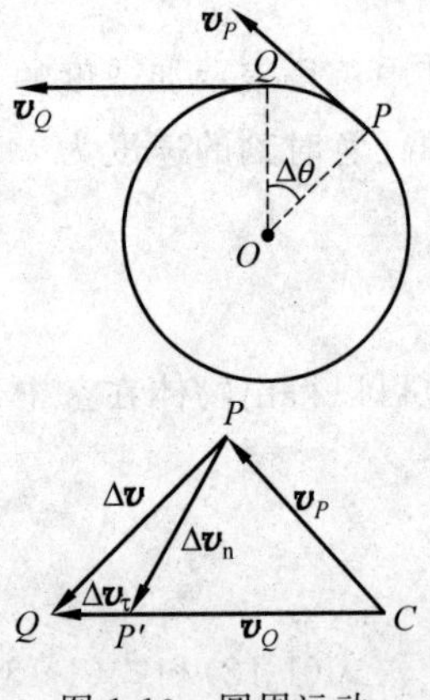

图 1-10 圆周运动

$$\boldsymbol{a}=\lim_{\Delta t\to0}\frac{\Delta\boldsymbol{v}}{\Delta t}=\lim_{\Delta t\to0}\frac{\Delta\boldsymbol{v}_n}{\Delta t}+\lim_{\Delta t\to0}\frac{\Delta\boldsymbol{v}_\tau}{\Delta t}$$

令

$$\boldsymbol{a}_n=\lim_{\Delta t\to0}\frac{\Delta\boldsymbol{v}_n}{\Delta t},\quad \boldsymbol{a}_\tau=\lim_{\Delta t\to0}\frac{\Delta\boldsymbol{v}_\tau}{\Delta t}$$

则

$$\boldsymbol{a}=\boldsymbol{a}_{\mathrm{n}}+\boldsymbol{a}_{\tau}$$

下面我们再来分析 $\boldsymbol{a}_{\mathrm{n}}$ 和 $\boldsymbol{a}_{\tau}$ 的大小、方向和物理意义。

当 $\Delta t\to 0$ 时，Q 点无限趋近于 P 点，OQ 与 OP 之间的夹角 $\Delta\theta\to 0$。$\Delta\boldsymbol{v}_{\tau}$ 的极限方向与 $\boldsymbol{v}_P$ 相同，是 P 点处圆周的切线方向；$\Delta\boldsymbol{v}_{\mathrm{n}}$ 的极限方向与 $\boldsymbol{v}_P$ 垂直，沿半径指向圆心。可见质点在 P 点处的加速度 $\boldsymbol{a}$ 的两个分量 $\boldsymbol{a}_{\mathrm{n}}$ 和 $\boldsymbol{a}_{\tau}$ 恰好分别指向圆周上 P 点处的法向和切向这两个特殊方向。顾名思义，我们将 P 点处的 $\boldsymbol{a}_{\mathrm{n}}$ 称为该点处的法向加速度（对于圆周运动即为向心加速度），将 P 点处的 $\boldsymbol{a}_{\tau}$ 称为该点处的切向加速度。

平移 $\boldsymbol{v}_P$ 和 $\boldsymbol{v}_Q$ 矢量于 C 点，由图 1-10 可以看出，$|\Delta\boldsymbol{v}_{\tau}|$ 是速度大小的增量（即速率的增量 Δv），于是切向加速度 $\boldsymbol{a}_{\tau}$ 的大小为

$$a_{\tau}=\lim_{\Delta t\to 0}\frac{|\Delta\boldsymbol{v}_{\tau}|}{\Delta t}=\lim_{\Delta t\to 0}\frac{\Delta v}{\Delta t}=\frac{\mathrm{d}v}{\mathrm{d}t}$$

又因为 $\triangle OPQ\backsim\triangle CPP'$，所以

$$\frac{|\Delta v_{\mathrm{n}}|}{v_P}=\frac{\overline{PQ}}{R}$$

故法向加速度 $\boldsymbol{a}_{\mathrm{n}}$ 的大小为

$$a_{\mathrm{n}}=\lim_{\Delta t\to 0}\frac{|\Delta\boldsymbol{v}_{\mathrm{n}}|}{\Delta t}=\frac{v_P}{R}\lim_{\Delta t\to 0}\frac{\overline{PQ}}{\Delta t}=\frac{v_P^2}{R}$$

由于 P 点是圆周上的任意一点，所以质点在圆周上的法向加速度 $\boldsymbol{a}_{\mathrm{n}}$ 的大小为

$$a_{\mathrm{n}}=\frac{v^2}{R}$$

其中 v 为对应点的速度大小（即速率）。

通过上面的分析和研究，我们发现：切向加速度 $\boldsymbol{a}_{\tau}$ 与质点运动的速度改变相联系，法向加速度 $\boldsymbol{a}_{\mathrm{n}}$ 与质点运动的方向改变相联系。于是将其归纳为

$$\begin{cases}\boldsymbol{a}=\boldsymbol{a}_{\mathrm{n}}+\boldsymbol{a}_{\tau}\\ a_{\mathrm{n}}=\dfrac{v^2}{R},\quad a_{\tau}=\dfrac{\mathrm{d}v}{\mathrm{d}t}\\ a=|\boldsymbol{a}|=\sqrt{a_{\mathrm{n}}^2+a_{\tau}^2}\\ \tan(\boldsymbol{a},\boldsymbol{v})=\dfrac{a_{\mathrm{n}}}{a_{\tau}}\end{cases}\tag{1-14}$$

质点作圆周运动，还通常用角量来描述，如图 1-11 所示。

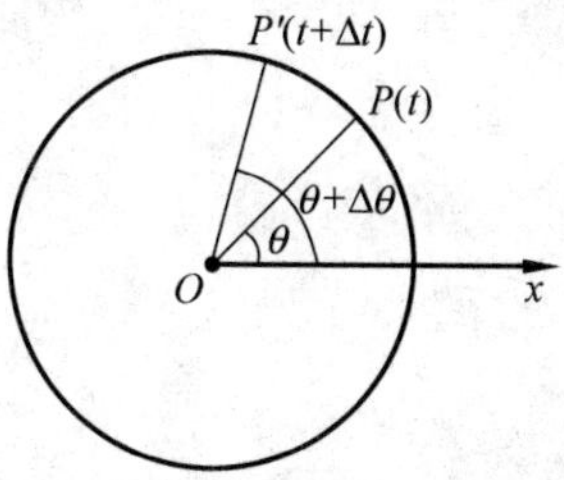

图 1-11　角量描述

质点作圆周运动时，在某一时刻 t 位于 P 点，质点的位置可由其半径 OP 与过圆心 O 的参考线 Ox 的夹角 θ 唯一地确定，θ 角称为质点的角位置，角位置不断地随时间变化，它是时间的函数，即 $\theta=\theta(t)$。它被称为质点作圆周运动时的角量运动方程。

在时刻 $t+\Delta t$，质点运动到 P' 点时的角位置为 $\theta+\Delta\theta$，在 Δt 时间内，质点转过的角度 $\Delta\theta$ 称为角位移。质点沿圆周运动的绕行方向不同，角位移的转向也不同。一般情况下，规定质

点沿逆时针方向绕行时角位移取正值,质点沿顺时针方向绕行时角位移取负值。

角位移 $\Delta\theta$ 与对应时间之比 $\bar{\omega}=\dfrac{\Delta\theta}{\Delta t}$ 称为 Δt 时间内的平均角速度。当 $\Delta t\to 0$ 时,平均角速度的极限称为质点在 t 时刻对应的瞬时角速度(简称角速度),即

$$\omega=\lim_{\Delta t\to 0}\frac{\Delta\theta}{\Delta t}=\frac{\mathrm{d}\theta}{\mathrm{d}t} \tag{1-15}$$

同样的道理,质点的角加速度为

$$\alpha=\lim_{\Delta t\to 0}\frac{\Delta\omega}{\Delta t}=\frac{\mathrm{d}\omega}{\mathrm{d}t}=\frac{\mathrm{d}^2\theta}{\mathrm{d}t^2} \tag{1-16}$$

在国际单位制(SI)中,角位置、角位移的单位为弧度(rad),角速度的单位为弧度每秒(rad/s),角加速度的单位为弧度每二次方秒(rad/s^2)。目前工程上还在使用每分绕行的转数(r/min)来表示转速。

$$1\mathrm{r/min}=\frac{\pi}{30}\mathrm{rad/s}$$

质点作圆周运动时,如果角速度 ω 不随时间变化,即角加速度 α 为零,则质点作匀速圆周运动;如果角加速度 α 不随时间变化且不等于零,则质点作匀加速圆周运动。对于匀加速圆周运动而言,可以用与研究匀变速直线运动一样的办法得到

$$\begin{cases}\omega=\omega_0+\alpha t\\ \theta=\theta_0+\omega_0 t+\dfrac{1}{2}\alpha t^2\\ \omega^2-\omega_0^2=2\alpha(\theta-\theta_0)\end{cases}$$

如图 1-11 所示,因为质点在圆周上所经历的路程即弧长为

$$\Delta s=R\Delta\theta$$

两边同除以质点运动所经历的时间 Δt,得

$$\frac{\Delta s}{\Delta t}=R\frac{\Delta\theta}{\Delta t}$$

令 $\Delta t\to 0$,两边取极限,得

$$\frac{\mathrm{d}s}{\mathrm{d}t}=R\frac{\mathrm{d}\theta}{\mathrm{d}t}$$

即

$$v=R\omega$$

所以给等式 $v=R\omega$ 两边对时间求一阶导数,得

$$\frac{\mathrm{d}v}{\mathrm{d}t}=R\frac{\mathrm{d}\omega}{\mathrm{d}t}$$

即

$$a_\tau=R\alpha$$

对于法向加速度,有

$$a_n=\frac{v^2}{R}=R\omega^2$$

综上所述,对于圆周运动其线量和角量之间的关系为

$$\begin{cases} v = R\omega \\ a_\tau = R\alpha \\ a_n = R\omega^2 \end{cases} \tag{1-17}$$

需要指出，以上关于加速度的讨论及结果，也适用于任何二维(即平面上的)曲线运动，这时有关公式中的半径应是曲线上所涉及点处的曲率半径(即该点曲线的内接圆或曲率圆的半径)。其曲率半径为 $\rho = \dfrac{v^2}{a_n}$。

例 1-4　一人乘摩托车跳越一个大矿坑，他以与水平成 22.5°夹角的初速度 65m/s 从西边起跳，准确地落在坑的东边。已知东边比西边低 70m，忽略空气阻力，且取 $g=10\text{m/s}^2$，问：

(1) 矿坑有多宽，他飞越的时间有多长？

(2) 他在东边落地时的速度多大？速度与水平面的夹角多大？

解　根据题意建立坐标系，如图 1-12 所示。

(1) 若以摩托车和人作为一质点，则其运动方程为

$$\begin{cases} x = (v_0\cos\theta_0)t \\ y = y_0 + (v_0\sin\theta_0)t - \dfrac{1}{2}gt^2 \end{cases}$$

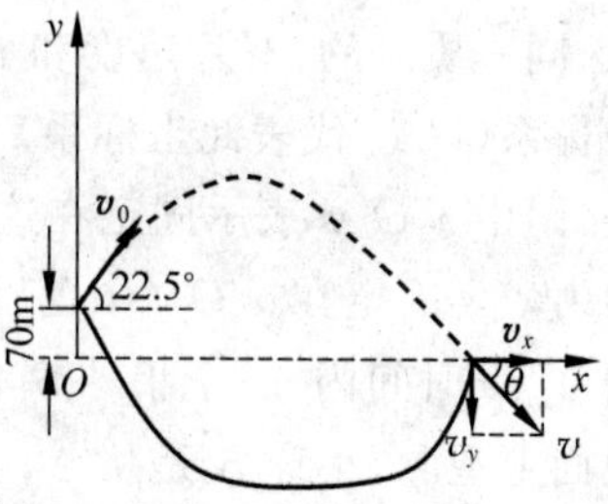

图 1-12　例 1-4 图

运动速度为

$$\begin{cases} v_x = v_0\cos\theta_0 \\ v_y = v_0\sin\theta_0 - gt \end{cases}$$

当到达东边落地时 $y=0$，有

$$y_0 + (v_0\sin\theta_0)t - \frac{1}{2}gt^2 = 0$$

将 $y_0=70\text{m}, g=10\text{m/s}^2, v_0=65\text{m/s}, \theta_0=22.5°$代入解之，得到飞越矿坑的时间为 $t=7.0\text{s}$(另一根舍去)，矿坑的宽度为 $x=420\text{m}$。

(2) 在东边落地时 $t=7.0\text{s}$，其速度为

$$\begin{cases} v_x = v_0\cos\theta_0 = 60.1\text{m/s} \\ v_y = v_0\sin\theta_0 - gt = -44.9\text{m/s} \end{cases}$$

预示落地点速度的大小为

$$v = \sqrt{v_x^2 + v_y^2} = 75.0\text{m/s}$$

此时落地点速度与水平面的夹角为

$$\theta = \arctan\frac{v_y}{v_x} = 37°$$

例 1-5　一质点沿半径为 R 的圆周运动，其角位置与时间的函数关系式(即角量运动方程)为 $\theta = \pi t + \pi t^2$，取 SI 制，则质点的角速度、角加速度、切向加速度和法向加速度各是什么？

解　因为

$$\theta = \pi t + \pi t^2$$

所以质点的角速度

$$\omega=\frac{d\theta}{dt}=\pi+2\pi t$$

质点的角加速度为

$$\alpha=\frac{d\omega}{dt}=2\pi$$

质点的切向加速度为

$$a_{\tau}=R\alpha=2\pi R$$

质点的法向加速度为

$$a_{n}=\omega^{2}R=(\pi+2\pi t)^{2}R$$

1.5 相对运动

研究力学问题时常常需要从不同的参考系来描述同一物体的运动。对于不同的参考系,同一质点的位移、速度和加速度都可能不同。图 1-13 中,xOy 表示固定在水平地面上的坐标系(以 E 代表此坐标系),其 x 轴与一条平直马路平行。设有一辆平板车 V 沿马路行进,图中 $x'O'y'$ 表示固定在这个行进的平板车上的坐标系(以 V 代表此坐标系)。在 Δt 时间内,车(固定在 $x'Oy'$ 中也以 V 代表)在地面上由 V_1 移到 V_2 位置,其位移为 $\Delta\boldsymbol{r}_{VE}$。设在同一 Δt 时间内,一个小球 S 在车内由 A 点移到 B 点,其位移为 $\Delta\boldsymbol{r}_{SV}$。在这同一时间内,在地面上观测,小球 S 是从 A_0 点移到 B 点的,相应的位移是 $\Delta\boldsymbol{r}_{SE}$。(在这三个位移符号中,下标的前一字母表示运动的物体,后一字母表示参考系。)很明显,同一小球在同一时间内的位移,相对于地面和车这两个参考系来说,是不相同的。这两个位移和车厢对于地面的位移有如下关系:

$$\Delta\boldsymbol{r}_{SE}=\Delta\boldsymbol{r}_{SV}+\Delta\boldsymbol{r}_{VE} \tag{1-18}$$

以 Δt 除此式,并令 $\Delta t\to 0$,可以得到相应的速度之间的关系,即

$$\boldsymbol{v}_{SE}=\boldsymbol{v}_{SV}+\boldsymbol{v}_{VE} \tag{1-19}$$

以 $\boldsymbol{v}$ 表示质点相对于参考系 xOy 的速度,以 $\boldsymbol{v}'$ 表示同一质点相对于参考系 $x'O'y'$ 的速度,以 $\boldsymbol{u}$ 表示参考系 $x'O'y'$ 相对于参考系 xOy 平动的速度,则式(1-19)可以一般地表示为

$$\boldsymbol{v}=\boldsymbol{v}'+\boldsymbol{u} \tag{1-20}$$

同一质点相对于两个相对作平动的参考系的速度之间的这一关系叫做伽利略速度变换。通常我们把运动质点相对于固定在地面上的坐标系的运动速度叫做绝对速度,相对于运动参考系的速度叫做相对速度,而运动参考系相对于地面参考系的速度称为牵连速度。

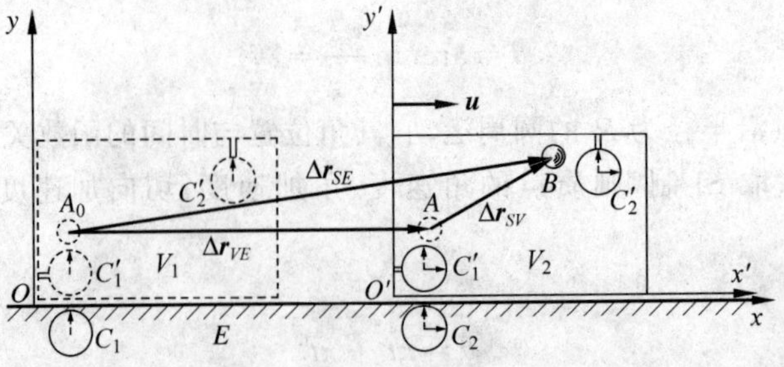

图 1-13 相对运动

要注意，速度的合成和速度的变换是两个不同的概念。速度的合成是指在同一参考系中一个质点的速度和它的各分速度间的关系。相对于任何参考系，它都可以表示为矢量合成的形式，如式(1-20)。速度的变换涉及有相对运动的两个参考系，其公式的形式和相对速度的大小有关，而伽利略速度变换只适用于相对速度比真空中的光速小得多的情形。这一点将在后面第4章(狭义相对论)中作详细的说明。

如果质点运动速度是随时间变化的，则求式(1-20)对 t 的导数，就可得到相应的加速度之间的关系。以 $\boldsymbol{a}$ 表示质点相对于参考系 xOy 的加速度，以 $\boldsymbol{a}'$ 表示质点相对于参考系 $x'O'y'$ 的加速度，以 $\boldsymbol{a}_0$ 表示参考系 $x'O'y'$ 相对于参考系 xOy 平动的加速度，则由式(1-20)可得

$$\frac{\mathrm{d}\boldsymbol{v}}{\mathrm{d}t}=\frac{\mathrm{d}\boldsymbol{v}'}{\mathrm{d}t}+\frac{\mathrm{d}\boldsymbol{u}}{\mathrm{d}t}$$

即

$$\boldsymbol{a}=\boldsymbol{a}'+\boldsymbol{a}_0 \tag{1-21}$$

这就是同一质点相对于两个相对作平动的参考系的加速度之间的关系。

如果两个参考系相对作匀速直线运动，即 $\boldsymbol{u}$ 为常量，则

$$\boldsymbol{a}_0=\frac{\mathrm{d}\boldsymbol{u}}{\mathrm{d}t}=\boldsymbol{0}$$

于是有

$$\boldsymbol{a}=\boldsymbol{a}'$$

这就是说，在相对作匀速直线运动的参考系中观察同一质点的运动时，所测得的加速度是相同的。

例 1-6　雨天一辆客车 V 在水平马路上以 20m/s 的速度向东开行，雨滴 R 在空中以 10m/s 的速度竖直下落。求雨滴相对于车厢的速度的大小与方向。

解　如图 1-14 所示，以 xOy 表示地面(E)参考系，以 $x'O'y'$ 表示车厢参考系，则 $v_{VE}=20\text{m/s}$，$v_{RE}=10\text{m/s}$。以 $\boldsymbol{v}_{RV}$ 表示雨滴相对车厢的速度，则根据伽利略速度变换 $\boldsymbol{v}_{RE}=\boldsymbol{v}_{RV}+\boldsymbol{v}_{VE}$，这三个速度的矢量关系如图 1-14 所示。由图形的几何关系可得雨滴对车厢的速度的大小为

$$v_{RV}=\sqrt{v_{RE}^2+v_{VE}^2}=\sqrt{10^2+20^2}\ \text{m/s}=22.4\text{m/s}$$

这一速度的方向用它与竖直方向的夹角 θ 表示，则

$$\tan\theta=\frac{v_{VE}}{v_{RE}}=\frac{20}{10}=2$$

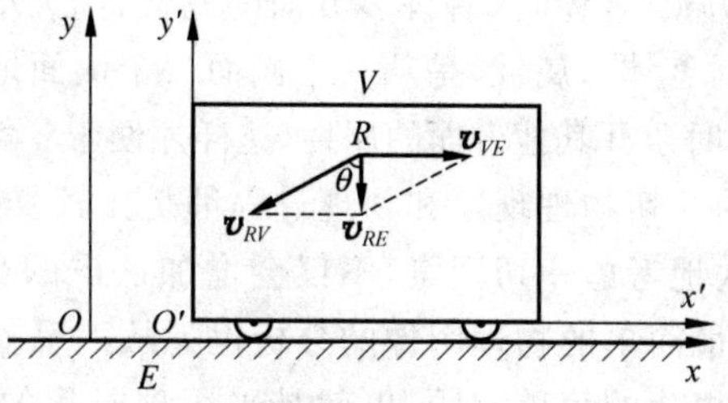

图 1-14　例 1-6 图

由此得

$$\theta = 63.4°$$

即向下偏西 63.4°。

阅读材料 1　物理方法简述

1. 数学方法

物理学是一门实验科学。但是仅由观察和试验获取的原始数据并不代表物理规律，数学方法则是用来分析、处理数据的重要手段。在本章已采用数学所提供的字母、符号（如矢量）和运算规则（如微分、积分）等数学语言，对质点的运动规律进行了定量描述。显然，没有微分与导数这些数学语言，人们就无法准确、全面、深刻地了解质点运动速度、加速度；没有积分这种数学语言，人们也无法求得可以描述质点运动全貌的运动学方程。物理学作为一门独立的学科，有着它自己特殊的物理语言（如速度、加速度、力和动量等），但在物理定律、定理、原理的表达及推导、论证等方面，数学也是表达物理规律最为简练、准确的语言。从某种意义上说，物理学就是要解读隐藏在物理现象中的数与形的定量规律。因此，掌握与运用一定的数学语言，对学习质点力学乃至整个物理学都是非常重要的。但要注意以下两点：

（1）在运用微分与积分运算时，需理解无限小、无穷多与极限思想在力学中的应用。如定积分就是一种和式的极限，定积分是无穷多个无限小之和，定积分的基础就是极限的概念而不是其他。

（2）笛卡儿用具有固定夹角（不一定是直角）的三根不共面的有向数轴构成了笛卡儿坐标系。坐标方法的出现成功地为代数与几何之间架起了一座可以互通的桥梁，人们称它为数学发展史上的一次革命。

在物理学中，与参考物体固连在一起的坐标系叫做参考系。参考物体大小有限，但固连在物体上的坐标系可以延伸到空间的无限远处。因此，坐标系可以理解为与参考系相固连的整个空间（一个理论上抽象的三维空间），或者说每个坐标系都定量地决定着一个空间（如点、线、面等），都可由坐标定量地表示出来。但同一个空间，坐标系并非唯一（如极坐标、球坐标、自然坐标等），且彼此可以相互转换。因此，同一空间内的同一对象在不同坐标系下，有着在数学运算上的繁简和难易不同的表述形式。在大学物理以及相关后续课程中，既要学习坐标系的构造，也要善于利用它的功能。不管什么坐标系，它的坐标变元（如 x、y、z）个数应与所表空间的维数相同，而且用代数语言来说，这些变元间是线性无关的。

2. 理想模型方法

物理学中的每一研究对象（客体）都有许多方面的属性，如大小、形状、质量……这些属性都统一于客体之中。人们对客体的属性，是从一个侧面一个侧面地分别去认识的。为了认识某一侧面的属性，一般要暂时避开其他方面的属性，这样才便于获取对所关注的属性的认识。

实际上，自然界发生的一切物理现象和物理过程都是比较复杂的，影响它们的因素也是多种多样的，如果不分主次地考虑一切因素，不仅会增加认识的难度，而且也不能得出准确的结果，相反，还会导致对最简单的物理图像的分析也无从下手。因此，在物理学的研究中，需要把复杂问题转换为理想化的简单问题，也就是采用理想化的方法。理想化方法主要包括建立理想模型方法、理想过程与设计理想实验等三个方面。例如本章中以质点为讨论对象就是应用理想模型方法。质点模型是相对物体模型而言的，在忽略物体形状、大小等次要因素后，保留了物体在运动过程中起决定作用的两个主要特征：质量和空间位置。

在质点动力学中，以牛顿第二定律为基础，由力引出了冲量、功和力矩，由质量、位矢、速度引出了动量、动能和角动量等概念。可以说，牛顿力学是以质点力学为基础的。当然，质点作为理想模型，实际生活中没有任何一个物体与它完全等价。但是，在描述诸如地球绕太阳公转这样的运动时，由于地球半径（约为 6400km）比地球到太阳的距离（约 1.49×10^8km）小得多，把地球视作质点是相当好的近似。一般来说，只要当物体在空间的运动尺度远大于物体本身的线度，或者在不考虑物体的转动和内部运动时，都可以采用质点模型。在研究刚体、弹性体、流体等质量连续分布的物体的运动时，我们会把它们分割成无限多个质点进行讨论，这也是质点模型的一种实际应用。

3. 逻辑推理方法

1）演绎推理

演绎方法是从一般到特殊（或个别）、由共性推出个性的方法。在经典力学中，牛顿运动三定律是一般规律，通过分析力的时间积累与空间积累，运用微分与积分的数学手段，得出描述特定物理问题的质点运动三定理。由于数学有一套严格的公理系统，是一门基本前提很明确的学科，而物理学中越来越广泛地使用数学语言，所以，数学中的演绎推理在解决物理问题中的作用日益明显。

2）归纳推理

物理学家几乎从来不单纯地对孤立的个别事物或事件进行研究，而是通过观察若干个别事物的特性，从中找出整个类别的普遍特性，这就是归纳推理法（简称归纳法）。如人们通过长期的天文观测，发现在行星绕太阳运动中，行星在任一位置对日位矢的大小与行星在该处的动量值，以及位矢和动量两矢量夹角的正弦这三者的乘积总保持常数。在此基础上引入了一个新的物理量——角动量，并猜测它是一个守恒量。由此可以看出，归纳法是从一些个别的经验事实和感性材料中，概括出理论性的一般原理的一种逻辑推理和认识方法。与演绎法相反，归纳法是从特殊（或个体）事物概括出一般规律的方法。就人类总的认识秩序而言，总是先认识某些特殊现象，然后过渡到对一般现象的认识。所以，归纳法是科学发现的一种常用思维方式。具体来说，归纳推理方法有以下特点：

（1）归纳是依据特殊现象推断一般现象，因而，由归纳得出的结论，超越了前提所包含的内容。

（2）归纳是依据若干个已知的不尽完整的现象推断尚属未知的现象，因而结论具有猜测的性质。

（3）归纳的前提是单个事实和特殊的情况，所以，归纳要立足于观察、经验或实验的基础之上。

本章要点

1. 描写质点运动的 4 个物理量

位置矢量：描述质点在空间的位置情况。

$$\boldsymbol{r}=x\boldsymbol{i}+y\boldsymbol{j}+z\boldsymbol{k}$$

位移：描述质点位置的改变情况。

$$\Delta \boldsymbol{r}=\boldsymbol{r}(t+\Delta t)-\boldsymbol{r}=\Delta x\boldsymbol{i}+\Delta y\boldsymbol{j}+\Delta z\boldsymbol{k}$$

速度：描述质点位置变化的快慢和方向。

$$\boldsymbol{v}=\lim_{\Delta t\to 0}\frac{\Delta \boldsymbol{r}}{\Delta t}=\frac{\mathrm{d}\boldsymbol{r}}{\mathrm{d}t}=\frac{\mathrm{d}x}{\mathrm{d}t}\boldsymbol{i}+\frac{\mathrm{d}y}{\mathrm{d}t}\boldsymbol{j}+\frac{\mathrm{d}z}{\mathrm{d}t}\boldsymbol{k}$$

加速度：描述质点速度的变化情况。

$$\boldsymbol{a}=\lim_{\Delta t\to 0}\frac{\Delta \boldsymbol{v}}{\Delta t}=\frac{\mathrm{d}\boldsymbol{v}}{\mathrm{d}t}=\frac{\mathrm{d}^2\boldsymbol{r}}{\mathrm{d}t^2}=\frac{\mathrm{d}^2x}{\mathrm{d}t^2}\boldsymbol{i}+\frac{\mathrm{d}^2y}{\mathrm{d}t^2}\boldsymbol{j}+\frac{\mathrm{d}^2z}{\mathrm{d}t^2}\boldsymbol{k}$$

上述 4 个物理量均具有矢量性、瞬时性和相对性。

2. 圆周运动的速度和加速度

1) 线量描述

线速度$\boldsymbol{v}$：方向沿切向,大小为其运动的速率,$v=\frac{\mathrm{d}s}{\mathrm{d}t}$。

切向加速度$\boldsymbol{a}_\tau$：方向沿切向($a_\tau>0$,$\boldsymbol{a}_\tau$与$\boldsymbol{v}$同向,加速；$a_\tau<0$,$\boldsymbol{a}_\tau$与$\boldsymbol{v}$反向,减速),大小为$a_\tau=\left|\frac{\mathrm{d}v}{\mathrm{d}t}\right|$。

法向加速度$\boldsymbol{a}_\mathrm{n}$：方向指向圆心,大小为$a_\mathrm{n}=\frac{v^2}{R}$。

线加速度$\boldsymbol{a}$：方向指向轨迹凹的一侧。

$$\boldsymbol{a}=\boldsymbol{a}_\tau+\boldsymbol{a}_\mathrm{n},\quad a=\sqrt{a_\tau^2+a_\mathrm{n}^2},\quad \tan(\boldsymbol{a},\boldsymbol{v})=\frac{a_\mathrm{n}}{a_\tau}$$

2) 角量描述

角位置：$\theta(t)$

角速度：$\omega=\frac{\mathrm{d}\theta}{\mathrm{d}t}$

角加速度：$\alpha=\frac{\mathrm{d}\omega}{\mathrm{d}t}=\frac{\mathrm{d}^2\theta}{\mathrm{d}t^2}$

3) 线量与角量的关系

$$s=R\theta,\quad v=R\omega,\quad a_\tau=R\alpha,\quad a_\mathrm{n}=R\omega^2$$

3. 伽利略速度变换

$$\boldsymbol{v}=\boldsymbol{v}'+\boldsymbol{u}$$

4. 运动学的两类问题

(1) 已知运动学方程求轨道方程,速度及加速度

解这类问题时,消去运动方程中的参量t,得轨道方程；由运动方程对t求导数,可得质点的速度和加速度。

(2) 已知加速度和初始条件求速度及运动方程

这类问题是微分法的逆运算,需要用积分的方法求解,积分可采用定积分或不定积分,要注意初始条件的正确使用。

习题 1

1-1　一运动质点在某瞬时位于矢径 $\boldsymbol{r}(x,y)$ 的端点处，其速度为(　　)。

A. $\dfrac{\mathrm{d}r}{\mathrm{d}t}$　　B. $\dfrac{\mathrm{d}\boldsymbol{r}}{\mathrm{d}t}$　　C. $\dfrac{\mathrm{d}|\boldsymbol{r}|}{\mathrm{d}t}$　　D. $\sqrt{\left(\dfrac{\mathrm{d}x}{\mathrm{d}t}\right)^2+\left(\dfrac{\mathrm{d}y}{\mathrm{d}t}\right)^2}$

1-2　一质点在平面上作一般曲线运动，其瞬时速度为 $\boldsymbol{v}$，瞬时速率为 v，平均速度为 $\overline{\boldsymbol{v}}$，平均速率为 $\overline{v}$，则它们之间必定有关系(　　)。

A. $|\boldsymbol{v}|=v, |\overline{\boldsymbol{v}}|=\overline{v}$　　B. $|\boldsymbol{v}|\neq v, |\overline{\boldsymbol{v}}|=\overline{v}$

C. $|\boldsymbol{v}|\neq v, |\overline{\boldsymbol{v}}|\neq\overline{v}$　　D. $|\boldsymbol{v}|=v, |\overline{\boldsymbol{v}}|\neq\overline{v}$

1-3　在下列情况下，不可能存在的是(　　)。

A. 某瞬时物体具有加速度而同时速度为零

B. 物体具有变化的加速度和恒定的速度

C. 物体的加速度数值较大，而速度的数值较小

D. 物体具有恒定的加速度和变化的速度

1-4　某质点的速度为 $\boldsymbol{v}=2\boldsymbol{i}-8t\boldsymbol{j}$，已知 $t=0$ 时，它过点(5,9)，则该质点的运动方程为(　　)。

A. $2t\boldsymbol{i}-4t^2\boldsymbol{j}$　　B. $(2t+5)\boldsymbol{i}-(4t^2-9)\boldsymbol{j}$

C. $-8\boldsymbol{j}$　　D. 不能确定

1-5　以初速 v_0 将一物体斜向上抛，抛射角为 θ，不计空气阻力，则物体在轨道最高点处的曲率半径为(　　)。

A. $\dfrac{v_0\sin\theta}{g}$　　B. $\dfrac{g}{v_0^2}$　　C. $\dfrac{v_0^2\cos^2\theta}{g}$　　D. 不能确定

1-6　某物体的运动规律为 $\mathrm{d}v/\mathrm{d}t=-kv^2t$，式中的 k 为大于零的常量。当 $t=0$ 时，初速为 v_0，则速度 v 与时间 t 的函数关系是(　　)。

A. $v=\dfrac{1}{2}kt^2+v_0$　　B. $v=-\dfrac{1}{2}kt^2+v_0$

C. $\dfrac{1}{v}=\dfrac{kt^2}{2}+\dfrac{1}{v_0}$　　D. $\dfrac{1}{v}=-\dfrac{kt^2}{2}+\dfrac{1}{v_0}$

1-7　质点作圆周运动时，下列表述正确的是(　　)。

A. 必有加速度，但法向加速度可以为零

B. 法向加速度一定不为零

C. 法向分速度为零，所以法向加速度一定为零

D. 速度沿圆运动切线方向，所以法向加速度一定为零

1-8　一小球沿斜面向上运动，其运动方程为 $x=7+6t-t^2$，则小球运动到最高点的时刻是(　　)。

A. $t=2\mathrm{s}$　　B. $t=3\mathrm{s}$　　C. $t=4\mathrm{s}$　　D. $t=5\mathrm{s}$

1-9　质点沿曲线运动，t_1 时刻速度为 $\boldsymbol{v}_1=6\boldsymbol{i}+8\boldsymbol{j}\,\mathrm{m/s}$，$t_2$ 时刻速度为 $\boldsymbol{v}_2=-6\boldsymbol{i}-8\boldsymbol{j}\,\mathrm{m/s}$，那么，其速度增量的大小 $|\Delta\boldsymbol{v}|$ 和速度大小的增量 Δv 分别为(　　)。

A. $|\Delta \boldsymbol{v}|=0, \Delta v=20\mathrm{m/s}$　　B. $|\Delta \boldsymbol{v}|=20\mathrm{m/s}, \Delta v=0$

C. 均为 20m/s　　D. 均为零

1-10　某轮船从甲地到乙地的平均速率为 v_1，运行时间为 t_1，到达乙地后立即返回甲地，返回时平均速率为 v_2，运行时间为 t_2，则该船一个来回的平均速度为________，平均速率为________。

1-11　某质点从静止出发沿半径为 $R=1\mathrm{m}$ 的圆周运动，其角加速度随时间的变化规律是 $\alpha=12t^2-6t$，则质点的角速度大小为________，切向加速度大小为________。

1-12　质点 P 在一直线上运动，其坐标 x 与时间 t 有如下关系：$x=-A\sin(\omega t)$(SI)(A 为常数)。(1) 任意时刻 t，质点的加速度 $a=$________；

(2) 质点速度为零的时刻 $t=$________。

1-13　一质点沿 x 方向运动，其加速度随时间变化关系为 $a=4+6t$(SI)，如果 $t=0$ 时质点的速度 v_0 为 6m/s，则当 t 为 3s 时，质点的速度 $v=$________。

1-14　一质点沿直线运动，其运动学方程为 $x=6t-t^2$(SI)，则在 t 由 0 至 4s 的时间间隔内，质点的位移大小为________，在 t 由 0 到 4s 的时间间隔内质点走过的路程为________。

1-15　一质点从坐标原点出发沿 x 轴运动，其速度随时间变化关系为 $\boldsymbol{v}=(6t-6t^2)\boldsymbol{i}\,\mathrm{m/s}$。在最初 2s 内质点的平均速度大小为________，平均速率为________。

1-16　某质点在平面上作曲线运动，t_1 时刻的位置矢量为 $\boldsymbol{r}_1=-2\boldsymbol{i}+6\boldsymbol{j}$，$t_2$ 时刻的位置矢量为 $\boldsymbol{r}_2=2\boldsymbol{i}+4\boldsymbol{j}$，求：

(1) 在 $\Delta t=t_2-t_1$ 时间内质点的位移矢量式；

(2) 该段时间内位移的大小和方向；

(3) 在坐标图上画出 $\boldsymbol{r}_1$、$\boldsymbol{r}_2$ 及 $\Delta\boldsymbol{r}$(题中 $\boldsymbol{r}$ 以 m 计，t 以 s 计)。

1-17　某质点作直线运动，其运动方程为 $x=1+4t-t^2$，其中 x 以 m 计，t 以 s 计。求：

(1) 第 3s 末质点的位置；

(2) 头 3s 内的位移大小；

(3) 头 3s 内经过的路程。

1-18　已知某质点的运动方程为 $x=2t, y=2-t^2$，式中 t 以 s 计，x 和 y 以 m 计。

(1) 计算并图示质点的运动轨迹；

(2) 求出 $t=1\mathrm{s}$ 到 $t=2\mathrm{s}$ 这段时间内质点的平均速度；

(3) 计算 1s 末和 2s 末质点的速度；

(4) 计算 1s 末和 2s 末质点的加速度。

1-19　湖中有一小船，岸边有人用绳子跨过离河面高 H 的定滑轮拉船靠岸，如图所示。设绳子的原长为 l_0，人以匀速 v_0 拉绳，试描述小船的运动轨迹并求其速度和加速度。

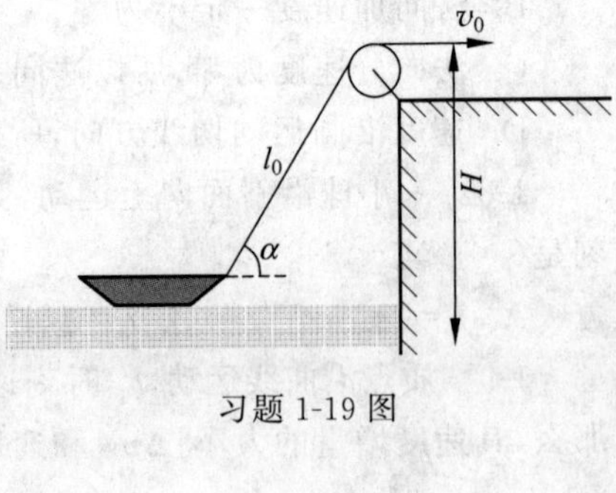

习题 1-19 图

1-20　大马哈鱼总是逆流而上，游到乌苏里江上游去产卵，游程中有时要跃上瀑布。这种鱼跃出水面的垂直的速度可达 32km/h。问：它最高可跃上多高的瀑布？和人的跳高记录相比如何？

1-21　某质点作圆周运动的方程为 $\theta=2t-4t^2$（θ 以 rad 计，t 以 s 计）。在 $t=0$ 时开始逆时针旋转，问：

(1) $t=0.5$s 时，质点以什么方向转动；

(2) 质点转动方向改变的瞬间，它的角位置 θ 等于多大？

1-22　质点从静止出发沿半径 $R=3$m 的圆周作匀变速运动，切向加速度 $a_\tau=3\text{m/s}^2$。问：

(1) 经过多少时间后质点的总加速度恰好与半径成 45°？

(2) 在上述时间内，质点所经历的角位移和路程各为多少？

1-23　汽车在半径 $R=400$m 的圆弧弯道上减速行驶。设某一时刻，汽车的速率为 $v=10$m/s，切向加速度的大小为 $a_\tau=0.2\text{m/s}^2$。求汽车的法向加速度和总加速度的大小和方向。

1-24　xOy 平面内一粒子在 $t=0$ 时以速度 $8.0\boldsymbol{j}$ m/s 和恒定加速度 $(4.0\boldsymbol{i}+2.0\boldsymbol{j})\text{m/s}^2$ 从原点开始运动。若某瞬时粒子的 x 坐标为 32m，求：

(1) 它的 y 轴坐标；

(2) 它的速率。

1-25　一个粒子按它的位置(用 m)对时间(用 s)的函数 $\boldsymbol{r}=\boldsymbol{i}+4t^2\boldsymbol{j}+t\boldsymbol{k}$ 运动。写出它的

(1) 速度对时间的函数；

(2) 加速度对时间的函数。

1-26　一个地球卫星沿离地球表面 640km 的圆形轨道运行，周期为 98.0min。求：

(1) 卫星的速率是多少？

(2) 卫星的向心加速度是多少？

1-27　一质点作半径为 $r=0.02$m 的圆周运动，当它走过的路程与时间的关系为 $s=0.1t^3$（其中 s 以 m 为单位，t 以 s 为单位），当质点的速率为 $v=0.3$m/s 时，问：它的法向加速度和切向加速度各为多少？

1-28　一质点斜向上抛出，$t=0$ 时，质点位于坐标原点，其速度随时间变化关系为

$$\boldsymbol{v}=200\boldsymbol{i}+(200\sqrt{3}-10t)\boldsymbol{j}\ \text{m/s}$$

求：(1) 质点的运动方程(矢量式)$\boldsymbol{r}$，加速度 $\boldsymbol{a}$；

(2) $t=0$ 时，质点的切向加速度的大小 a_τ、法向加速度的大小 a_n；并把 $\boldsymbol{a}_\tau$ 和 $\boldsymbol{a}_n$ 画在质点运动的轨迹图上(标注符号)。

1-29　质点在 xOy 平面内运动，其速度随时间变化关系为 $\boldsymbol{v}=2\boldsymbol{i}-4t\boldsymbol{j}$ m/s，$t=0$ 时，$x=0$，$y=9$m。求：

(1) 质点的运动方程 $\boldsymbol{r}$，加速度 $\boldsymbol{a}$；

(2) $t=0.5$s 时，质点的切向加速度的大小 a_τ，法向加速度的大小 a_n；

(3) 何时 $\boldsymbol{r}$ 与 $\boldsymbol{v}$ 恰好垂直。

自测题和能力提高题　　自测题和能力提高题答案

第 2 章

质点动力学

在第 1 章的质点运动学中,我们着重研究了物体的运动,从几何观点描述了质点的运动,没有考虑产生或改变运动状态的原因。本章的质点动力学则注重从改变运动状态的原因来研究质点的运动。

牛顿在伽利略等人的力学研究的基础上,通过深入分析和研究,于 1687 年出版了名著《自然哲学的数学原理》。书中提出了三条定律,奠定了动力学的基础。后人为了纪念牛顿,将这三条定律称为牛顿运动定律。在此基础上,科学家们又推导出了许多力学规律,形成了一套完整的理论体系,称为牛顿力学或经典力学。

2.1 牛顿运动定律

2.1.1 牛顿第一定律

牛顿第一运动定律的描述:任何物体都保持静止或沿直线作匀速运动的状态,直至其他物体对它作用的力迫使它改变这种运动状态为止。

数学表达式:$\boldsymbol{F}=\boldsymbol{0}$ 时,$\boldsymbol{v}=$恒矢量。

牛顿第一定律说明:仅当物体受到其他物体对它的作用力时,物体的运动状态才会改变,即力是改变物体运动状态的原因。任何物体都具有保持运动状态不变的特性,即惯性。故牛顿第一定律又称为惯性定律。

科学家简介:牛顿

2.1.2 牛顿第二运动定律

设物体的质量为 m,运动速度为 $\boldsymbol{v}$,则 $m\boldsymbol{v}$ 称为物体的动量,以 $\boldsymbol{p}$ 表示,即

$$\boldsymbol{p}=m\boldsymbol{v} \tag{2-1}$$

在国际单位制中,动量的单位是千克米每秒(kg·m/s),方向和速度方向相同。

牛顿第二运动定律的描述:动量为 $\boldsymbol{p}$ 的物体在合外力 $\boldsymbol{F}$ 作用下,动量随时间的变化率应当等于作用于物体的合外力。

数学表达式为

$$F=\frac{\mathrm{d}\boldsymbol{p}}{\mathrm{d}t} \tag{2-2}$$

对于低速运动(速度≪光速)的物体,物体质量可视为恒量,牛顿第二运动定律就简化为

$$\boldsymbol{F}=m\boldsymbol{a} \tag{2-3}$$

在国际单位制中,力 $\boldsymbol{F}$ 的单位为牛顿(N),质量 m 的单位为千克(kg),加速度 $\boldsymbol{a}$ 的单位为米每二次方秒($\mathrm{m/s^2}$)。牛顿第二定律也称为加速度定律。

在直角坐标系中,牛顿第二运动定律的分量表达式为

$$\begin{cases}F_x=ma_x\\F_y=ma_y\\F_z=ma_z\end{cases} \tag{2-4}$$

在自然坐标系中,牛顿第二运动定律的分量表达式为

$$\begin{cases}F_\tau=ma_\tau\\F_\mathrm{n}=ma_\mathrm{n}\end{cases} \tag{2-5}$$

由牛顿第二运动定律可以看出:物体所获得的加速度 $\boldsymbol{a}$ 与物体所受的外力 $\boldsymbol{F}$ 呈瞬时对应关系,即外力的大小和方向发生变化,则物体所获得加速度的大小和方向也随之发生变化。

当物体受到几个力的作用时,物体所获得的加速度等于每个力单独作用时产生的加速度的叠加。这也称为力的独立作用原理或力的叠加原理,用公式表示为

$$\begin{aligned}\boldsymbol{F}&=\boldsymbol{F}_1+\boldsymbol{F}_2+\cdots+\boldsymbol{F}_n=\sum_{i=1}^{n}\boldsymbol{F}_i\\&=m\boldsymbol{a}_1+m\boldsymbol{a}_2+\cdots+m\boldsymbol{a}_n=\sum_{i=1}^{n}m\boldsymbol{a}_i=m\boldsymbol{a}\end{aligned}$$

即

$$\sum_{i=1}^{n}\boldsymbol{F}_i=m\boldsymbol{a} \tag{2-6}$$

2.1.3 牛顿第三运动定律

牛顿第三运动定律的描述:两个物体之间的作用力与反作用力,在同一直线上,大小相等,方向相反。作用力与反作用力属于同种性质的力,分别作用在两个不同的物体上,故牛顿第三定律也称为作用与反作用定律。

其数学表示为

$$\boldsymbol{F}_{12}=-\boldsymbol{F}_{21} \tag{2-7}$$

式中,$\boldsymbol{F}_{12}$ 表示物体1受物体2的作用力,$\boldsymbol{F}_{21}$ 表示物体2受物体1的作用力。$\boldsymbol{F}_{12}$ 和 $\boldsymbol{F}_{21}$ 总是同时产生,同时消失,成对出现,并且大小相等、方向相反,在同一直线上。

牛顿运动三定律是一个有机的整体,应用它来分析解决实际问题时,应该把三个定律综合起来考虑,绝不能将其割裂。

由于运动的描述是相对的,因此描述某个物体的运动必是相对某个参考系而言的。牛

顿运动定律就是在惯性参考系中对运动的描述。惯性参考系就是指一个不受外力作用的物体或处于平衡状态下的物体,将保持静止或匀速直线运动的状态不变。并非任意参考系都是惯性参考系。实验指出:对一切力学现象而言,地面参考系、相对于地面静止或作匀速直线运动的参考系,都是足够精确的惯性参考系。而对于天体的研究,可以选太阳为参考系,所观测到的天文现象都能和牛顿运动定律推算的结果相符合,故对天体的研究,常选太阳为惯性参考系。

牛顿运动定律是牛顿在讨论物体平动时总结出来的,所以它只适用于作平动的物体或可视为质点的物体的运动。例如:研究某物体的转动时,该物体的整体不能简化为一个质点,就不能对它直接应用牛顿运动定律,而只能将其整体看成是由许多个(甚至是无穷多个)小部分组成,其中每一个小部分均可视为一个质点,分别对每一个质点应用牛顿运动定律,然后再把各部分综合起来,得到物体整体运动的情况。

牛顿运动三定律是牛顿在经典力学的范围内总结出来的,所以它只适用于相对于惯性参考系作低速($v \ll c$)运动的宏观质点。

2.2 几种常见的力

在动力学中,对物体进行受力分析是非常重要的,是应用牛顿运动定律解决问题的关键。在日常生活和工程技术中经常遇到的力有重力、弹力、摩擦力等,下面介绍一下这些力产生的原因和特征。

1. 万有引力

万有引力是物体与物体间的一种相互吸引力。胡克、牛顿等人发现了其规律,称为万有引力定律。表述为:两个相距为 r,质量分别为 m_1、m_2 的两质点间的万有引力,大小与它们的质量乘积成正比,与它们间距离 r 的二次方成反比,方向沿着两物体的连线,即

$$\boldsymbol{F} = -G\frac{m_1 m_2}{r^2}\boldsymbol{e}_r \tag{2-8}$$

式中:G 为引力常数,是一普适常数,$G = 6.67 \times 10^{-11}\ \mathrm{N \cdot m^2/kg^2}$;$\boldsymbol{e}_r$ 是从 m_1 指向 m_2 的单位矢量$\dfrac{\boldsymbol{r}}{r}$;式中的负号表示 m_1 施于 m_2 的万有引力的方向始终与 $\boldsymbol{e}_r$ 的方向相反,即由 m_2 指向 m_1。

2. 重力

重力是由地球对物体的万有引力而引起的。在忽略地球自转的情况下,地球表面或表面附近的物体,所受地球对它的吸引力称为重力。重力以 $\boldsymbol{P}$ 表示,其方向指向地球中心。

从广义上讲,任何天体对其表面上或表面附近的物体的吸引力均称为重力,如月球重力、金星重力、火星重力等。就一般情况而言,在重力作用下,任何物体产生的加速度都以重力加速度 $\boldsymbol{g}$ 来表示。以 m 表示物体的质量,$\boldsymbol{P}$ 表示物体的重力,则由牛顿第二运动定律,得 $\boldsymbol{g} = \dfrac{\boldsymbol{P}}{m}$。

利用式(2-8)可得地球表面的重力加速度大小为 $g = G\dfrac{m_E}{r^2}$,其中 m_E 为地球的质量,

r 为地球地心与物体间的距离，地球的半径为 R_E。一般有 $r-R_E \ll R_E$，故得地球表面的重力加速度为 $g=G\dfrac{m_E}{R_E^2}$，代入 $m_E=5.98\times10^{24}\,\text{kg}$，$R_E=6.37\times10^6\,\text{m}$，得 $g=9.82\,\text{m/s}^2$，常取 $g=9.8\,\text{m/s}^2$。

3. 弹力

发生形变的物体，由于要恢复形变，对与它接触的物体会产生力的作用，这种力称为弹力。弹力的表现形式很多，下面只讨论三种常见的表现形式。

1）正压力（或支持力）

两个相互接触的物体，因挤压而产生形变（这种形变通常十分微小，很难观察到），为了恢复所产生的形变，便产生了正压力（或支持力）。它的大小取决于相互压紧的程度，方向总是垂直于接触面并指向对方。

2）拉力（或牵引力）

拉力（或牵引力）是指绳索或线对物体的拉力。这种拉力是由于绳子发生了形变（通常也十分微小，很难观察）而产生的。它的大小取决于绳被拉紧的程度，方向总是沿着绳而指向绳收缩的方向。绳子产生拉力时，绳子内部各段之间也有相互作用的弹力存在，这种弹力也称为拉力。

3）弹簧的弹性力

在力学中还有一种常见的弹力就是弹簧的弹性力，由弹簧的拉伸或压缩而产生。当弹簧被拉伸或压缩时，它就会对与之相连的物体产生弹力的作用，如图 2-1 所示。这种弹力总是要使弹簧恢复原长，故该力又称为恢复力。在弹性限度内，弹力的大小和形变的大小成正比，以 f 表示弹性力，以 x 表示形变（即弹簧的长度相对于原长的变化），则有

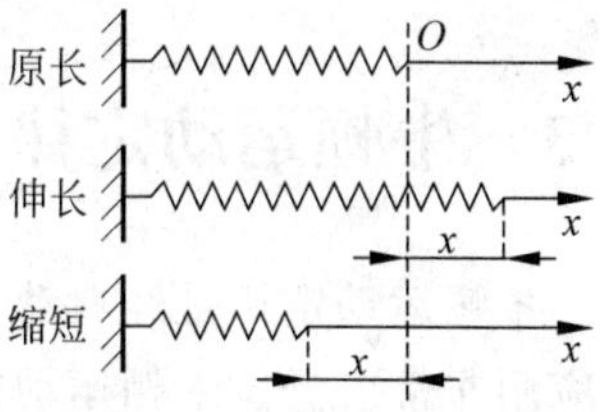

图 2-1　弹簧的弹性力

$$f=-kx \tag{2-9}$$

式中：k 为弹簧的弹性系数，取决于弹簧本身的结构；负号表示弹性力的方向与形变的方向相反。当 x 为正值时，弹簧拉伸，f 为负（即弹性力的方向与拉伸方向相反）；当 x 为负值时，弹簧压缩，f 为正（即弹性力的方向与压缩方向相反）。总之，弹簧的弹性力总是指向恢复它原长的方向。

4. 摩擦力

当两个物体有相互接触面且沿着接触面有相对运动时，或者有相对运动的趋势时，一般由于接触面较粗糙（粗糙的原因可能很复杂），在接触面之间，每个物体都受到对方给予的一个阻碍相对运动的力，这种力称为摩擦力。摩擦力有两种：静摩擦力和滑动摩擦力。

当相互接触的两个物体相对静止但又有相对运动的趋势时，这时两物体间的摩擦力称为静摩擦力。如图 2-2 所示，A 与 B 两物体相互接触，A 受到水平向右的外力 $\boldsymbol{F}$ 作用，但运动速度为零，这时 A 受到的力就是静摩擦力 f_s。静摩擦力的存在阻碍了 A 和 B 间的相对滑动的出现，所以它的方向与物体 A 相对于 B 运动的趋势方向相反，即 f_s 水平向左。同时 B 物体也受到一个水平向右的静摩擦力 f'_s 作用，且 $\boldsymbol{f}_s=-\boldsymbol{f}'_s$。静摩擦力是变化的，与外力的大小有关。当外力 $\boldsymbol{F}$ 达到一定的值时，物体 A 就被拉动，这时的静摩擦力称为最大静摩

擦力 f_{smax}。实验得知,最大静摩擦力 f_{smax} 与两个物体间的正压力 N 成正比,其大小为

$$f_{smax}=\mu_s N \tag{2-10}$$

式中比例系数 μ_s 称为静摩擦系数,它取决于接触面的材料与表面状况。它的大小可以从相关的技术手册中查到。

当两物体间有了相对运动后,这时的摩擦力称为滑动摩擦力 f_k(图 2-3),实验证明:滑动摩擦力 f_k 的大小与两物体间的正压力 N 成正比,即

$$f_k=\mu_k N \tag{2-11}$$

式中比例系数 μ_k 称为滑动摩擦系数,它与两接触物体的材料性质、接触表面的情况、温度、干湿度等有关,还和两接触物体的相对速度有关。一般情况下,μ_k 随速度的增大而减小。

对于给定的接触面,$\mu_s>\mu_k$,并且都小于 1。但在一般计算时,除非特别指明,可以近似认为 $\mu_s=\mu_k$。

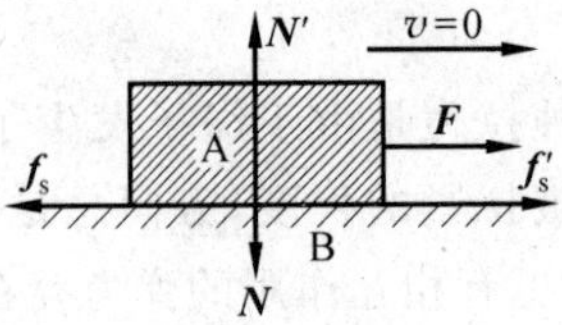

图 2-2　静摩擦力

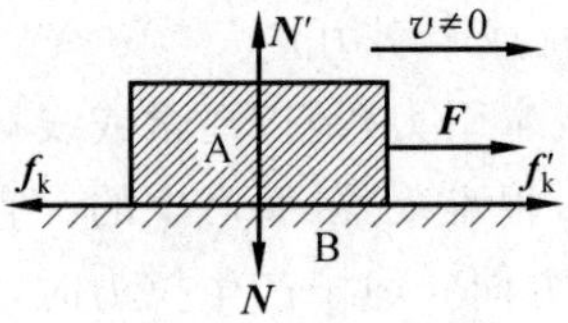

图 2-3　滑动摩擦力

2.3　牛顿运动定律的应用

牛顿运动定律是经典动力学的核心内容,表明了机械运动物体的基本运动规律,在实际中应用非常广泛。牛顿运动定律涉及的动力学问题一般分为两类,一类是已知一个物体受到几个力的作用,或者若干个物体之间的相互作用力,求物体的加速度和运动状态;另一类是已知物体的运动状态和加速度,求物体之间的相互作用力。这两类问题尽管所求的未知量不同,但分析方法类似。

利用牛顿运动定律求解实际问题时,常用的方法是“隔离体”法,即把要研究的物体单独“拿出来”,对它进行以下的分析。

(1) 认物体。选定所讨论的物体作为研究对象,该物体可看成是质点,把该物体与其他物体“隔离”开,对它应用牛顿运动定律来讨论。

(2) 看运动。分析所选定物体的运动状态,包括它的运动轨迹、速度和加速度,若涉及多个物体时,还要找出它们之间的运动学关系,即它们的速度和加速度之间的关系。

(3) 查受力,建坐标系,画受力图。找出被选定物体所受到的所有的力(必须知道施力体)。一般先找主动力,如外力、重力、拉力等,再找被动力,如摩擦力等,建立合适的坐标系,让尽可能多的力沿坐标轴完整分解。画出简单的示意图以表示物体的受力情况与运动情况。

(4) 列方程、求解、讨论。运用牛顿第二定律,沿坐标轴方向建立物体的动力学方程。对于涉及多个物体的情况,将对各个物体运用类似的方法,得到一个动力学的方程组,求解方程组,根据实际情况对所得结果进行讨论。

下面举例说明。

例 2-1 如图 2-4(a)所示一物体组，$m_1=50\text{kg}$，$m_2=25\text{kg}$，$m_3=50\text{kg}$，设摩擦力及滑轮和绳的质量不计，求两物体的加速度及 A、B 两段绳子间的张力。

解 受力如图 2-4(b)所示，图中已取加速度方向为坐标轴正方向。

对 m_1、m_2、m_3 分别列出如下动力学方程：

$$m_1 g\sin\alpha - T_A = m_1 a_1 \tag{1}$$

$$T'_A - T_B - m_2 g = m_2 a_2 \tag{2}$$

$$T'_B = m_3 a_3 \tag{3}$$

各物体加速度之间的关系为

$$a_1 = a_2 = a_3 = a \tag{4}$$

各段绳中张力关系为

$$T_A = T'_A,\quad T_B = T'_B \tag{5}$$

解以上方程组得

$$a = \frac{m_1\sin\alpha - m_2 g}{m_1 + m_2 + m_3} = 0.81\text{m/s}^2$$

$$T_B = m_3 a = 40.5\text{N}$$

$$T_B = m_1(g\sin\alpha - a) = 306\text{N}$$

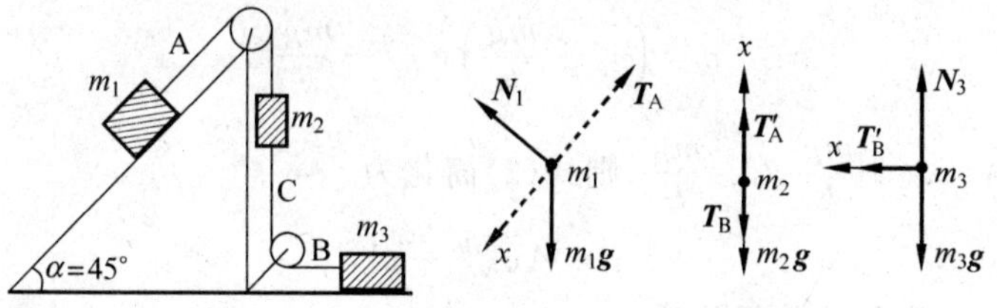

图 2-4 例 2-1 图

【提示】 本例题讨论的是多个物体间的运动问题，分析时对每个物体都采用隔离体法进行受力分析。画受力图时，要无一遗漏地画出各物体所受到的各力的大小和方向，建立坐标系，再列方程组进行求解。

例 2-2 以初速度 v_0 竖直上抛的物体，质量为 m，受到的空气阻力与物体的速率成正比，设比例系数为 k，($k>0$)，试求：

(1) 物体运动的速度公式(即任一时刻 t 时的速度)；

(2) 物体上升的最大高度。

解 以物体为研究对象进行受力分析，取抛出点为原点 O，受力如图 2-5 所示。$\boldsymbol{v}$ 向上时受力图为图 2-5(a)，$\boldsymbol{v}$ 向下时受力图为图 2-5(b)。

牛顿动力学方程为

$$\boldsymbol{P} + \boldsymbol{f} = m\boldsymbol{a}$$

x 轴方向的分量式为

$$-mg - kv = ma = m\frac{\mathrm{d}v}{\mathrm{d}t} \tag{1}$$

式中的 $-kv$ 表示当速度向上(下)时，阻力 $\boldsymbol{f}$ 的方向向下(上)，与 $\boldsymbol{v}$ 方向相反。

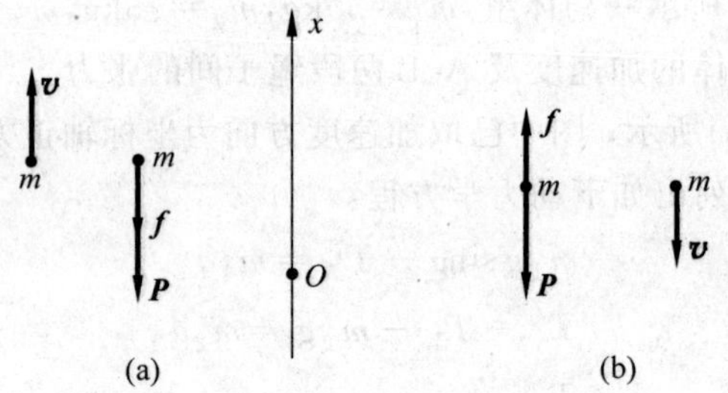

图 2-5　例 2-2 图

对式(1)分离变量得

$$\mathrm{d}t=-\frac{\mathrm{d}v}{g+\frac{kv}{m}}=-\frac{\mathrm{d}v}{g+Bv} \tag{2}$$

其中令 $B=\frac{k}{m}$,速度增加无限小量 $\mathrm{d}v$,则时间增加 $\mathrm{d}t$(元时间),速度从 v_0 增加到 v 时所用时间为各元时间 $\mathrm{d}t$ 之和。即

$$\int_0^t \mathrm{d}t=\int_{v_0}^{v}-\frac{\mathrm{d}v}{g+Bv}$$

$$v=\left(v_0+\frac{mg}{k}\right)\mathrm{e}^{-\frac{kt}{m}}-\frac{mg}{k} \tag{3}$$

为简便,令 $A=v_0+\frac{mg}{k}$,$C=\frac{mg}{k}$,则式(3)简化为

$$v=A\mathrm{e}^{-Bt}-C \tag{3$'$}$$

(2) 在 $\mathrm{d}t$ 时间内,物体的元位移

$$\mathrm{d}x=v(t)\mathrm{d}t=(A\mathrm{e}^{-Bt}-C)\mathrm{d}t$$

从 $t=0$ 到 t 时刻的位移为各元位移之和,即

$$\int_0^x \mathrm{d}x=\int_0^t (A\mathrm{e}^{-Bt}-C)\mathrm{d}t$$

得

$$x=\frac{A}{B}(1-\mathrm{e}^{-Bt})-Ct \tag{4}$$

上式即为物体的运动方程。

由式(3)′知,当 $t=\frac{1}{B}\ln\frac{A}{C}$时,$v=0$,在此之前 $v>0$,物体上升,在此之后 $v<0$,物体下落。故 $t=t_1$ 时刻,物体达到最大高度

$$H=\frac{A}{B}(1-\mathrm{e}^{-Bt_1})-Ct=\frac{mv_0}{k}-\frac{m^2g}{k^2}\ln\left(1+\frac{kv_0}{mg}\right)$$

【提示】 本例中牛顿方程式(1)形式上称为微分方程。当质点所受各力为恒力时,$\boldsymbol{a}$=恒矢量,可以简单地得出速度方程、运动方程;若质点所受合力为变力,加速度不是恒量,可以用解微分方程的办法求解出速度方程、运动方程,若没学习过微分方程时,可以采用积分的办法求解,如本例所示。

例 2-3 一个质量为 m 的小球系在绳的一端，绳的另一端系在墙上的钉子上，绳长为 l，开始时，先拉动小球使其处于水平位置，然后释放小球使其下落。求绳摆下 θ 角度时，这个小球的速率和绳子的张力。

解 对小球进行受力分析，小球受的力有绳对它的拉力 $\boldsymbol{T}$ 和重力 $\boldsymbol{P}$，如图 2-6 所示，被释放的小球下落过程中作圆周运动，故采用自然坐标系，把小球所受的力沿切向和法向分解，应用牛顿第二定律。

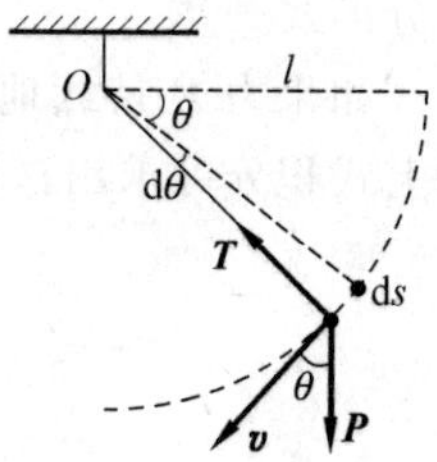

图 2-6 例 2-3 图

切向分量方程为

$$mg\cos\theta = ma_{\tau} = m\frac{\mathrm{d}v}{\mathrm{d}t} \tag{1}$$

法向分量方程为

$$T - mg\sin\theta = ma_{\mathrm{n}} = m\frac{v^2}{l} \tag{2}$$

式(1)中有三个变量 θ、v、t，对此常用变换式：

$$\begin{aligned} m\frac{\mathrm{d}v}{\mathrm{d}t} &= m\frac{\mathrm{d}v}{\mathrm{d}\theta}\cdot\frac{\mathrm{d}\theta}{\mathrm{d}t} \\ &= m\frac{\mathrm{d}v}{\mathrm{d}\theta}\cdot\omega = m\frac{\mathrm{d}v}{\mathrm{d}\theta}\cdot\frac{v}{l} \end{aligned} \tag{3}$$

将式(3)代入式(2)，得

$$gl\cos\theta\mathrm{d}\theta = v\mathrm{d}v$$

两侧同时定积分(摆角从 $0\to\theta$，速率从 $0\to v$)，得

$$\int_0^{\theta} gl\cos\theta\cdot\mathrm{d}\theta = \int_0^{v} v\mathrm{d}v$$

解之，得

$$v = \sqrt{2gl\sin\theta} \tag{4}$$

将式(4)代入式(2)，得

$$T = 3mg\sin\theta$$

这就是绳中的张力。

当然由于小球下落过程中只有重力做功，机械能守恒，再加上圆周运动的特点，同样可以求解本题。

2.4 动量 动量守恒定律

前面讨论的是力作用于物体时，物体的运动状态发生变化，然而力作用于物体往往还会持续一段时间，或者持续一段距离。前者是力对时间的累积效果，与物体的冲量、动量有关，后者是力对空间的累积效果，与物体的动能或能量有关。当然力更普遍地是作用于物体组，故本节主要研究力对物体(或质点)或物体组(质点系)的时间累积效应。

2.4.1 质点的冲量及动量定理

由牛顿第二定律知

$$\boldsymbol{F} = \frac{\mathrm{d}\boldsymbol{p}}{\mathrm{d}t}$$

则

$$\boldsymbol{F}\mathrm{d}t=\mathrm{d}\boldsymbol{p} \tag{2-12}$$

上式表示 $\mathrm{d}t$ 时间内,质点动量的增量 $\mathrm{d}\boldsymbol{p}$ 等于外力 $\boldsymbol{F}$ 与 $\mathrm{d}t$ 的乘积,这就是质点动量定理的微分形式。

如果力 $\boldsymbol{F}$ 持续地从 t_0 时刻作用到 t 时刻,设 t_0 时刻的动量为 $\boldsymbol{p}_0$,t 时刻的动量为 $\boldsymbol{p}$,则对上式积分可求出这段时间内力的持续作用效果。

$$\int_{t_0}^{t}\boldsymbol{F}\mathrm{d}t=\int_{p_0}^{p}\mathrm{d}\boldsymbol{p}=\boldsymbol{p}-\boldsymbol{p}_0$$

令

$$\boldsymbol{I}=\int_{t_0}^{t}\boldsymbol{F}\mathrm{d}t \tag{2-13}$$

则

$$\boldsymbol{I}=\boldsymbol{p}-\boldsymbol{p}_0 \tag{2-14}$$

式(2-13)表示力对时间的持续作用效果,用 $\boldsymbol{I}$ 表示,$\boldsymbol{I}$ 称为冲量。式(2-14)表示作用于质点上的合外力的冲量等于在力的作用时间内质点动量的增量,这也是质点动量定理的积分形式。在国际单位制中,冲量的单位为牛顿秒(N·s)。

在直角坐标系中,动量定理的分量形式为

$$\begin{cases}I_x=\int_{t_0}^{t}F_x\mathrm{d}t=mv_{2x}-mv_{1x}\\ I_y=\int_{t_0}^{t}F_y\mathrm{d}t=mv_{2y}-mv_{1y}\\ I_z=\int_{t_0}^{t}F_z\mathrm{d}t=mv_{2z}-mv_{1z}\end{cases} \tag{2-15}$$

质点从一个状态变化到另一个状态,中间必然要经历某种过程。有一类物理量是用以描述过程的,称为过程量;另一类物理量是用以描述系统状态的,称为状态量。显然,位移、冲量是过程量,位置矢量、速度、动量是状态量。动量定理表明了力的持续作用效果,它给出了过程量(冲量 $\boldsymbol{I}$)和该过程初、末两个状态的状态量(动量)$\boldsymbol{p}_0$ 和 $\boldsymbol{p}$ 之间的定量关系。

式(2-15)给出冲量的两种计算方法,一是可以用动量的增量求解,二是利用力对时间的累积效果求解。若力 $\boldsymbol{F}$ 是一个方向不变,只有大小在变的变力,则该力的冲量就与外力 $\boldsymbol{F}$ 方向相同(当然也同于动量增量的方向),而冲量的大小就如图 2-7 所示,等于曲线下的面积,但若 $\boldsymbol{F}$ 的大小和方向都在变化,则冲量的方向与动量增量的方向相同。

动量定理对求解碰撞、打桩、爆破和锻打等一类问题很有帮助。如两物体碰撞时,相互作用时间极短,碰撞瞬间的相互作用力称为冲力。在碰撞时,相互作用力瞬间达到很大的值,然后又急剧降为零,在这极短的时间内,相互作用变化复杂,很难确定相互作用力 $\boldsymbol{F}$ 随时间 t 的变化关系。无法用牛顿第二定律求解问题,故常常引入这段时间内的平均冲力 $\overline{\boldsymbol{F}}$,用平均冲力的冲量来代替变力的冲量。即

$$\overline{\boldsymbol{F}}\cdot\Delta t=\boldsymbol{p}_{(t+\Delta t)}-\boldsymbol{p}_t$$

平均冲力

$$\overline{\boldsymbol{F}}=\frac{1}{\Delta t}[\boldsymbol{p}_{(t+\Delta t)}-\boldsymbol{p}_{(t+\Delta t)}]$$

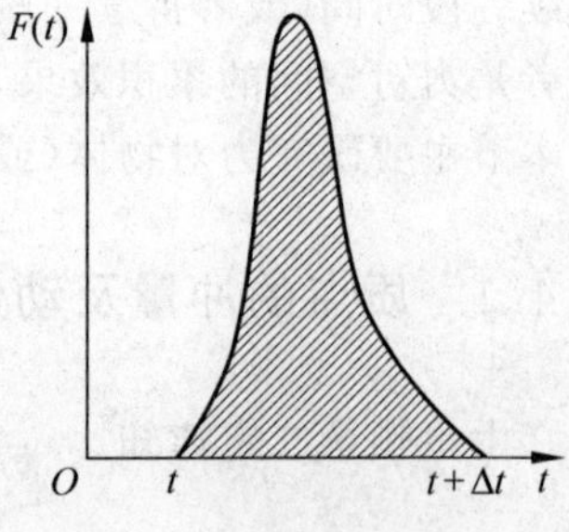

图 2-7　冲力变化曲线

2.4.2　质点系的动量定理

由具有相互作用的若干个质点构成的系统，称为质点系。系统内各质点之间的相互作用力称为内力；系统外其他物体对系统内任意一质点的作用力称为外力。例如：将地球和月球看成一个系统，则它们之间的相互作用力称为内力，而系统外的物体如太阳以及其他行星对地球或月球的引力都是外力。

将质点的牛顿运动定律（或质点的动量定理）应用于质点系内每一个质点，就可以得到用于整个质点组系的牛顿运动定律（或质点组的动量定理）。

为简单起见，我们首先讨论由两个质点组成的质点系（图 2-8），设两个质点的质量分别为 m_1 和 m_2，它们除分别受到相互作用力（即内力）$\boldsymbol{f}_{12}$ 和 $\boldsymbol{f}_{21}$ 外，还受到系统外其他物体的作用力（即外力）$\boldsymbol{F}_1$ 和 $\boldsymbol{F}_2$。如图 2-8 所示，分别对两个质点应用牛顿运动定律，得

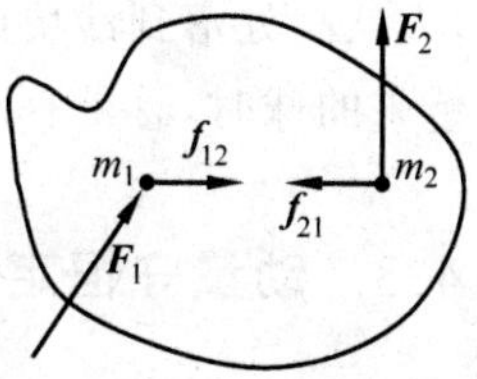

图 2-8　两质点构成的质点系

$$\boldsymbol{F}_1+\boldsymbol{f}_{12}=\frac{\mathrm{d}\boldsymbol{p}_1}{\mathrm{d}t}$$

$$\boldsymbol{F}_2+\boldsymbol{f}_{21}=\frac{\mathrm{d}\boldsymbol{p}_2}{\mathrm{d}t}$$

将此两式相加，得

$$(\boldsymbol{F}_1+\boldsymbol{F}_2)+(\boldsymbol{f}_{12}+\boldsymbol{f}_{21})=\frac{\mathrm{d}\boldsymbol{p}_1}{\mathrm{d}t}+\frac{\mathrm{d}\boldsymbol{p}_2}{\mathrm{d}t}$$

系统内力是一对作用力与反作用力，由牛顿第三运动定律知

$$\boldsymbol{f}_{12}+\boldsymbol{f}_{21}=\boldsymbol{0}$$

因此有

$$\boldsymbol{F}_1+\boldsymbol{F}_2=\frac{\mathrm{d}\boldsymbol{p}_1}{\mathrm{d}t}+\frac{\mathrm{d}\boldsymbol{p}_2}{\mathrm{d}t}$$

如果系统包含两个以上的质点，可按照上述步骤对各个质点写出牛顿运动定律的表达式，再相加。由于系统的各个内力总是以作用力和反作用力的形式成对出现，所以它们的矢量总和等于零。因此可得到

$$\sum_i \boldsymbol{F}_i=\frac{\mathrm{d}}{\mathrm{d}t}\left(\sum_i \boldsymbol{p}_i\right)$$

式中，$\sum\limits_i \boldsymbol{F}_i$ 为系统所受的合外力，$\sum\limits_i \boldsymbol{p}_i$ 为系统的总动量。若以 $\boldsymbol{F}$ 表示合外力，$\boldsymbol{p}$ 表示总动量，则

$$\boldsymbol{F}=\frac{\mathrm{d}\boldsymbol{p}}{\mathrm{d}t} \tag{2-16}$$

式(2-16)是用于质点系的牛顿第二运动定律的表达式。它表明：系统的总动量随时间的变化率等于该系统所受的合外力，内力使系统内各个质点的动量发生变化，但它们对系统的总动量却没有影响。

$$\boldsymbol{F}\mathrm{d}t=\mathrm{d}\boldsymbol{p} \tag{2-17}$$

式(2-17)是质点系的动量定理的微分形式。它表明：系统所受的合外力的冲量等于系统总动量的增量。

将式(2-17)两端取定积分,可得质点系动量定理的积分形式

$$\int_{t_0}^{t}\boldsymbol{F}\mathrm{d}t=\boldsymbol{p}-\boldsymbol{p}_0 \tag{2-18}$$

在日常生活中,经常利用动量定理处理一些具体问题,如贵重或易碎物品的包装采用海绵、纸屑、绒布等垫衬,用来防止振动和碰撞对物品造成损坏。物品装卸过程中,经常被提起、放下或受到碰撞而使它的动量发生变化,当动量发生变化时,包装壳则施以冲量于物品,采用松软包装能延长包装壳对物品的作用时间,从而减小对物品的冲力作用。在体育运动中,人从高处落到沙坑或海绵垫上,由于沙坑或海绵垫的缓冲而不致挫伤；打篮球中迎接队友传来的球时,总是有意向后拉的动作也是这个道理。

2.4.3 动量守恒定律及其意义

对于质点系而言,由式(2-16)可以看出,若

$$\boldsymbol{F}=\sum_i \boldsymbol{F}_i=\boldsymbol{0}\quad(\text{动量守恒定律的条件})$$

则

$$\boldsymbol{p}=\sum_i \boldsymbol{p}_i=\text{常矢量}\quad(\text{动量守恒定律的内容}) \tag{2-19}$$

就是说,当一个质点系所受的合外力为零时,质点系的总动量就保持不变,这一结论称为动量守恒定律。

应用动量守恒定律分析解决实际问题时,应注意以下几点。

(1) 系统动量守恒的条件是合外力为零,即 $\boldsymbol{F}=\boldsymbol{0}$。但在外力比内力小得多的情况下,外力对质点系的总动量变化影响很小,这时可以近似认为满足动量守恒的条件,也就是说可以近似地应用动量守恒定律,如两个物体的碰撞过程,由于相互撞击的内力往往很大,所以此时即使有摩擦力和重力等外力的影响,也常常忽略它们,而认为系统的总动量守恒。爆炸过程也属于内力远大于外力的过程,也可以认为在此过程中系统的总动量守恒。

(2) 动量守恒定律的表达式(2-19)是矢量关系式。在实际问题中常应用沿其坐标的分量表达式,即

$$\text{当 } F_x=0 \text{ 时,}\quad \sum_i m_i v_{ix}=p_x=\text{const(常量)}$$

$$\text{当 } F_y=0 \text{ 时,}\quad \sum_i m_i v_{iy}=p_y=\text{const}$$

$$\text{当 } F_z=0 \text{ 时,}\quad \sum_i m_i v_{iz}=p_z=\text{const}$$

由此可见,如果质点系沿某个方向所受合外力为零,则沿此方向的总动量的分量守恒。如一个物体在空中爆炸后裂成几块,在忽略空气阻力的情况下,这些碎块受到的外力只有竖直向下的重力,因此它们的总动量在水平方向的分量是守恒的。

(3) 动量守恒定律只适用于惯性参考系，故在使用动量守恒定律解决实际问题时，式中各速度必须是对同一惯性参考系而言的，这一点要特别注意。

(4) 动量守恒定律是一条普适定律，是自然界中最重要的守恒定律之一。它在宏观领域和微观领域都适用。虽然它是由牛顿运动定律推导出来的，但它比牛顿运动定律的适用范围要广泛，它不仅适用于低速运动的物体，也适用于高速运动的物体。无论是宏观系统，还是微观系统，系统内的质点之间一般都存在相互作用的内力，依靠这种作用力，动量从一个质点传递给另外的质点，但是只要没有外力的作用，系统内所有质点的总动量一定保持原来的大小和方向不变。在相对论中可以用它推出质量-速率的关系式，在量子论中，可以用它解释康普顿效应，证实光子的存在。凡是表面上违反动量守恒定律的过程将意味着某种新物质的诞生(如中微子的发现)。

例 2-4　在 α 粒子散射实验中，α 粒子与静止的氧原子核"碰撞"。实验测得：碰撞后，α 粒子沿与入射方向成 $\theta=72°$ 的方向运动，而氧核沿 $\beta=41°$ 的方向运动，如图 2-9(a)所示，试求碰撞前后 α 粒子的速率比。

解　粒子间的这种"碰撞"过程实际上是一种非接触的碰撞，它们由于运动而相互靠近，继而由于相互斥力作用而又相互分离，将 α 粒子与氧核为研究系统，碰撞时两粒子间相互作用的内力极大，重力可略去，故系统的动量守恒。建立如图 2-9(b)所示的坐标系，并设 α 粒子、氧核质量分别为 m 和 M，碰撞前后 α 粒子的速度分别为 $\boldsymbol{v}_{10}$ 和 $\boldsymbol{v}_1$，氧核碰后的速度为 $\boldsymbol{v}_2$，则由动量守恒的分量表示可得

$$mv_{10}=mv_1\cos\theta+Mv_2\cos\beta$$
$$0=mv_1\sin\theta-Mv_2\sin\beta$$

解之得

$$\frac{v_1}{v_{10}}=\frac{\sin\beta}{\sin(\theta+\beta)}=0.71$$

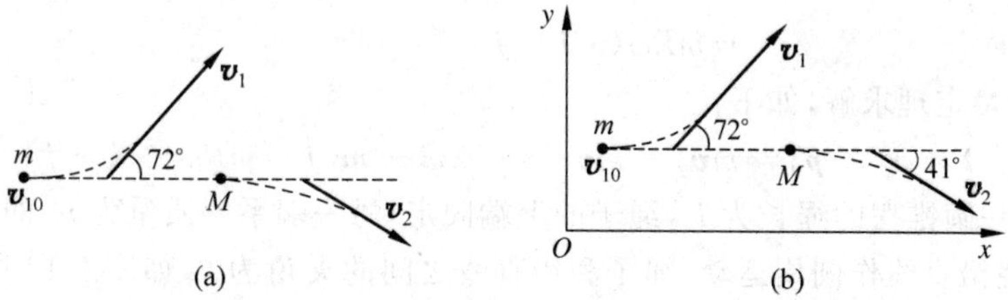

图 2-9　α 粒子散射实验

例 2-5　一辆装煤车以 $v=3\text{m/s}$ 的速率从煤斗下面通过，如图 2-10 所示，煤粉通过煤斗以 500m/s 的速率落入车厢，如果车厢的速度保持不变，不计车厢和钢轨间的摩擦，那么应该用多大的牵引力拉车厢才行？

解　由于车厢速率保持不变，落入车厢的煤粉改变了整个车厢(包括内落的煤粉)的质量，并使车厢在水平方向的动量发生变化，故可用质点系的动量定理进行求解。将此系统(车厢和煤粉)的动量增量与待求系统所受的水平外力(牵引力 $\boldsymbol{F}$)相联系，求出 $\boldsymbol{F}$ 的大小。设 t 时刻车厢和煤粉的总质量为 m，$t+\Delta t$

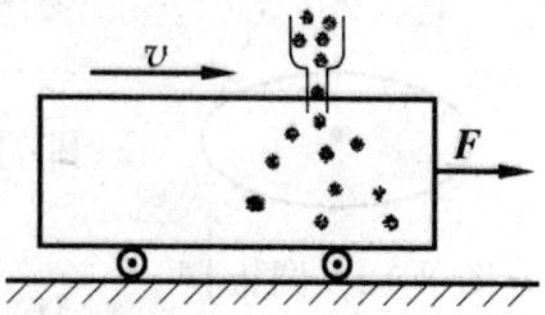

图 2-10　例 2-5 图

时刻总质量为 $m+\Delta m$,取$(m+\Delta m)$为研究系统,研究系统在水平方向的动量变化。

初态

$$p_1 = mv + \Delta m \cdot 0 = mv$$

末态

$$p_2 = mv + \Delta mv = (m+\Delta m)v$$

由动量定理,得

$$I = \overline{F} \cdot \Delta t = p_2 - p_1 = \Delta mv$$

故牵引力(实际为其平均值)的大小为

$$\overline{F} = \frac{I}{\Delta t} = \frac{\Delta m}{\Delta t}v = 500\text{kg/s} \times 3\text{m/s} = 1.5 \times 10^3\,\text{N}$$

例 2-6 如图 2-11 所示,在光滑的平面上,质量为 m 的小球以角速度 ω 沿半径为 R 的圆周匀速运动。试分别用积分法和动量定理,求出 θ 从 0 到 $\pi/2$ 的过程中合外力的冲量。

解 把小球看为质点。

(1) 用积分法求解。

外力 $\boldsymbol{F}$ 是个变力,大小为 $F=mR\omega^2$,方向始终指向圆心,可在直角坐标系中把 $\boldsymbol{F}$ 表示为

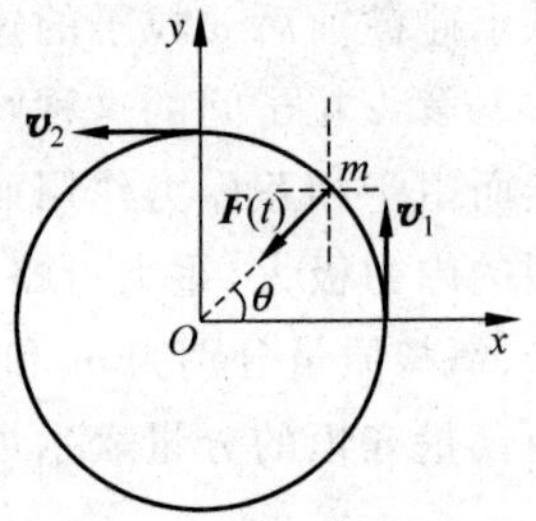

图 2-11 例 2-6 图

$$\boldsymbol{F} = -F\cos\theta\boldsymbol{i} - F\sin\theta\boldsymbol{j}$$

代入动量定理的积分形式,得

$$\boldsymbol{I} = \int_{t_1}^{t_2} \boldsymbol{F}\,\mathrm{d}t = \int_0^{\pi/2} (-F\cos\theta\boldsymbol{i} - F\sin\theta\boldsymbol{j})\,\mathrm{d}t$$

利用 $\mathrm{d}\theta = \omega\,\mathrm{d}t$,得

$$\begin{aligned}\boldsymbol{I} &= \int_0^{\pi/2} mR\omega^2(-\cos\theta\boldsymbol{i} - \sin\theta\boldsymbol{j})\,\mathrm{d}t \\ &= \int_0^{\pi/2} mR\omega(-\cos\theta i - \sin\theta j)\,\mathrm{d}\theta \\ &= mR\omega(-\boldsymbol{i} - \boldsymbol{j})\end{aligned}$$

(2) 用动量定理求解,如下:

$$\boldsymbol{I} = \boldsymbol{p}_2 - \boldsymbol{p}_1 = m\boldsymbol{v}_2 - m\boldsymbol{v}_1 = -mv\boldsymbol{i} - mv\boldsymbol{j} = mR\omega(-\boldsymbol{i} - \boldsymbol{j})$$

例 2-7 一圆锥摆的绳长为 L,绳子的上端固定,另一端系一质量为 m 的质点。质点以匀角速度 ω 绕铅直线作圆周运动,绳子和铅直线之间的夹角为 θ,如图 2-12 所示,问:在质点旋转一周的过程中,质点所受的合外力的冲量 $\boldsymbol{I}$ 为多少?质点所受张力 $\boldsymbol{F}$ 的冲量 $\boldsymbol{I}_T$ 是多少?

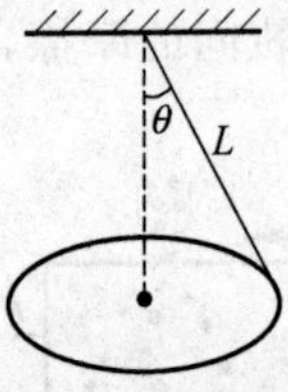

图 2-12 圆锥摆

解 设竖直向上为 y 轴正方向,由于质点以匀速度绕铅直线作圆周运动,故质点旋转一周回到出发点,速度的大小和方向都不变,由动量定理得

$$I = mv_2 - mv_1 = 0$$

即质点所受合外力的冲量为零。

又质点在运动中受到两个力作用:重力 $\boldsymbol{P}$ 和绳间张力 $\boldsymbol{F}$,则合外力冲量为

$$\boldsymbol{I}=\boldsymbol{I}_P+\boldsymbol{I}_F$$

又重力的方向竖直向下，且

$$I_P=mgT=mg\,\frac{2\pi}{\omega}$$

所以

$$\boldsymbol{I}_F=-\boldsymbol{I}_P=-\frac{2\pi m}{\omega}\boldsymbol{g}$$

方向竖直向上。

【提示】 应用动量定理或动量守恒定律求解时，应明确以下几点：

(1) 所选择的物体系包括哪些物体；

(2) 系统是否受外力，是合外力为零，还是合外力的冲量为零；

(3) 是系统的总动量守恒，还是系统某一方向的分动量守恒；

(4) 可以根据已知条件选择合适的求解系统动量的方法(定义积分法或动量定理)，以减小计算量。

2.5 角动量定理　角动量守恒定律

在讨论质点运动时，我们用线动量 $\boldsymbol{p}$ 来表示机械运动的状态，引出了动量定理和动量守恒定律，同样，在转动中我们可以用动量 $\boldsymbol{p}$ 的对应量——角动量来描述物体转动的状态。

2.5.1 质点的角动量定理

圆周运动自古以来就受到很多人的关注，这可以上溯到人们对行星及其他天体的运动的观察。现在实用技术和生活中的圆周运动或转动的例子比比皆是，例如各种机器中轮子的转动。为了研究力对物体转动的作用效果，在牛顿力学中，引入了力矩这一概念。力矩是相对于一个参考点定义的。力 $\boldsymbol{F}$ 对参考点 O 的力矩 $\boldsymbol{M}$ 定义为从参考点 O 到力的作用点 P 的径矢 $\boldsymbol{r}$ 和该力的矢量积，即

$$\boldsymbol{M}=\boldsymbol{r}\times\boldsymbol{F} \tag{2-20}$$

由此定义可知，力矩是一个矢量。如图 2-13(a)所示，力矩的大小为

$$M=rF\sin\alpha=r_{\perp}F \tag{2-21}$$

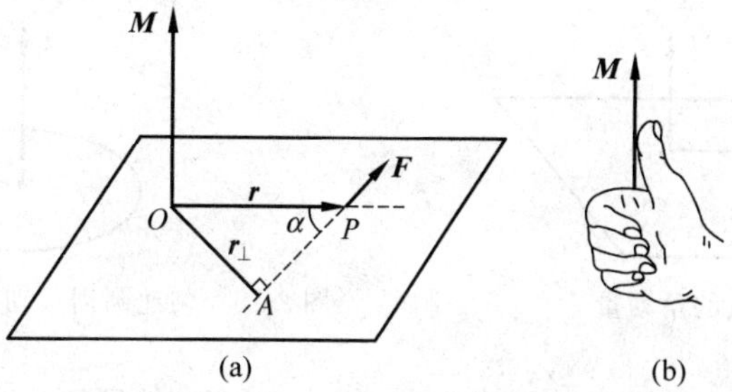

图 2-13　力矩的定义

式中,α 是 $\boldsymbol{r}$ 和 $\boldsymbol{F}$ 间小于 180°的夹角,$r_{\perp}=r\sin\theta$ 为垂直于 $\boldsymbol{F}$ 的位置矢量的大小,称为力臂。力矩的方向垂直于径矢 $\boldsymbol{r}$ 和力 $\boldsymbol{F}$ 所决定的平面,指向用右手螺旋法则确定(图 2-13(b)):右手大拇指伸直,其他四指伸直并与大拇指垂直,当四指由 $\boldsymbol{r}$ 经小于 180°的角度 α 转向 $\boldsymbol{F}$ 时,这时右手大拇指的指向就是力矩 $\boldsymbol{M}$ 的方向。

在国际单位制中,力矩的单位名称是牛顿米,符号是 N·m。

如果一个质点受几个力 $\boldsymbol{F}_1,\boldsymbol{F}_2,\cdots,\boldsymbol{F}_n$ 的作用,则这些共点力对参考点 O 的力矩分别为 $\boldsymbol{M}_1=\boldsymbol{r}\times\boldsymbol{F}_1,\boldsymbol{M}_2=\boldsymbol{r}\times\boldsymbol{F}_2,\cdots,\boldsymbol{M}_n=\boldsymbol{r}\times\boldsymbol{F}_n$,则对参考点 O 的力矩 $\boldsymbol{M}$ 等于其合力 $\boldsymbol{F}$ 对同一参考点 O 的合力矩。即

$$\begin{aligned}\boldsymbol{M}&=\boldsymbol{r}\times\boldsymbol{F}_1+\boldsymbol{r}\times\boldsymbol{F}_2+\cdots+\boldsymbol{r}\times\boldsymbol{F}_n\\&=\boldsymbol{r}\times(\boldsymbol{F}_1+\boldsymbol{F}_2+\cdots+\boldsymbol{F})\\&=\boldsymbol{r}\times\sum_{i=1}^{n}\boldsymbol{F}_i=\boldsymbol{r}\times\boldsymbol{F}\end{aligned}$$

现在说明力矩的作用效果。在一个惯性参考系中,设力作用在一个质量为 m 的质点上,其时质点的速度为 $\boldsymbol{v}$,相对于某一固定参考点 O 的位矢为 $\boldsymbol{r}$,根据力矩的定义式(2-20)和牛顿第二定律,应有

$$\boldsymbol{M}=\boldsymbol{r}\times\boldsymbol{F}=\boldsymbol{r}\times\frac{\mathrm{d}\boldsymbol{p}}{\mathrm{d}t}=\frac{\mathrm{d}}{\mathrm{d}t}(\boldsymbol{r}\times\boldsymbol{p})-\frac{\mathrm{d}\boldsymbol{r}}{\mathrm{d}t}\times\boldsymbol{p}$$

由于 $\frac{\mathrm{d}\boldsymbol{r}}{\mathrm{d}t}=\boldsymbol{v}$,$\boldsymbol{p}=m\boldsymbol{v}$,所以上式中最后一项为 0,由此得

$$\boldsymbol{M}=\frac{\mathrm{d}}{\mathrm{d}t}(\boldsymbol{r}\times\boldsymbol{p})\tag{2-22}$$

定义 $\boldsymbol{r}\times\boldsymbol{p}$ 为质点相对于固定点 O 的角动量矢量,并以 $\boldsymbol{L}$ 表示之,即

$$\boldsymbol{L}=\boldsymbol{r}\times\boldsymbol{p}\tag{2-23}$$

角动量的定义式(2-23)可用图 2-14 表示。质点 m 对 O 点的角动量的大小为

$$L=rp\sin\varphi=mrv\sin\varphi\tag{2-24}$$

式中,r 为位矢 $\boldsymbol{r}$ 的大小,φ 为 $\boldsymbol{r}$ 和 $\boldsymbol{p}$ 间小于 180°的夹角;$\boldsymbol{L}$ 的方向垂直于 $\boldsymbol{r}$ 和 $\boldsymbol{p}$ 所决定的平面,指向由右手螺旋定则确定:右手大拇指伸直,其他四指伸直并与大拇指垂直,当四指由 $\boldsymbol{r}$ 经小于 180°的角度转向 $\boldsymbol{p}$ 时,大拇指的指向就是角动量 $\boldsymbol{L}$ 的方向。

对于作匀速圆周运动的质点(质量为 m)而言,速率为 v,圆半径为 r,则质点对圆心的角动量大小为 $L=mrv$,方向垂直于质点运动的圆平面,如图 2-15 所示。

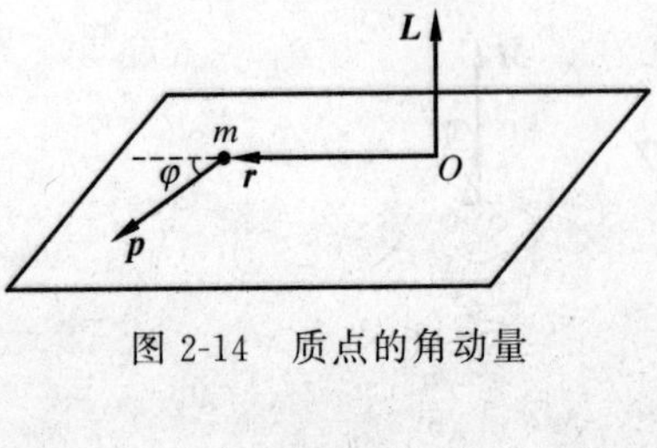

图 2-14　质点的角动量

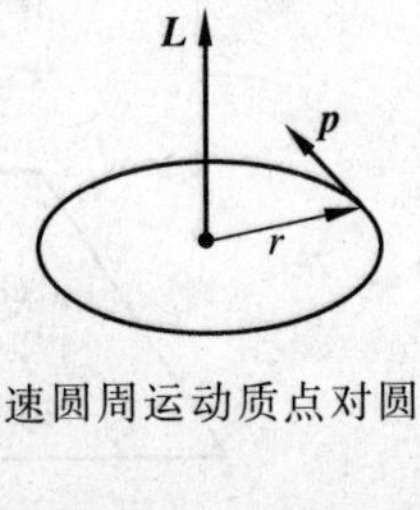

图 2-15　匀速圆周运动质点对圆心的角动量

在国际单位制中,角动量单位名称是千克二次方米每秒,符号是 kg·m²/s,也可写作 J·s。由式(2-22)和式(2-23),得

$$\boldsymbol{M}=\frac{\mathrm{d}\boldsymbol{L}}{\mathrm{d}t} \tag{2-25}$$

这说明：相对于惯性系中某一参考点，质点所受的合外力矩等于它的角动量对时间的变化率（力矩和角动量都是对于惯性系中的该参考点而言的）。这称为质点的角动量定理。它说明力对物体转动作用的效果：力矩使物体的角动量发生改变，而力矩就等于物体的角动量对时间的变化率。这一定理和动量定理类似，也是牛顿第二定律的直接结果或变形。

例 2-8　地球绕太阳的运动可以近似地看作匀速圆周运动，求地球对太阳中心的角动量。

解　已知从太阳中心到地球的距离 $r=1.5\times10^{11}\,\mathrm{m}$，地球的公转速度 $v=3.0\times10^{4}\,\mathrm{m/s}$，而地球的质量为 $m=6.0\times10^{24}\,\mathrm{kg}$。代入式(2-20)，即可得地球对于太阳中心的角动量的大小为

$$\begin{aligned}L&=mrv\sin\varphi=6.0\times10^{24}\times1.5\times10^{11}\times3.0\times10^{4}\times\sin\frac{\pi}{2}\,\mathrm{kg\cdot m^2/s}\\&=2.7\times10^{40}\,\mathrm{kg\cdot m^2/s}\end{aligned}$$

2.5.2　质点系的角动量定理

我们把研究对象由一个质点推广到 n 个质点组成的质点系。

由式(2-22)、式(2-25)，得

$$\frac{\mathrm{d}\boldsymbol{L}}{\mathrm{d}t}=\frac{\mathrm{d}}{\mathrm{d}t}\left(\sum_{i=1}^{n}\boldsymbol{r}_i\times\boldsymbol{P}_i\right)=\sum_{i=1}^{n}\frac{\mathrm{d}\boldsymbol{r}_i}{\mathrm{d}t}\times\boldsymbol{p}_i+\boldsymbol{r}_i\times\frac{\mathrm{d}\boldsymbol{p}_i}{\mathrm{d}t}$$

式中，第一项

$$\frac{\mathrm{d}\boldsymbol{r}_i}{\mathrm{d}t}\times\boldsymbol{p}_i=\boldsymbol{v}_i\times m_i\boldsymbol{v}_i=\boldsymbol{0}$$

第二项

$$\boldsymbol{r}_i\times\frac{\mathrm{d}\boldsymbol{p}_i}{\mathrm{d}t}=\boldsymbol{r}_i\times(\boldsymbol{F}_i+\boldsymbol{F}_{0i})=\boldsymbol{r}_i\times\boldsymbol{F}_i+\boldsymbol{r}_i\times\boldsymbol{F}_{0i}$$

$\boldsymbol{F}_i$ 和 $\boldsymbol{F}_{0i}$ 分别表示作用在第 i 个质点上的合外力和合内力。故有

$$\frac{\mathrm{d}\boldsymbol{L}}{\mathrm{d}t}=\sum_{i=1}^{n}\boldsymbol{r}_i\times\boldsymbol{F}_i+\sum_{i=1}^{n}\boldsymbol{r}_i\times\boldsymbol{F}_{0i}$$

根据牛顿第三定律，一对内力大小相等，方向相反，并且作用在同一直线上，如图 2-16 所示，故任何一对内力对同一个参考点的力矩矢量和必为零。而内力总是成对出现，故所有内力矩的矢量和为零，即 $\sum\limits_{i=1}^{n}\boldsymbol{r}_i\times\boldsymbol{F}_{0i}=\boldsymbol{0}$。

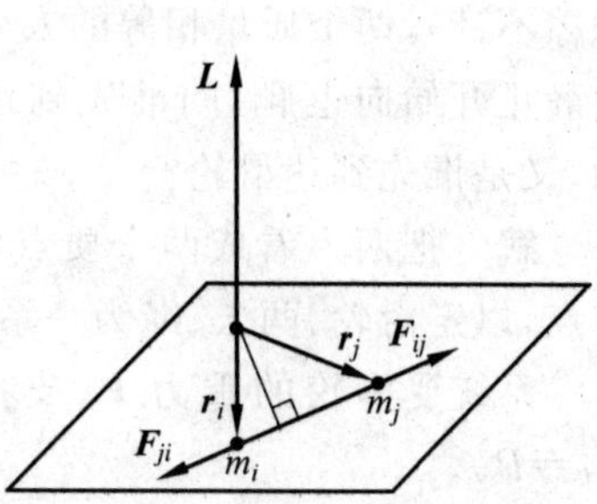

图 2-16　一对内力的力矩

$\sum\limits_{i=1}^{n}\boldsymbol{r}_i\times\boldsymbol{F}_i$ 表示所有外力对同一参考点的合外力矩，以 $\boldsymbol{M}$ 表示，则上式就变为

$$\frac{\mathrm{d}\boldsymbol{L}}{\mathrm{d}t}=\boldsymbol{M}=\sum_{i=1}^{n}\boldsymbol{r}_i\times\boldsymbol{F}_i \tag{2-26}$$

这表明:质点系对某一参考点的角动量对时间的变化率等于质点系所受到的所有外力对同一参考点的力矩的矢量和。这称为质点系的角动量定理。式(2-26)是它的微分表达式。

对式(2-26)两边乘以 $\mathrm{d}t$,并对时间积分,设时间从 t_0 到 t,则可得

$$\int_{t_0}^{t}\boldsymbol{M}\mathrm{d}t=\boldsymbol{L}-\boldsymbol{L}_0 \tag{2-27}$$

式中的 $\int_{t_0}^{t}\boldsymbol{M}\mathrm{d}t$ 称为作用于质点系的冲量矩,它是外力矩对时间的累积效果,与质点平动中的冲量类似。$\boldsymbol{L}$ 和 $\boldsymbol{L}_0$ 分别为系统始末两个状态的角动量。式(2-27)表明:作用于质点系的冲量矩等于质点系在作用时间内的角动量的增量。这是质点系的角动量定理的积分形式。

2.5.3 角动量守恒定律

由式(2-25)和式(2-26)可知,不论是对质点还是质点系,若合外力矩 $\boldsymbol{M}=\boldsymbol{0}$,则有 $\mathrm{d}\boldsymbol{L}/\mathrm{d}t=\boldsymbol{0}$,因而

$$\boldsymbol{L}=\text{常矢量} \tag{2-28}$$

此即角动量守恒定律:当质点或质点系所受的外力对某一参考点的力矩的矢量和为零时,则此质点或质点系对该参考点的角动量守恒。对于角动量守恒定律需要注意以下几点。

(1) 角动量守恒定律和动量守恒定律一样,也是自然界的一条最基本的定律,并且在更广泛情况下它不依赖牛顿定律。

(2) 外力矩 $\boldsymbol{M}=\boldsymbol{0}$ 时,对质点可能会有两种情况,一是质点所受外力为零,导致力矩为零;另一种情况是质点受力不为零,但力的作用线始终与位矢平行或反平行,导致 $\boldsymbol{M}=\boldsymbol{0}$,这种情况下的外力通过参考点,故常被称为有心力。因此只受有心力作用下的质点对参考点的角动量守恒。这常常用于行星绕日运动、卫星绕行星运动等问题的讨论。

(3) 在有些过程中,虽然质点系所受的外力对某参考点的力矩的矢量和不为零,但系统所受外力对某轴的力矩的代数和为零时,则质点系对该轴的角动量守恒,即当 $M_z=0$ 时,L_z 为常量。

例 2-9 如图 2-17 所示,一个轻绳绕过一个定滑轮(轮轴间摩擦不计),两个质量相等的人分别抓住轻绳的两端,从同一高度由静止开始向上爬,问谁先到达滑轮?若左边的人抓住绳子不动,又是谁先到达滑轮?

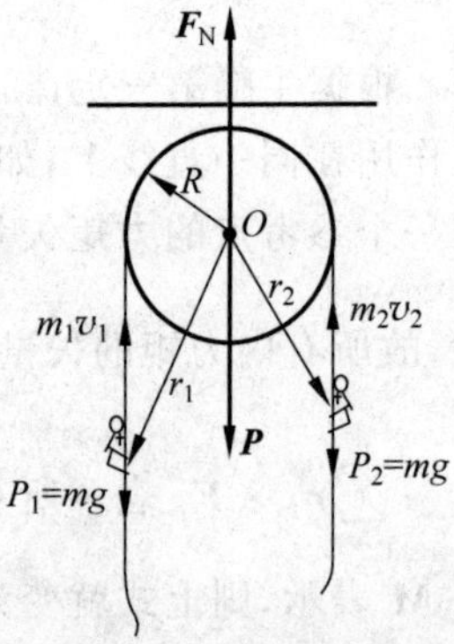

图 2-17 例 2-9 图

解 把两人看成两个质点,质量均为 m,以定滑轮轴心为参考点,以定滑轮、两人、绳为一系统,对其进行受力分析。

系统受滑轮的重力 $\boldsymbol{P}$、支撑力 $\boldsymbol{F}_\mathrm{N}$ 和两人重力 $\boldsymbol{P}_1$、$\boldsymbol{P}_2$,且 $P_1=P_2$。

相对滑轮中心而言,$\boldsymbol{F}_\mathrm{N}$ 和 $\boldsymbol{P}$ 过 O 点,对 O 点的力矩为零,而 $\boldsymbol{P}_1$ 和 $\boldsymbol{P}_2$ 对 O 点产生的力矩大小相等(均为 mgR),方向相反。故系统受外力矩和为零,所以系统对 O 点角动量守恒。

设左右两人相对地的速度分别为$\boldsymbol{v}_1$和$\boldsymbol{v}_2$，对O点的角动量分别为$\boldsymbol{L}_1=\boldsymbol{r}_1\times m\boldsymbol{v}_1$，大小为$L_1=m_1Rv_1=mRv_1$，方向垂直纸面向里；$\boldsymbol{L}_2=\boldsymbol{r}_2\times m\boldsymbol{v}_2$，大小为$L_2=m_2Rv_2=mRv_2$，方向垂直纸面向外。

由系统的角动量守恒得

$$L_1-L_2=mRv_1-mRv_2=0$$

从而得

$$v_1=v_2$$

可见两人对地的速度相同，又处于同一高度，故两人同时到达滑轮。

从上面的分析知：即使左边的人抓住绳子不动，他对地的速度也是和右边的人相同，仍是两人同时到达。只不过右边的人手中倒过的绳子长些而已。

例 2-10　“所有的行星都沿椭圆轨道绕太阳运动，太阳位于椭圆的一个焦点上，由太阳到达任一行星的连线(径矢)在相等的时间内在行星轨道平面内扫过的面积相等，即它扫过的面积A的速率$\frac{\mathrm{d}A}{\mathrm{d}t}$是常量。”这是关于行星运动的开普勒第一定律和第二定律，试用角动量守恒定律证明开普勒第二定律。

解　由于行星本身的线度远小于它到太阳的距离r，如图 2-18 所示，可将行星看作质点，又因太阳作用在行星上的万有引力指向太阳，为有心力，则行星在围绕太阳运动的过程中，行星对太阳的角动量处处守恒。

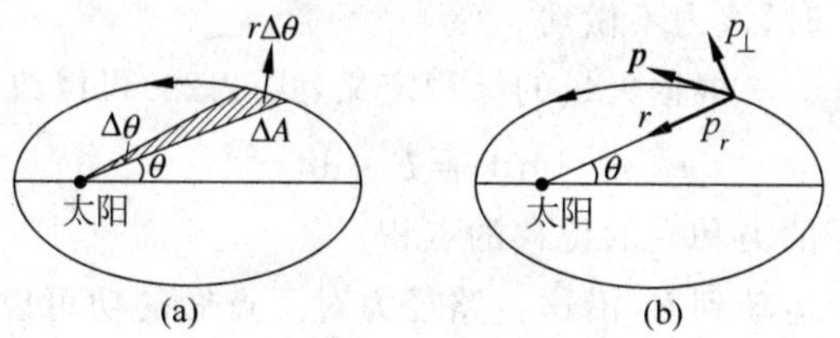

图 2-18　例 2-10 图

如图 2-18 所示，阴影部分面积近似于连接相距为r的行星与太阳的直线在Δt时间内扫过的面积。阴影的面积ΔA近似为高为r，底为$r\Delta\theta$的三角形面积。即$\Delta A\approx\frac{1}{2}r^2\cdot\Delta\theta$，当$\Delta t$趋于零时，行星与太阳连线扫过面积的瞬时变化率为

$$\frac{\mathrm{d}A}{\mathrm{d}t}=\frac{1}{2}r^2\frac{\mathrm{d}\theta}{\mathrm{d}t}=\frac{1}{2}r^2\omega \tag{1}$$

式中，ω为行星和太阳连线转动的角速度。图 2-18(b)中把行星的线动量$\boldsymbol{p}$分解为切向分量$p_\perp$和法向分量p_r，由式(2-24)知：行星对太阳的角动量$\boldsymbol{L}$的大小为$L=rp_\perp$，设行星质量为m，则有

$$L=rp_\perp=rmv_\perp=rmr\omega=mr^2\omega \tag{2}$$

式(1)和式(2)联立，得

$$\frac{\mathrm{d}A}{\mathrm{d}t}=\frac{L}{2m}=\text{恒量}$$

此即开普勒第二定律。

2.6 动能 动能定理

2.4 节我们讨论了力对时间的累积效应,给出了动量的变化、冲量和力的关系,本节我们主要讨论力对空间的累积效果——功。功和物体的机械运动过程有关,外力对物体做功时,不仅物体的运动状态会发生变化,甚至运动形式也可能转化。对应各种各样的运动形式,就会有各种各样的能量(如机械能、电磁能、热能、光能、化学能、原子能等),各种形式能量之间的相互传递和转化,又靠做功来完成。

2.6.1 功

如图 2-19 所示,一质点在力 $\boldsymbol{F}$ 的作用下,沿曲线 L 由 A 运动到 B,在 AB 曲线上取一无限小的位移 $\mathrm{d}\boldsymbol{r}$,$\boldsymbol{F}$ 与 $\boldsymbol{r}$ 的夹角为 θ,则力所做的功定义为:力在位移方向上的分量与该位移大小的乘积。故 $\boldsymbol{F}$ 所做的元功 $\mathrm{d}W$ 为

$$\mathrm{d}W = F \mid \mathrm{d}r \mid \cos\theta \tag{2-29}$$

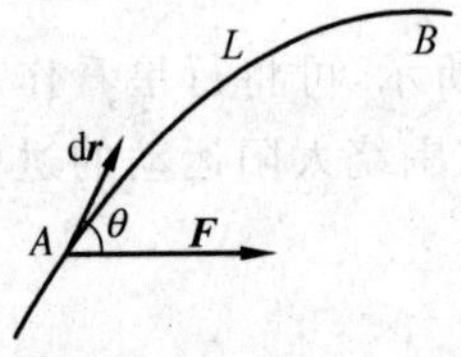

图 2-19 元功的定义

由式(2-29)可以看出:功虽是标量,但大小有正负之分。$90^\circ > \theta > 0^\circ$ 时,功为正值,即力对质点做正功;当 $90^\circ < \theta < 180^\circ$ 时,功为负值,即力对质点做负功,或者说质点在运动中克服力 $\boldsymbol{F}$ 做了功。而 $\theta = 0$ 时,该力不做功。

根据矢量的标积定义,式(2-29)可以改写为

$$\mathrm{d}W = \boldsymbol{F} \cdot \mathrm{d}\boldsymbol{r} \tag{2-30}$$

这就是说,功等于质点受的力和它的位移的点积。

质点沿曲线 L 从 A 运动到 B,沿这一路径力对质点做的功可以计算如下:把路径分成许多可看成元位移的小段,任意取一小段元位移,以 $\mathrm{d}\boldsymbol{r}$ 表示。则在这段元位移上质点所受的力 $\boldsymbol{F}$ 可视为恒力,在这段位移上力对质点做的元功可以利用式(2-30)求出,然后把沿整个路径的所有元功加起来就得到沿整个路径力对质点做的功。当 $\mathrm{d}\boldsymbol{r}$ 的大小趋近于零时,所有元功的和就变成了积分,因此质点沿曲线路径 L 从 A 运动到 B,力 $\boldsymbol{F}$ 对它做的功就是

$$W_{AB} = \int_A^B \mathrm{d}W = \int_A^B \boldsymbol{F} \cdot \mathrm{d}\boldsymbol{r} \tag{2-31}$$

这一积分在数学上叫做力 $\boldsymbol{F}$ 沿路径从 A 运动到 B 的线积分。式中 $\boldsymbol{F}$ 是可以随质点位置改变的力,θ 也会因位置的不同而发生变化。

在直角坐标系中

$$\boldsymbol{F} = F_x\boldsymbol{i} + F_y\boldsymbol{j} + F_z\boldsymbol{k}$$

$$\mathrm{d}\boldsymbol{r} = \mathrm{d}x\boldsymbol{i} + \mathrm{d}y\boldsymbol{j} + \mathrm{d}z\boldsymbol{k}$$

可由式(2-31)得功的另一种表示式

$$W = \int_A^B (F_x\mathrm{d}x + F_y\mathrm{d}y + F_z\mathrm{d}z) \tag{2-32}$$

如质点由坐标 $\boldsymbol{r}_1(x_1, y_1, z_1)$ 的初位置运动到 $\boldsymbol{r}_2(x_2, y_2, z_2)$ 的末位置,该过程中,力 $\boldsymbol{F}$ 所做的功为

$$W=\int_{r_1}^{r_2}\mathrm{d}W=\int_{x_1}^{x_2}F_x\mathrm{d}x+\int_{y_1}^{y_2}F_y\mathrm{d}y+\int_{z_1}^{z_2}F_z\mathrm{d}z$$

若$\boldsymbol{F}$的大小不变，θ在从A到B的过程中也不变，如图2-20所示，即整个路径s中$\boldsymbol{F}$与$\mathrm{d}\boldsymbol{r}$的夹角不变，则由式(2-31)得到恒力功的计算公式

$$W_{AB}=\int_A^B\boldsymbol{F}\cdot\mathrm{d}\boldsymbol{r}=\int_A^B F\cos\theta\mid\mathrm{d}\boldsymbol{r}\mid=F\cos\theta\int_A^B\mathrm{d}s=Fs\cos\theta \tag{2-33a}$$

用标积表示恒力的功为

$$W=\boldsymbol{F}\cdot\boldsymbol{s} \tag{2-33b}$$

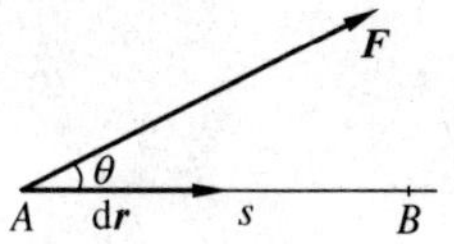

图 2-20　恒力的功

若有几个力同时作用在质点上，它们做的功应是多少呢？设有力$\boldsymbol{F}_1,\boldsymbol{F}_2,\cdots,\boldsymbol{F}_n$作用在质点上，它们的合力为$\boldsymbol{F}=\boldsymbol{F}_1+\boldsymbol{F}_2+\cdots+\boldsymbol{F}_n$，则由式(2-31)得合力的功为

$$\begin{aligned}W&=\int_A^B\boldsymbol{F}\cdot\mathrm{d}\boldsymbol{r}=\int_A^B(\boldsymbol{F}_1+\boldsymbol{F}_2+\cdots+\boldsymbol{F}_n)\cdot\mathrm{d}\boldsymbol{r}\\&=\int_A^B\boldsymbol{F}_1\cdot\mathrm{d}\boldsymbol{r}+\int_A^B\boldsymbol{F}_2\cdot\mathrm{d}\boldsymbol{r}+\cdots+\int_A^B\boldsymbol{F}_n\cdot\mathrm{d}\boldsymbol{r}\end{aligned}$$

故得

$$W=W_1+W_2+\cdots+W_n \tag{2-34}$$

即合力对质点所做的功等于每个分力所做功的代数和。

在国际单位制(SI)中，功的单位为牛米(N·m)，其名称为焦耳(J)。在电工学中功的单位还常用千瓦小时(kW·h)，$1\mathrm{kW\cdot h}=3.6\times10^6\mathrm{J}$。在电学中功的单位还常用电子伏特(eV)，$1\mathrm{eV}=1.6\times10^{-19}\mathrm{J}$。

功是一过程量，功是能量转换的量度。不管力的性质和种类如何，凡是有力做功的过程一定伴随着能量的转换；某力做功的多少一定等于相应的能量转换的大小。

2.6.2 功率

为了描述做功的快慢，物理学中引入了功率这一概念。若在Δt时间间隔内，力对物体所做的功为ΔW，则力在Δt时间内的平均功率为

$$\bar{P}=\frac{\Delta W}{\Delta t} \tag{2-35}$$

通常将$\Delta t\to0$时的平均功率的极限定义为瞬时功率(简称为功率)，有

$$P=\lim_{\Delta t\to0}\frac{\Delta W}{\Delta t}=\frac{\mathrm{d}W}{\mathrm{d}t} \tag{2-36}$$

若将式(2-30)代入式(2-36)，则

$$P=\boldsymbol{F}\cdot\boldsymbol{v} \tag{2-37}$$

因为功是能量转换的量度，所以功率的大小也描述了能量从一种形式转换为另一种形式的快慢。在国际单位制(SI)中，功率的单位为瓦特(W)，1W=1J/s。

2.6.3 质点的动能定理

由经验知：力对物体做的功，可使物体的运动状态发生变化，它的动能也会改变。下面

我们讨论功与动能之间的定量关系。

考虑质量为 m 的质点,在合外力 $\boldsymbol{F}$ 的持续作用下,沿曲线从 A 点运动到 B 点,同时它的速度从 $\boldsymbol{v}_A$ 变为 $\boldsymbol{v}_B$,如图 2-21 所示。由于力是变化的,故利用元功定义来求解质点从 A 运动到 B 过程中,外力 F 所做的功。选 AB 曲线上一元位移 $\mathrm{d}\boldsymbol{r}$,$\mathrm{d}\boldsymbol{r}$ 与 $\boldsymbol{F}$ 夹角为 θ,元功为

$$\begin{aligned}\mathrm{d}W_{AB} &= \boldsymbol{F}\cdot\mathrm{d}\boldsymbol{r} = F\cos\theta\,|\,\mathrm{d}\boldsymbol{r}\,| = ma_{\tau}\,|\,\mathrm{d}\boldsymbol{r}\,| \\ &= m\frac{\mathrm{d}v}{\mathrm{d}t}\,|\,\mathrm{d}\boldsymbol{r}\,| = m\,\mathrm{d}v\left|\frac{\mathrm{d}\boldsymbol{r}}{\mathrm{d}t}\right| = mv\,\mathrm{d}v\end{aligned}$$

故

$$W_{AB} = \int_{v_A}^{v_B} mv\,\mathrm{d}v = \frac{1}{2}mv_B^2 - \frac{1}{2}mv_A^2$$

即

$$W_{AB} = \frac{1}{2}mv_B^2 - \frac{1}{2}mv_A^2 \tag{2-38a}$$

式(2-38a)说明:力对质点所做的功使质点的运动状态发生了改变,功是能量改变的量度,在数量上和功相对应的是$\frac{1}{2}mv^2$,这个量是由各时刻质点的运动状态(以速率表征)决定的,我们将这个量定义为质点的动能,以 E_k 表示,即

$$E_\mathrm{k} = \frac{1}{2}mv^2 \tag{2-39}$$

于是式(2-38a)也可以表示为

$$W_{AB} = E_{\mathrm{k}B} - E_{\mathrm{k}A} \tag{2-38b}$$

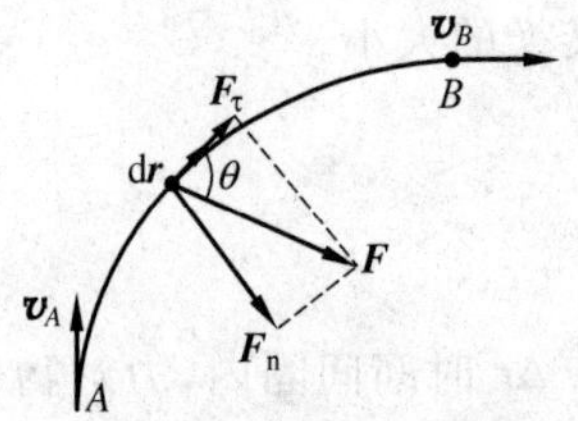

图 2-21 质点的动能定理

该式表明:合外力对质点所做的功等于质点动能的增量,此即质点的动能定理。

质点的动能与质点的速度大小的平方成正比,即动能取决于质点的运动状态,是运动状态的函数,而外力做功改变了质点的动能,但功是一个与质点位置改变相关联的量,故功是一个过程量。要分清两者的区别与联系。

还需要说明的是,质点动能定理是由牛顿第二定律推导出来的,它也适用于惯性参考系,公式中的各个物理量的大小均与参考系的选取有关。不同惯性系中,质点的位移、速度不同,但动能定理的形式相同。

2.6.4 质点组的动能定理

对于由几个质点组成的质点系而言,质点系所受的力分为内力和外力,外力是系统外物体给予系统内各质点的作用力,而内力是系统内各质点间的相互作用力,它总是成对出现的。一对内力的矢量和为零,故系统的内力不改变系统的动量。但内力的功是否也为零呢?为简便,下面我们来研究一对内力的功。

1. 一对内力的功

如图 2-22 所示为两个质点组成的系统。两个相互作用的质点的质量分别为 m_1 和

m_2，相互作用力分别为 $\boldsymbol{f}_{12}$ 和 $\boldsymbol{f}_{21}$，由牛顿第三运动定律可知：$\boldsymbol{f}_{12}=-\boldsymbol{f}_{21}$。两质点相对于某一坐标原点 O 的位置矢量分别为 $\boldsymbol{r}_1$ 和 $\boldsymbol{r}_2$，两质点运动的轨迹分别为 A_1B_1 和 A_2B_2，在 $\mathrm{d}t$ 内两质点产生的位移分别为 $\mathrm{d}\boldsymbol{r}_1$ 和 $\mathrm{d}\boldsymbol{r}_2$，则在这段时间内，这一对内力的功之和为

$$\mathrm{d}W=\boldsymbol{f}_{12}\cdot\mathrm{d}\boldsymbol{r}_1+\boldsymbol{f}_{21}\cdot\mathrm{d}\boldsymbol{r}_2$$

利用

$$\boldsymbol{f}_{21}=-\boldsymbol{f}_{12}$$

所以有

$$\begin{aligned}\mathrm{d}W&=-\boldsymbol{f}_{12}\cdot\mathrm{d}\boldsymbol{r}_1+\boldsymbol{f}_{21}\cdot\mathrm{d}\boldsymbol{r}_2\\&=\boldsymbol{f}_{12}\cdot(\mathrm{d}\boldsymbol{r}_2-\mathrm{d}\boldsymbol{r}_1)=\boldsymbol{f}_{21}\cdot\mathrm{d}\boldsymbol{r}_{21}\end{aligned}$$

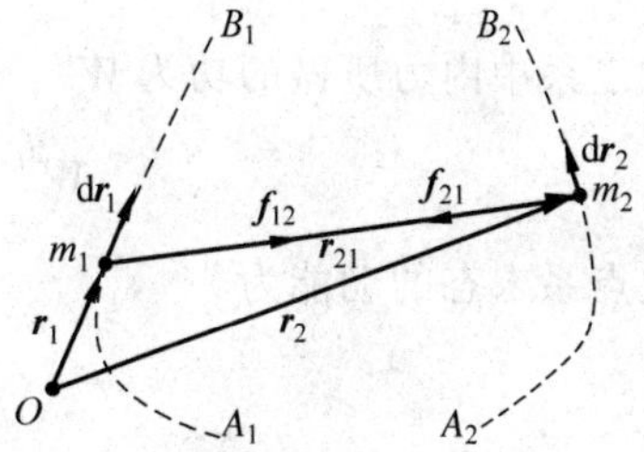

图 2-22　两质点构成的质点系内力功示意

其中 $\mathrm{d}\boldsymbol{r}_{21}$ 为 m_2 相对于 m_1 的元位移。这一结果说明了两个质点之间的相互作用力所做的元功之和，等于其中一个质点所受的力和此质点相对于另一质点的元位移的点积。

若将初始状态记作位置 A，此时 m_1 在 A_1，m_2 在 A_2，将经过一段时间后所处的状态记作位置 B，此时 m_1 在 B_1，m_2 在 B_2，则它们从位置 A 运动到位置 B 时，它们之间相互作用力所做的总功为

$$W_{AB}=\int_A^B\boldsymbol{f}_{21}\cdot\mathrm{d}\boldsymbol{r}_{21}\tag{2-40}$$

式(2-40)说明：对于两质点构成的质点系而言，一对内力所做功的和等于其中一个质点受的力沿着该质点相对另一质点移动所做的功。即一对内力的功只取决于两个质点的相对位置的改变，而与确定两质点位置时所选取的参考系无关，这也是一对作用力与反作用力做功之和的重要特点。

当质点系内质点间相对位置不变时，内力做功为零。如对质量为 m 的质点和地球组成的系统而言，当质点在地面上平移一段距离时，质点和地面的相对位置没变，则质点所受重力与地球受质点的引力这一对力做功之和为零。而当质点在地面以上下落高度 h 时，质点与地球间的相互作用力做功之和就是 mgh。

2. 质点系的动能定理

对于如图 2-22 所示由两质点构成的质点系而言，两质点的质量分别为 m_1 和 m_2，两质点之间的相互作用的内力分别为 $\boldsymbol{f}_{12}$ 和 $\boldsymbol{f}_{21}$，$\boldsymbol{F}_1$ 和 $\boldsymbol{F}_2$ 分别为作用于两质点上的合外力，当然对于每一个质点而言是不存在内力的，所以对于两个质点可以分别写出动能定理：

对 m_1

$$\int_{A_1}^{B_1}\boldsymbol{F}_1\cdot\mathrm{d}\boldsymbol{r}_1+\int_{A_1}^{B_1}\boldsymbol{f}_{12}\cdot\mathrm{d}\boldsymbol{r}_1=\frac{1}{2}m_1v_{1B}^2-\frac{1}{2}m_1v_{1A}^2$$

对 m_2

$$\int_{A_2}^{B_2}\boldsymbol{F}_2\cdot\mathrm{d}\boldsymbol{r}_2+\int_{A_2}^{B_2}\boldsymbol{f}_{21}\cdot\mathrm{d}\boldsymbol{r}_2=\frac{1}{2}m_2v_{2B}^2-\frac{1}{2}m_2v_{2A}^2$$

式中，v_{1B} 和 v_{1A} 分别为 m_1 质点末态、初态速度的大小，v_{2B} 和 v_{2A} 分别为 m_2 质点末态、初态速度的大小。

把上面两式相加,并令质点系中外力所做的功为 W^{ex}

$$W^{ex}=\int_{A_1}^{B_1}\boldsymbol{F}_1\cdot \mathrm{d}\boldsymbol{r}_1+\int_{A_2}^{B_2}\boldsymbol{F}_2\cdot \mathrm{d}\boldsymbol{r}_2$$

质点系中内力所做的功为 W^{in}

$$W^{in}=\int_{A_1}^{B_1}\boldsymbol{f}_{12}\cdot \mathrm{d}\boldsymbol{r}_1+\int_{A_2}^{B_2}\boldsymbol{f}_{21}\cdot \mathrm{d}\boldsymbol{r}_2$$

质点系末态的动能为

$$E_k=\frac{1}{2}m_1v_{1B}^2+\frac{1}{2}m_2v_{2B}^2$$

质点系初态的动能为

$$E_{k0}=\frac{1}{2}m_1v_{1A}^2+\frac{1}{2}m_2v_{2A}^2$$

则相加后,得

$$W^{ex}+W^{in}=E_k-E_{k0} \tag{2-41}$$

式(2-41)虽然是从两个质点构成的质点系推得的,但若把它推广到由 n 个质点构成的质点系,则该式仍然成立,即得到质点系的动能定理:一切外力所做的功与一切内力所做的功的代数和等于质点系动能的增量。用公式表示为

$$W^{ex}+W^{in}=\sum_{i=1}^{n}E_{ki}-\sum_{i=1}^{n}E_{k0i} \tag{2-42}$$

式中,$\sum\limits_{i=1}^{n}E_{ki}$ 为质点系末态的动能之和,$\sum\limits_{i=1}^{n}E_{k0i}$ 为质点系初态的动能之和。

例 2-11 从 10m 深的井中提水,起初水与桶总质量为 10kg,由于水桶漏水,每升高 1m 漏去 $\lambda=0.2$kg 水。

(1) 画出示意图,设置坐标轴后,写出外力所做元功 $\mathrm{d}W$ 的表示式;

(2) 计算匀速地把水从水面提高到井口过程中外力所做的功。

解 以井中水面为坐标原点,竖直向上为 x 轴正向,画出的示意图如图 2-23 所示,在坐标 x 处水桶的质量为

$$m=m_0-\lambda x$$

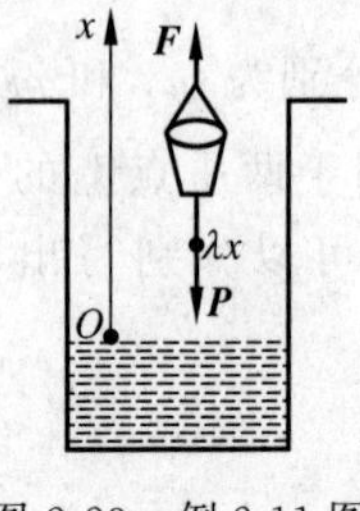

图 2-23 例 2-11 图

由于水是均匀上提的,所以拉力 $\boldsymbol{F}$ 与重力 $\boldsymbol{P}$ 满足关系式

$$\boldsymbol{F}+\boldsymbol{P}=\boldsymbol{0}$$

在坐标 x 处

$$F=mg=(m_0-\lambda x)g$$

水桶从坐标 x 处移动元位移 $\mathrm{d}x$ 时,人所做的元功为

$$\mathrm{d}W=F\mathrm{d}x=(m_0-\lambda x)g\,\mathrm{d}x$$

把水从水面提高到井口外力所做的功为

$$W=\int_0^h(m_0-\lambda x)g\,\mathrm{d}x=m_0gh-\frac{\lambda}{2}gh^2$$

将 $h=10$m 代入,则 $W=882$J。

例 2-12 有一质量为 4kg 的质点在力 $\boldsymbol{F}=2xy\boldsymbol{i}+3x^2\boldsymbol{j}$(SI 单位)的作用下,由静止开始沿着曲线 $x^2=9y$ 从点 $O(0,0)$运动到点 $Q(3,1)$,试求质点运动到 Q 点时的速度的大小。

解 由功的定义：

$$W=\int_O^Q \boldsymbol{F}\cdot \mathrm{d}\boldsymbol{r}=\int_O^Q (F_x\mathrm{d}x+F_y\mathrm{d}y)=\int_O^Q (2xy\mathrm{d}x+3x^2\mathrm{d}y)$$

把 $x^2=9y$ 代入上式，得

$$W=\int_O^Q\left(\frac{2}{9}x^3\mathrm{d}x+27y\mathrm{d}y\right)$$

$$=\int_0^3\frac{2}{9}x^3\mathrm{d}x+\int_0^1 27y\mathrm{d}y=18\mathrm{J}$$

由动能定理 $W=\frac{1}{2}mv_2^2-\frac{1}{2}mv_1^2$，且知 $v_1=0$，故 Q 点速度大小为

$$v_Q=v_2=\sqrt{\frac{2W}{m}}=\sqrt{\frac{36}{4}}\mathrm{m/s}=3\mathrm{m/s}$$

2.7 保守力 势能

2.7.1 保守力及保守力的功

功是过程量，但有些力的功却与过程无关，而只与物体的始末位置有关。如我们所熟悉的重力就具有这种性质。另外，万有引力、弹性力等也具有类似的性质。

1. 重力的功

如图 2-24 所示，在直角坐标系 xOy 中，设质量为 m 的物体在重力作用下，由 a 点沿任一曲线 acb 运动到 b 点，点 a 和点 b 距地面高度分别为 y_a 和 y_b，计算重力在质点移动过程中所做的功 W。

在 acb 路径上任选一点 c，在 c 处取元位移为 $\mathrm{d}\boldsymbol{r}$，重力 $\boldsymbol{P}$ 与 $\mathrm{d}\boldsymbol{r}$ 方向夹角为 α，虽然 $\boldsymbol{P}$ 的大小和方向不变，但 α 角是变化的。在元位移 $\mathrm{d}\boldsymbol{r}$ 中，重力做元功为

$$\mathrm{d}W=\boldsymbol{P}\cdot\mathrm{d}\boldsymbol{r}$$

式中，

$$\boldsymbol{P}=-mg\boldsymbol{j},\quad \mathrm{d}\boldsymbol{r}=\mathrm{d}x\boldsymbol{i}+\mathrm{d}y\boldsymbol{j}+\mathrm{d}z\boldsymbol{k}$$

故

$$\mathrm{d}W=-mg\boldsymbol{j}\cdot(\mathrm{d}x\boldsymbol{i}+\mathrm{d}y\boldsymbol{j}+\mathrm{d}z\boldsymbol{k})=-mg\mathrm{d}y$$

因此质点在由 a 点运动到 b 点的过程中，重力做的总功为

$$W_{ab}=-mg\int_{y_a}^{y_b}\mathrm{d}y=-mg(y_b-y_a)$$

即

$$W_{ab}=mgy_a-mgy_b \tag{2-43}$$

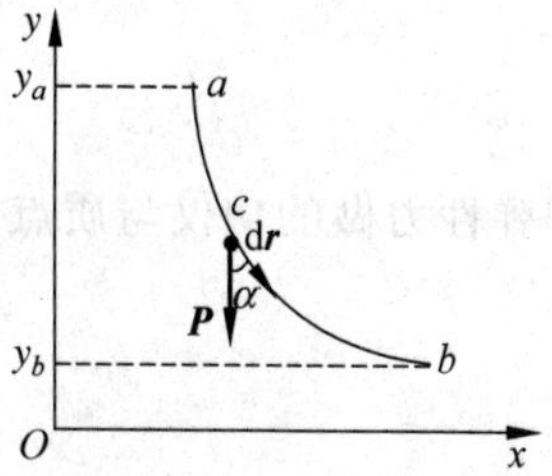

图 2-24 重力的功

上式说明：重力所做的功，只与质点的始末位置有关，而与质点所经过的路径无关。若从 a 点沿另外任一路径 adb 到达 b 点，同理可以计算出重力的功仍是 mgy_a-mgy_b。

2. 万有引力的功

设一质量为 m 的物体,在另一质量为 M 的静止物体的引力场中,沿某路径由 a 点运动到 b 点。以 M 为原点,a、b 两位置的位矢分别为 $\boldsymbol{r}_a$ 和 $\boldsymbol{r}_b$,m 和 M 间的引力是个变力,故引入元位移 $\mathrm{d}\boldsymbol{l}$,如图 2-25 所示,$\mathrm{d}\boldsymbol{l}$ 与 m 受 M 的引力 $\boldsymbol{F}$ 之间的夹角为 α,质点 m 移动元位移的过程中,万有引力所做的元功为

$$\mathrm{d}W=\boldsymbol{F}\cdot\mathrm{d}\boldsymbol{l}=-\frac{GMm}{r^2}\boldsymbol{e}_r\cdot\mathrm{d}\boldsymbol{l}$$

$$=-\frac{GMm}{r^2}\,|\,\mathrm{d}\boldsymbol{l}\,|\cdot\cos(\pi-\alpha)$$

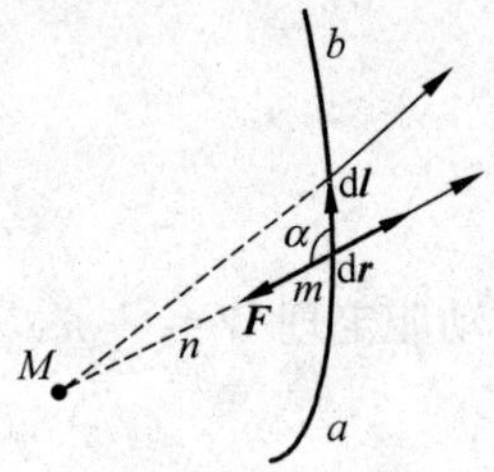

图 2-25　万有引力的功

式中,$\boldsymbol{e}_r$ 为沿 $\boldsymbol{r}$ 方向的单位矢量。

$$|\,\mathrm{d}\boldsymbol{l}\,|\cdot\cos(\pi-\alpha)=\mathrm{d}\boldsymbol{r}$$

故元功

$$\mathrm{d}W=-\frac{GMm}{r^2}\mathrm{d}r$$

从 a 移动到 b,M 对 m 的引力所做功 W_{ab} 为

$$W_{ab}=\int_{r_a}^{r_b}-G\frac{Mm}{r^2}\mathrm{d}r=-\left[\left(-G\frac{Mm}{r_b}\right)-\left(-\frac{GMm}{r_a}\right)\right]$$

即

$$W_{ab}=-\left[\left(-G\frac{Mm}{r_b}\right)-\left(-\frac{GMm}{r_a}\right)\right] \tag{2-44}$$

这说明质点在引力场中运动时,万有引力对质点所做的功只与质点的始末位置有关,而与所经历的路径无关。这与重力做功的特点相似。

3. 弹性力的功

如图 2-26 所示,一劲度系数为 k 的水平轻弹簧,一端固定,另一端连一质量为 m 的物体,以弹簧处于原长的平衡位置为坐标原点,水平向右为 x 轴正方向。弹簧向右拉伸,当伸长量为 x 时,弹簧移过一段元位移 $\mathrm{d}x\boldsymbol{i}$,则弹簧拉力为 $\boldsymbol{F}=-kx\boldsymbol{i}$,所做的元功为

$$\mathrm{d}W=\boldsymbol{F}\cdot\mathrm{d}x\boldsymbol{i}=-kx\,\mathrm{d}x$$

当弹簧的伸长量从 x_a 变为 x_b 时,在此过程中,弹性力做功大小为

$$W_{ab}=\int_a^b\mathrm{d}W=\int_{x_a}^{x_b}-kx\,\mathrm{d}x=-\left(\frac{1}{2}kx_b^2-\frac{1}{2}kx_a^2\right)$$

即

$$W_{ab}=-\left(\frac{1}{2}kx_b^2-\frac{1}{2}kx_a^2\right) \tag{2-45}$$

即弹性力做的功仅与质点的始末位置有关,而与其经过的路径无关。

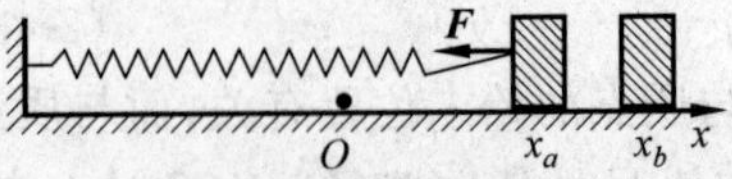

图 2-26　弹性力的功

由以上分析可以看出：重力、引力、弹性力做功都有共同的特点：做功只与质点的始末位置有关，而与路径无关。具有这种性质的力称为保守力，用数学式可表示为

$$\oint_L \boldsymbol{f}_{保} \cdot \mathrm{d}\boldsymbol{r} = 0 \tag{2-46}$$

式中，$\oint_L$ 表示对一个闭合路径的线积分。式(2-46)说明：保守力沿闭合路径的线积分为零或保守力的环流为零。前面讲到的重力、引力、弹性力都是保守力。环流不为零的力称为非保守力或耗散力，如摩擦力、磁场力等。

2.7.2 势能

从上面的讨论，我们分别得到了重力、引力、弹性力做功的表达式为

重力： $W_{ab} = mgy_a - mgy_b$

引力： $W_{ab} = -\left[\left(-G\dfrac{Mm}{r_b}\right) - \left(-\dfrac{GMm}{r_a}\right)\right]$

弹性力： $W_{ab} = -\left(\dfrac{1}{2}kx_b^2 - \dfrac{1}{2}kx_a^2\right)$

功是能量变化的量度，那么在保守力做功的过程中是什么能量发生了变化？从上面保守力做功的特点看，这是与位置有关的系统能量发生了变化，这种与位置有关的能量称为系统的势能。

设 $E_{\mathrm{p}a}$ 和 $E_{\mathrm{p}b}$ 分别表示系统初态和末态的势能，W_{ab} 为从初态到末态时保守力所做的功，则保守力做功的特点为

$$W_{ab} = -(E_{\mathrm{p}b} - E_{\mathrm{p}a}) = -\Delta E_{\mathrm{p}} \tag{2-47}$$

即保守力的功等于系统势能增量的负值。也即如果保守力做正功($W_{ab}>0$)，系统的势能减少($E_{\mathrm{p}b}<E_{\mathrm{p}a}$)；如果保守力做负功($W_{ab}<0$)，系统的势能增加($E_{\mathrm{p}b}>E_{\mathrm{p}a}$)。由式(2-47)我们可以看出：

1）系统处于初、末态的势能差可以用保守力所做的功来量度，即势能差是有绝对意义的。系统某位置的势能只有相对意义。

2）要确定系统在某一位置的势能值，就必须选定某一位置作为势能零点。若选 $E_{\mathrm{p}b}=0$，则由式(2-47)得

$$W_{ab} = -(0 - E_{\mathrm{p}a}) = E_{\mathrm{p}a}$$

即

$$E_{\mathrm{p}a} = W_{ab} = \int_a^b \boldsymbol{f}_{保} \cdot \mathrm{d}\boldsymbol{r}$$

即系统在某一点的势能等于由该点到势能零点过程中保守力所做的功。由重力、引力和弹性力做功的特点，我们分别引入重力势能、引力势能和弹性势能。

(1) 对于重力势能，一般常取地面为势能零点，重力势能的表达式为

$$E_{\mathrm{p}a} = mgy_a \tag{2-48}$$

(2) 对于引力势能，常选取两点相距无穷远处为势能零点，即

$$W_{ab} = E_{\mathrm{p}a} - E_{\mathrm{p}b} = \int_{r_a}^{r_b} -G\frac{Mm}{r^2}\mathrm{d}r = G\frac{Mm}{r_b} - \frac{GMm}{r_a}$$

若规定 $r_b\to\infty$时,$E_{pb}=0$,则

$$E_{pa}=-G\frac{Mm}{r_a} \tag{2-49}$$

即当 r_a 为任何有限值时,系统引力势能总是负值,质点在从 r_a 变到势能零点位置时,引力总做负功。

(3) 对于弹性势能,由于

$$W_{ab}=-(E_{pb}-E_{pa})=-\left(\frac{1}{2}kx_b^2-\frac{1}{2}kx_a^2\right)$$

故常选弹簧原长处即 $x=0$ 处为势能零点,则 x_a 处的弹性势能为

$$E_{pa}=\frac{1}{2}kx_a^2 \tag{2-50}$$

注意式中 x_a 为弹簧在 a 点时的伸长量。

3) 势能是属于系统的。势能是由于系统内各物体具有保守力作用而产生的,因此它属于系统,单独谈某个质点的势能是没有意义的。如式(2-49)得出的势能 E_{pa} 是 M 和 m 系统的,而不是其中任一个质点的,无法划分这一能量的多少是属于这个质点,多少属于另一个质点。平时常将地球与质点系的重力势能说成是质点的,只是为了叙述上的方便,其实它是属于地球和质点系统的。

2.8 功能原理 机械能转化和守恒定律

2.8.1 功能原理

由 2.6 节质点系的动能定理,我们得到

$$W^{ex}+W^{in}=\sum_{i=1}^{n}E_{ki}-\sum_{i=1}^{n}E_{k0i}$$

质点系内力的功一般分为保守内力的功 W_c^{in} 和非保守内力的功 W_{nc}^{in}。根据式(2-47),保守内力做的功等于势能增量的负值,故有

$$W_c^{in}=-\left(\sum_{i=1}^{n}E_{pi}-\sum_{i=1}^{n}E_{pi0}\right) \tag{2-51}$$

式(2-42)就变为

$$W^{ex}+W_{nc}^{in}=\left(\sum_{i=1}^{n}E_{ki}+\sum_{i=1}^{n}E_{pi}\right)-\left(\sum_{i=1}^{n}E_{ki0}+\sum_{i=1}^{n}E_{pi0}\right) \tag{2-52}$$

对于一个力学系统,可能既具有动能同时还具有势能,通常把系统所具有的动能与势能之和称为机械能,以 E 表示。以 E_0 和 E 分别表示质点系初态和末态的机械能,则式(2-52)变为

$$W^{ex}+W_{nc}^{in}=E-E_0 \tag{2-53}$$

这表明:质点系机械能的增量等于外力与非保守力做功之和。此即质点系的功能原理。

功能原理是由动能定理推出的,凡是可以用功能原理求解的力学问题都可以用动能定理求解。只是要注意,应用功能原理时,因为保守内力的功已反映在势能的变化中,所以只需计算所有的非保守内力和外力的功即可。而应用动能定理时,则要把所有力所做的功,一个也不少地计算在内。

2.8.2　机械能转化和守恒定律

从式(2-53)可以看出，若

$$W^{ex}+W_{nc}^{in}=0$$

则

$$E=E_0 \quad 或 \quad E_k+E_p=E_{k0}+E_{p0} \tag{2-54}$$

式(2-54)的意义为：若外力和非保守内力均不做功，或质点系在只有保守内力做功的条件下，质点系的机械能保持不变。这称为机械能转化和守恒定律。

当系统只有保守内力做功时，系统机械能不变，但系统的动能和势能是可以相互转化的，同时由于质点系功能原理是从牛顿定律推导出来的，所以它只适用于惯性系，在非惯性系中不能直接使用。即使在惯性系中，由于外力做功与参考系的选择有关，因此，若在一个惯性系中系统的机械能守恒，在另一惯性系中系统的机械能也不守恒。

2.8.3　碰撞

当两个物体相互接近时，在较短的时间内通过相互作用，两个物体的运动状态发生了显著变化，这一现象称为碰撞。

两物体在碰撞过程中，它们之间相互作用的内力较之其他物体对它们作用的外力要大得多，因此，在研究两物体的碰撞时，可将其他物体对它们作用的外力忽略不计。如果在碰撞后，两物体的动能之和完全没有损失，这种碰撞叫做完全弹性碰撞。实际上，在两物体碰撞时，由于非保守力的作用，致使机械能转化为热能、声能、化学能等其他形式的能量，或其他形式的能量转换为机械能，这种碰撞就是非弹性碰撞。如两物体在非弹性碰撞后以同一速度运动，这种碰撞叫做完全非弹性碰撞。下面通过举例来讨论完全非弹性碰撞和完全弹性碰撞问题。

例 2-13　如图 2-27 所示是一种测量子弹速度的装置，叫做冲击摆。设摆长为 l，木块的质量为 M，在质量为 m 的子弹以速率 v_0 沿水平方向击中木块(停在木块内)后，冲击摆摆过的最大偏转角度为 θ，试求此子弹击中木块前的速率 v_0。

解　子弹撞击木块过程可分为两个阶段分析。第一阶段是子弹射入木块内并停在木块内，这一过程时间很短，摆还来不及显著偏离其平衡位置，重力和绳子的张力等外力的合力为零，子弹和摆所组成的系统水平方向的动量守恒。但在这一过程中子弹和木块间的摩擦力做了功，子弹的动能转化为热能，系统的机械能不守恒，所以这一过程属于完全非弹性碰撞过程。设碰撞后，子弹和木块的共同速率为 v，则有

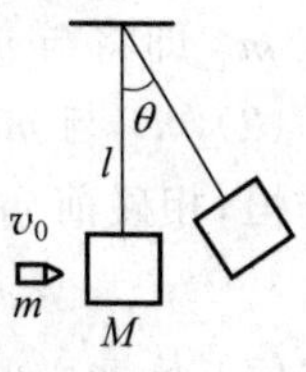

图 2-27　例 2-13 图

$$mv_0=(M+m)v \tag{1}$$

第二阶段为摆从平衡位置摆到最高位置的过程。在该过程中，子弹和木块的重力与绳子的张力的合力不为零，系统的动量不守恒。但在此过程机械能守恒，即

$$(M+m)gl(1-\cos\theta)=\frac{1}{2}(M+m)v^2 \tag{2}$$

联立式(1)和式(2),得

$$v_0=\frac{m+M}{m}\sqrt{2gl(1-\cos\theta)}$$

代入子弹和木块的质量、绳长和摆角,即可测得子弹的速度。

例 2-14 如图 2-28 所示,一长为 $L=4.8\text{m}$ 的车厢静止于光滑水平轨道上,固定于车厢地板上的击发器 A 自车厢中部以 $u_0=2\text{m/s}$ 的速度,将质量为 $m_1=1\text{kg}$ 的物体沿车厢内光滑地弹出,与另一质量为 $m_2=1\text{kg}$ 的物体碰撞并粘在一起。此时恰好 m_2 与一端固定于车厢的水平放置的轻弹簧相接触,弹簧的劲度系数 $k=400\text{N/m}$,长度 $l=0.3\text{m}$,车厢和击发器的总质量 $M=2\text{kg}$,求车厢自静止至弹簧压缩最短时的位移(不计空气阻力,m_1 和 m_2 当作质点)。

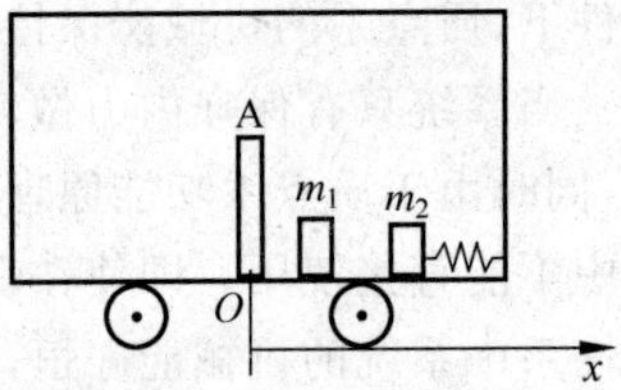

图 2-28 例 2-14 图

解 以静止时车厢中点为原点,在地面上沿轨道作 Ox 轴,车厢和各物体的运动可分为三个阶段:

(1) 从击发器出发到 m_1 与 m_2 相碰之前,对车厢(连同击发器)与 m_1 系统,水平方向所受外力为零,水平方向动量守恒。击发后 m_1 对地速度为 u_0,车厢速度为v_3,则

$$m_1u_0+Mv_3=0 \tag{1}$$

由于地面光滑,m_2 保持静止。

式(1)对时间 t 积分,可求此阶段车厢 M 与 m_1 的位移 $\Delta x_3'$和 $\Delta x_1'$的关系

$$m_1\Delta x_1'=-M\Delta x_3' \qquad (1)'$$

以 $\Delta \boldsymbol{x}_{13}$ 表示物体 m_1 对车厢的位移,则

$$\Delta x_{13}=\frac{L}{2}-l=2.1\text{m}$$

又

$$\Delta x_1'=\Delta x_{13}+\Delta x_3' \qquad (1)''$$

解式(1)′和式(1)″,得

$$\Delta x_3'=-\frac{m_1\Delta x_{13}}{M+m_1}=-0.70\text{m}$$

即在 m_1 即将与 m_2 相碰前,车厢已后退了 0.70m。

(2) m_1 与 m_2 相碰的极短时间内,对 m_1 与 m_2 系统,水平方向不受外力,动量水平分量守恒,相碰前 m_2 静止,相碰后 m_1 和 m_2 的共同速度设为 u_1,则有

$$m_1u_0=(m_1+m_2)u_1 \tag{2}$$

(3) 从 m_1、m_2 压缩弹簧到弹簧被压缩到最短时为止,对 m_1、m_2 和车厢(包括弹簧)系统,水平方向不受外力作用,水平方向动量守恒,m_1、m_2 两物体与向后退的车厢双向挤压弹簧,因只有保守内力(弹簧力)做功,系统机械能守恒。弹簧压缩到最短时,车厢、物体具有共同的速度,设为v_4。m_1 和 m_2 相对车厢的位移即弹簧压缩量为 $\boldsymbol{l}_1$,取弹簧原长时势能为零,则

$$Mv_3+(m_1+m_2)u_1=(m_1+m_2+M)v_4 \tag{3}$$

$$\frac{m_1+m_2}{2}u_1^2+\frac{M}{2}v_3^2=\frac{k}{2}l_1^2+\frac{m_1+m_2+M}{2}v_4^2 \tag{4}$$

式(1)和式(2)代入式(3)，得$v_4=0$，表明系统又达到了与运动开始时相似的车厢不动，互相也无相对运动的情况。把式(1)、式(2)和$v_4=0$代入式(4)，得

$$l_1=mu_0\sqrt{\frac{m_1+m_2+M}{kM(m_1+m_2)}}=0.10\text{m}$$

将$v_4=0$代入式(3)，得

$$Mv_3+(m_1+m_2)u_1=0 \tag{3$'$}$$

以$\Delta x''_1$、$\Delta x''_3$分别代表在此阶段物体、车厢相对于地的位移，则有

$$\Delta x''_1-\Delta x''_3=l_1$$

由式(3)′对t积分，得

$$(m_1+m_2)\Delta x''_1=-M\Delta x''_3$$

解得

$$\Delta x''_3=\frac{-(m_1+m_2)l_1}{m_1+m_2+M}=-0.05\text{m}$$

故车厢从静止至弹簧压缩到最短时的位移为

$$\Delta x=\Delta x'_3+\Delta x''_3=-0.75\text{m}$$

即车厢后退0.75m。

2.8.4　能量转化和能量守恒定律

对于一个力学系统(质点系)而言，系统的机械能不守恒，这意味着有外力或非保守内力做了功，即伴随着系统能量的变化，系统的机械能和外界其他形式的能量发生了变化，这种其他形式的能量可能是热能、电磁能、原子核能等。如引入更广泛的能量概念，就可用大量实验证明，在一个封闭系统，即一个不受外界作用的系统经历任何变化时，系统内的所有能量的总和是不变的，它只能从一种形式变化为另一种形式，或从系统内的一个物体传给另一个物体。这称为普遍的能量转化和守恒定律。

能量转化和守恒定律是自然界的基本规律，而机械能守恒定律只不过是它的一个特例。能量守恒定律是以无数实验为基础归纳得出的结论，它可以适用于任何变化过程，不论是机械的、热的、磁的、原子的和原子核内的、基本粒子的以及化学的、生物的等，迄今为止，人们还没发现一个对它的例外。

阅读材料2　火箭与宇宙速度

1. 火箭

火箭最早是由中国发明的，我国早在唐朝就发明了火药，南宋时就出现了做烟火玩物的"起火"，此后就出现了用"起火"推进的翎箭。南宋周密所著的《武林旧事》中有记载："烟火起轮，走线流星"，这里的"流星"，就指的是一种烟火玩物，即火箭。明代茅元仪所著的《武备志》中也记载了利用火药发动的多箭头火箭，以及用于水战的称为"火龙出海"的两级火箭，后来火药和火箭技术由中国传到了欧洲，逐渐发展成了近代的火箭。我国现在的火箭技术也仍然在不断发展，并从1986年开始向国际提供航天服务。

现代的火箭是一种利用燃料燃烧后喷出气体产生的反冲推力的发动机。它自带燃料与助燃剂,因而可以在空间任何地方发动。火箭炮以及各种各样的导弹都是利用火箭发动机作动力,空间技术的发展更是离不开火箭技术,各式各样的人造地球卫星、飞船和空间探测器都是靠火箭发动机发射并控制航向的。

火箭飞行原理如下。为简单起见,设火箭在自由空间垂直向上飞行,不受引力和空气阻力等任何外力的影响。如图 2-29 所示,把 t 时刻的火箭(包括火箭箭体和其中尚存的燃料)作为研究系统,设其总质量为 M,以 v 表示该时刻火箭的速度,则此时刻系统的总动量为 Mv(沿 y 轴正向)。此后经过 $\mathrm{d}t$ 时间,设火箭喷出气体的质量为 $\mathrm{d}m$,其喷出气体相对于火箭体的速度为 u,在 $t+\mathrm{d}t$ 时刻,火箭的速度增为 $v+\mathrm{d}v$,则此时系统的总动量为

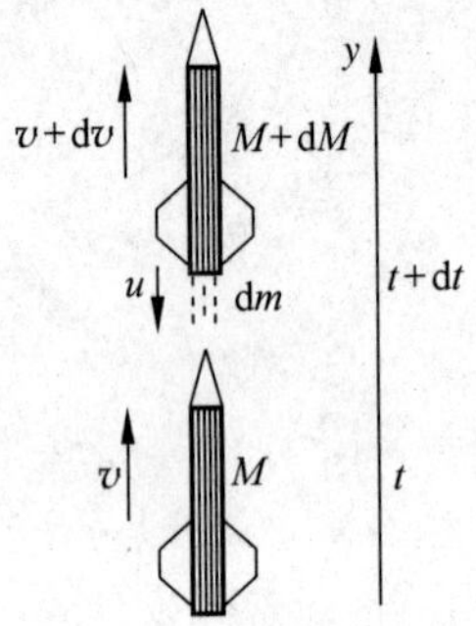

图 2-29　火箭的飞行原理

$$\mathrm{d}m\cdot(v-u)+(M-\mathrm{d}m)\cdot(v+\mathrm{d}v)$$

喷出气体的质量 $\mathrm{d}m$ 等于火箭质量的减小,即 $-\mathrm{d}M$,所以上式可写为

$$-\mathrm{d}M\cdot(v-u)+(M+\mathrm{d}M)\cdot(v+\mathrm{d}v)$$

由于火箭系统不受任何外力作用,因此火箭系统动量守恒,于是有

$$Mv=-\mathrm{d}M\cdot(v-u)+(M+\mathrm{d}M)\cdot(v+\mathrm{d}v)$$

展开此等式,略去二阶无穷小量 $\mathrm{d}M\cdot\mathrm{d}v$,可得

$$u\,\mathrm{d}M+M\,\mathrm{d}v=0$$

即

$$\mathrm{d}v=-u\frac{\mathrm{d}M}{M}$$

设火箭点火时的质量为 M_i,初速度为 v_i,燃料燃烧完后火箭的质量为 M_f,火箭所达到的末速度为 v_f,对上式积分,则有

$$\int_{v_\mathrm{i}}^{v_\mathrm{f}}\mathrm{d}v=\int_{M_\mathrm{i}}^{M_\mathrm{f}}\left(-u\frac{\mathrm{d}M}{M}\right)$$

由此可得

$$v_\mathrm{f}-v_\mathrm{i}=u\ln\frac{M_\mathrm{i}}{M_\mathrm{f}} \tag{2-55}$$

式(2-55)表明:火箭在燃料燃烧完后所增加的速度和喷出气体的速度成正比,也与火箭的始末质量比的自然对数成正比。它是由俄国科学家齐奥尔科夫斯基于 1903 年推出的,因此,式(2-55)也称为齐奥尔科夫斯基公式。

如果以喷出气体 $\mathrm{d}m$ 为研究对象,则它在 $\mathrm{d}t$ 时间内的动量变化率为

$$\frac{\mathrm{d}m[(v-u)-v]}{\mathrm{d}t}=-u\frac{\mathrm{d}m}{\mathrm{d}t}$$

根据牛顿第二运动定律知,这就是喷出气体受火箭的推力。再由牛顿第三运动定律可得,喷出气体对火箭箭体的推力 F 与此力大小相等方向相反,即

$$F=u\frac{\mathrm{d}m}{\mathrm{d}t} \tag{2-56}$$

式(2-56)表明：火箭发动机的推力 F 与燃料燃烧的速率$\frac{\mathrm{d}m}{\mathrm{d}t}$及喷出气体的相对速度 u 成正比，式(2-56)通常称为火箭推力公式。

2. 多级火箭

由式(2-55)可知，要想增大火箭的末速度可以采用两种办法：一是增大喷出气体的相对速度；二是增大火箭的质量比。近代高能推进剂如液氧加液氢的喷出速度可达 $4.1\times10^3\,\mathrm{m/s}$，再考虑到火箭箭体本身的结构和必要的荷载，火箭的质量比增大有一定的限制，目前单级火箭的质量比可达到 15，因此在目前最理想的情况下，单级火箭从静止开始可获得的末速度为 $11.1\times10^3\,\mathrm{m/s}$。实际上由于从地面发射时，火箭还要受到地球引力和空气阻力的作用，考虑到这些因素，末速度只能达到大约 $7\times10^3\,\mathrm{m/s}$，再要增加速度就必须考虑应用多级火箭。

所谓单级火箭就是只有一个发动机的火箭，多级火箭就是有多个发动机的火箭。为了获得更高的速度，通常是将若干个单级火箭串接组成多级火箭，如图 2-30 所示的是三级串接式火箭。当然也可将若干个单级火箭串、并联接组成捆绑式多级火箭。发射时，第一级火箭先点火，火箭就开始加速上升，等到这一级火箭所储存的燃料燃烧完后，这一级就整个脱落，以便增大火箭的质量比；此后第二级火箭点火，使火箭箭体继续加速，它的燃料燃烧完后也自动脱落；然后第三级火箭接着点火。这样一级一级地使火箭有效荷载加速最后达到所需要的速度。

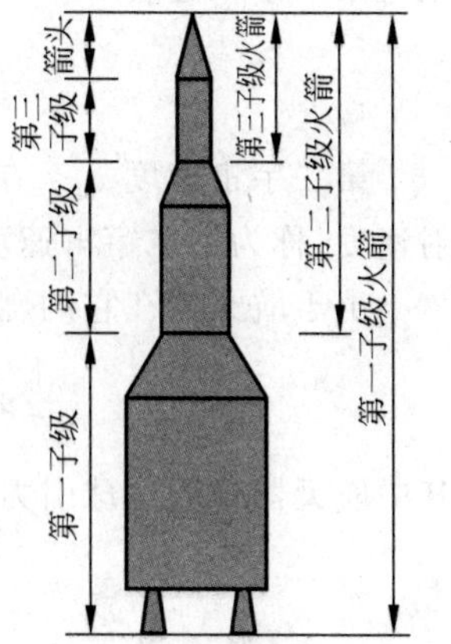

图 2-30　三级串接式火箭

若设各级火箭相对于剩余箭体的喷气速度分别为 $u_1, u_2, \cdots, u_n$，火箭的质量比分别为 $N_1, N_2, \cdots, N_n$，则由式(2-55)可得多级火箭发射后的最终速度为

$$v = v_1 + v_2 + \cdots + v_n = u_1 \ln N_1 + u_2 \ln N_2 + \cdots + u_n \ln N_n \tag{2-57}$$

由于技术上的原因，多级火箭一般采用三级，如我国的"长征三号"运载火箭，美国的"土星 5 号"运载火箭，欧洲的"阿丽亚娜 5 型"运载火箭。

3. 宇宙速度

人造地球卫星和航天器是人类认识宇宙的重要工具，它们在太空中运行时所具有的速度称为宇宙速度。宇宙速度有三个，下面分别作一介绍。

第一宇宙速度 v_1：在地面上发射一航天器，使之能绕地球作圆轨道运行所需要的最小发射速度，称为第一宇宙速度，也称为环绕速度。

设质量为 m 的航天器在距地心为 r 的圆轨道上绕地球以速度 v 运行，由于地球对航天器的引力提供了航天器作圆周运动的向心力，所以有

$$G\frac{mM_{\mathrm{E}}}{r^2} = m\frac{v^2}{r}$$

即

$$v = \sqrt{\frac{GM_{\mathrm{E}}}{r}}$$

于是,航天器的动能为 $E_k=\frac{1}{2}mv^2=\frac{GmM_E}{2r}$,航天器和地球构成的系统所具有的势能为 $E_p=-G\frac{mM_E}{r}$,机械能为 $E_M=E_k+E_p=-G\frac{GmM_E}{2r}$,由机械能守恒定律可得发射航天器时所需要的动能为

$$\frac{1}{2}mv_1^2=\left(-G\frac{mM_E}{2r}\right)-\left(-G\frac{mM_E}{R_E}\right)=G\frac{mM_E}{R_E}-G\frac{mM_E}{2r}$$

可以看出航天器飞得越高,所需初动能就越大;反之,航天器飞得越低,所需初动能就越小,对应的发射速度就越小,但

$$r_{\min}=R_E,\quad v_{1\min}=\sqrt{\frac{GM}{R_E}}=7.9\times10^3\ \text{m/s}$$

记作第一宇宙速度

$$v_1=\sqrt{\frac{GM}{R_E}}=7.9\times10^3\ \text{m/s} \tag{2-58}$$

第二宇宙速度 v_2:在地面上发射一航天器使之挣脱地球的引力作用所需要的最小发射速度,称为第二宇宙速度,也称为挣脱速度。

由于航天器在它的燃料燃烧完后挣脱地球的过程中,系统的机械能仍然守恒,所以

$$\frac{1}{2}mv^2+\left(-G\frac{mM_E}{R_E}\right)=E_\infty=E_{k\infty}+E_{p\infty}=0$$

其中航天器挣脱地球引力时 $E_{p\infty}=0$,此时 $E_{k\infty}=0$,对应于最小发射速度。因此有

$$v_{2\min}=\sqrt{\frac{2GM_E}{R_E}}=\sqrt{2}\,v_1=11.2\times10^3\ \text{m/s}$$

记作第二宇宙速度

$$v_2=\sqrt{\frac{2GM_E}{R_E}}=11.2\times10^3\ \text{m/s} \tag{2-59}$$

第三宇宙速度 v_3:在地面上发射一航天器,使之挣脱太阳引力作用所需的最小速度,称为第三宇宙速度,也称为逃逸速度。

若航天器挣脱地球引力作用后还有一定的动能 $E_{k\infty}=\frac{1}{2}mv'^2$,其中 v' 是航天器相对于地球的速度,则由机械能守恒定律得

$$\frac{1}{2}mv^2+\left(-G\frac{mM_E}{R_E}\right)=\frac{1}{2}mv'^2$$

若动能 $E_{k\infty}=\frac{1}{2}mv'^2$ 对于太阳来说可以正好克服太阳的引力作用,设太阳的质量 M_S,太阳的半径为 R_S,则

$$\frac{1}{2}mv'^2+\left(-G\frac{mM_S}{R_S}\right)=0$$

即

$$v'=\sqrt{\frac{2GM_S}{R_S}}=42.2\times10^3\ \text{m/s}$$

其中 v' 是航天器相对于地球的速度，若设地球绕太阳公转的速度为 v_E，地球到太阳的距离为 R_{ES}，则

$$G\frac{M_E M_S}{R_{ES}^2}=M_E\frac{v_E^2}{R_{ES}}$$

即

$$v_E=\sqrt{\frac{GM_S}{R_{ES}}}=29.8\times10^3\,\text{m/s}$$

相对于地球要使发射航天器的动能 $\frac{1}{2}mv^2$ 最小，可利用地球绕太阳的公转能量，即沿着地球绕太阳公转的方向发射航天器，此时有 $v'=v-v_E=12.4\times10^3\,\text{m/s}$，将此值代入 $\frac{1}{2}mv^2+\left(-G\frac{mM_E}{R_E}\right)=\frac{1}{2}mv'^2$，可得

$$v=\sqrt{v'^2+\frac{2GM_E}{R_E}}=16.7\times10^3\,\text{m/s}$$

记作第三宇宙速度

$$v_3=16.7\times10^3\,\text{m/s} \tag{2-60}$$

本章要点

1. 牛顿运动定律

牛顿第一运动定律(惯性定律)：任何物体都保持静止或匀速直线运动，直至其他物体对它作用的力迫使它改变这种运动状态为止。用公式表示为

$$v=\text{const}$$

牛顿第二运动定律(加速度定律)：动量为 $\boldsymbol{p}$ 的物体在合外力 $\boldsymbol{F}$ 作用下，动量随时间的变化率等于作用于物体的合外力。用公式表示为

$$\boldsymbol{F}=\frac{\mathrm{d}\boldsymbol{P}}{\mathrm{d}t}$$

对于低速运动(速度≪光速)的物体，物体质量可视为恒量，牛顿第二运动定律就简化为

$$\boldsymbol{F}=m\boldsymbol{a}$$

牛顿第三运动定律(作用与反作用定律)：当物体甲以力 $\boldsymbol{F}$ 作用于物体乙上时，物体乙同时以力 $\boldsymbol{F}'$ 作用于物体甲上，$\boldsymbol{F}$ 与 $\boldsymbol{F}'$ 在一条直线上，大小相等，方向相反。用公式表示为

$$\boldsymbol{F}=-\boldsymbol{F}'$$

常见的几种力：

重力：$\boldsymbol{P}=m\boldsymbol{g}$；弹性力：$f=-kx$；滑动摩擦力：$f_k=u_k N$；静摩擦力：$f_{smax}=\mu_s N$

2. 动量　动量守恒定律

动量：$\boldsymbol{p}=m\boldsymbol{v}$

冲量：$\boldsymbol{I}=\int_{t_1}^{t_2}\boldsymbol{F}\,\mathrm{d}t$

动量定理：$\boldsymbol{I}=\int_{t_0}^{t}\boldsymbol{F}\mathrm{d}t=\int_{p_0}^{p}\mathrm{d}\boldsymbol{p}=\boldsymbol{p}-\boldsymbol{p}_0$

动量守恒定律：若

$$\boldsymbol{F}=\sum_i \boldsymbol{F}_i=\boldsymbol{0}\quad \text{(动量守恒定律的条件)}$$

则

$$\boldsymbol{p}=\sum_i \boldsymbol{p}_i=\text{常矢量}\quad \text{(动量守恒定律的内容)}$$

3. 质点(或质点系)的角动量定理　角动量守恒定律

对于惯性系中某一点：

力 $\boldsymbol{F}$ 的力矩

$$\boldsymbol{M}=\boldsymbol{r}\times\boldsymbol{F}$$

质点的角动量

$$\boldsymbol{L}=\boldsymbol{r}\times\boldsymbol{p}=m\boldsymbol{r}\times\boldsymbol{v}$$

角动量定理

$$\boldsymbol{M}=\frac{\mathrm{d}\boldsymbol{L}}{\mathrm{d}t}\quad \text{(其中} \boldsymbol{M} \text{为合外力矩)}\quad \text{或}\quad \int_{t_0}^{t}\boldsymbol{M}\mathrm{d}t=\boldsymbol{L}-\boldsymbol{L}_0$$

角动量守恒定理：对某定点,质点(或质点系)受的合外力矩为零时,则它(或它们)对于同一定点的 $\boldsymbol{L}=$常矢量。

4. 动能　动能定理

功：$W_{AB}=\int_L \mathrm{d}W=\int_A^B \boldsymbol{F}\cdot\mathrm{d}\boldsymbol{r}$

功率：$P=\lim\limits_{\Delta t\to 0}\dfrac{\Delta W}{\Delta t}=\dfrac{\mathrm{d}W}{\mathrm{d}t}$

动能：$E_{\mathrm{k}}=\dfrac{1}{2}mv^2$

动能定理：$W^{\mathrm{ex}}+W^{\mathrm{in}}=E_{\mathrm{k}}-E_{\mathrm{k0}}$ 或 $W^{\mathrm{ex}}+W^{\mathrm{in}}=\Delta E_{\mathrm{k}}$

5. 势能　机械能转化及守恒定律

保守力：做功与路径无关的力。

引力势能：$E_{\mathrm{p}a}=-G\dfrac{Mm}{r_a}$　　(令无穷远处为引力势能零点)

重力势能：$E_{\mathrm{p}a}=mgy_a$　　(令地面处为重力势能零点)

弹性势能：$E_{\mathrm{p}a}=\dfrac{1}{2}kx_a^2$　　(令弹簧原长时为弹性势能零点)

保守内力的功：$W_{\mathrm{c}}^{\mathrm{in}}=-(E_{\mathrm{p2}}-E_{\mathrm{p1}})=-\Delta E_{\mathrm{p}}$

功能原理：$\begin{cases}W^{\mathrm{ex}}+W_{\mathrm{nc}}^{\mathrm{in}}=\Delta E_{\mathrm{k}}+\Delta E_{\mathrm{p}}=\Delta E\\ \text{或者 } W^{\mathrm{ex}}+W_{\mathrm{nc}}^{\mathrm{in}}=(E_{\mathrm{k}}+E_{\mathrm{p}})-(E_{\mathrm{k0}}+E_{\mathrm{p0}})\end{cases}$

机械能守恒定律：$\begin{cases}\text{若 } W^{\mathrm{ex}}+W_{\mathrm{nc}}^{\mathrm{in}}=0 & \text{(机械能守恒的条件)}\\ \text{则 } E=E_0\quad\text{或}\quad E_{\mathrm{k}}+E_{\mathrm{p}}=E_{\mathrm{k0}}+E_{\mathrm{p0}} & \text{(机械能守恒的内容)}\end{cases}$

习题 2

2-1 如图所示，一轻绳跨过一个定滑轮，两端各系一质量分别为 m_1 和 m_2 的重物，且 $m_1>m_2$，滑轮质量及一切摩擦均不计，此时重物的加速度大小为 a，今用一竖直向下的恒力 $F=m_1g$ 代替质量为 m_1 的物体，质量为 m_2 的重物的加速度为 a'，则(　　)。

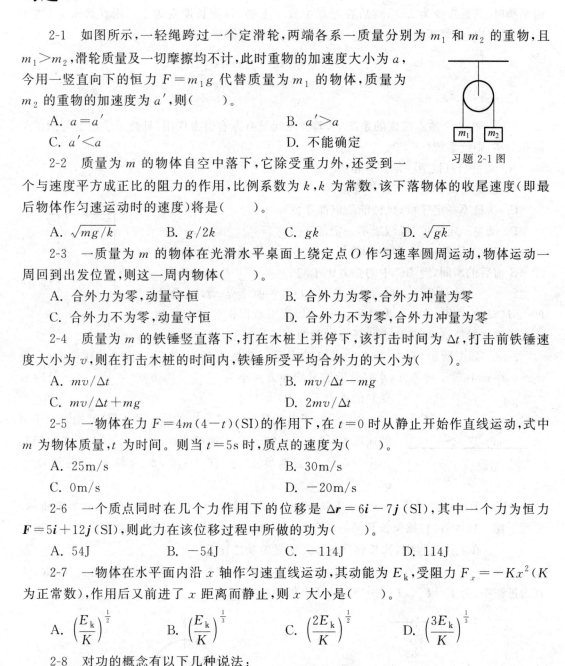

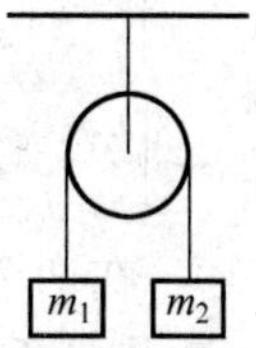

习题 2-1 图

A. $a=a'$　　B. $a'>a$

C. $a'<a$　　D. 不能确定

2-2 质量为 m 的物体自空中落下，它除受重力外，还受到一个与速度平方成正比的阻力的作用，比例系数为 k，k 为常数，该下落物体的收尾速度(即最后物体作匀速运动时的速度)将是(　　)。

A. $\sqrt{mg/k}$　　B. $g/2k$　　C. gk　　D. $\sqrt{gk}$

2-3 一质量为 m 的物体在光滑水平桌面上绕定点 O 作匀速率圆周运动，物体运动一周回到出发位置，则这一周内物体(　　)。

A. 合外力为零，动量守恒　　B. 合外力为零，合外力冲量为零

C. 合外力不为零，动量守恒　　D. 合外力不为零，合外力冲量为零

2-4 质量为 m 的铁锤竖直落下，打在木桩上并停下，该打击时间为 Δt，打击前铁锤速度大小为 v，则在打击木桩的时间内，铁锤所受平均合外力的大小为(　　)。

A. $mv/\Delta t$　　B. $mv/\Delta t-mg$

C. $mv/\Delta t+mg$　　D. $2mv/\Delta t$

2-5 一物体在力 $F=4m(4-t)$(SI)的作用下，在 $t=0$ 时从静止开始作直线运动，式中 m 为物体质量，t 为时间。则当 $t=5\text{s}$ 时，质点的速度为(　　)。

A. 25m/s　　B. 30m/s

C. 0m/s　　D. −20m/s

2-6 一个质点同时在几个力作用下的位移是 $\Delta\boldsymbol{r}=6\boldsymbol{i}-7\boldsymbol{j}$(SI)，其中一个力为恒力 $\boldsymbol{F}=5\boldsymbol{i}+12\boldsymbol{j}$(SI)，则此力在该位移过程中所做的功为(　　)。

A. 54J　　B. −54J　　C. −114J　　D. 114J

2-7 一物体在水平面内沿 x 轴作匀速直线运动，其动能为 E_k，受阻力 $F_x=-Kx^2$(K 为正常数)，作用后又前进了 x 距离而静止，则 x 大小是(　　)。

A. $\left(\dfrac{E_k}{K}\right)^{\frac{1}{2}}$　　B. $\left(\dfrac{E_k}{K}\right)^{\frac{1}{3}}$　　C. $\left(\dfrac{2E_k}{K}\right)^{\frac{1}{2}}$　　D. $\left(\dfrac{3E_k}{K}\right)^{\frac{1}{3}}$

2-8 对功的概念有以下几种说法：

(1) 保守力做正功时，系统内相应的势能增加；

(2) 质点运动经一闭合路径，保守力对质点做的功为零；

(3) 作用力和反作用力大小相等，方向相反，所以两者做功的代数和必为零。

以上说法正确的是(　　)。

A. (1)和(2)　　B. (2)和(3)

C. 只有(2)　　　　D. 只有(3)

2-9　有一劲度系数为 k 的轻弹簧,原长为 L_0,将它吊在天花板上,当它下端挂一托盘而平衡时,其长度变为 L_1。然后在托盘中放一重物,弹簧长度变为 L_2,则弹簧由 L_1 变至 L_2 的过程中,弹簧所做的功为(　　)。

A. $-\int_{L_1}^{L_2} kx\,\mathrm{d}x$　　　　B. $\int_{L_1}^{L_2} kx\,\mathrm{d}x$

C. $-\int_{L_1-L_0}^{L_2-L_0} kx\,\mathrm{d}x$　　　　D. $\int_{L_1-L_0}^{L_2-L_0} kx\,\mathrm{d}x$

2-10　在两个质点组成的系统中,若质点间只有万有引力作用,且此系统所受外力的矢量和为零,则此系统(　　)。

A. 动量与机械能一定都守恒

B. 动量与机械能一定都不守恒

C. 动量不一定守恒,机械能一定都守恒

D. 动量一定守恒,机械能不一定都守恒

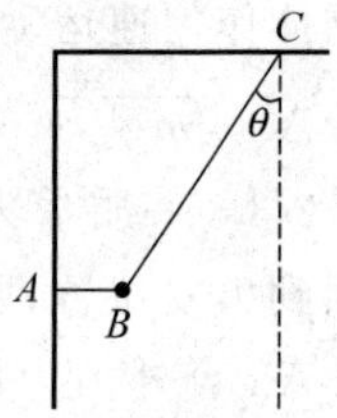

习题 2-11 图

2-11　质量为 m 的小球,用轻绳 AB、BC 连接,如图所示,剪断绳 AB 前后的瞬间,绳 BC 中的张力比 T/T'=________。

2-12　一质量为 0.5kg 的质点在 xOy 平面上运动,受合力 $\boldsymbol{F}=2t\boldsymbol{i}$(SI)的作用,式中 t 为时间,$t=0$ 时,该质点以 $\boldsymbol{v}=3\boldsymbol{j}$ m/s 的速度通过坐标原点,则该质点在任意时刻的位置矢量是________。

2-13　如图所示,有 m 千克的水以初速度 v_1 进入弯管,经 t 秒后流出的速度为 v_2,且 $v_1=v_2=v$,在管子转弯处,水对管壁的平均冲力大小为________,方向________。(管内水受到的重力不考虑)

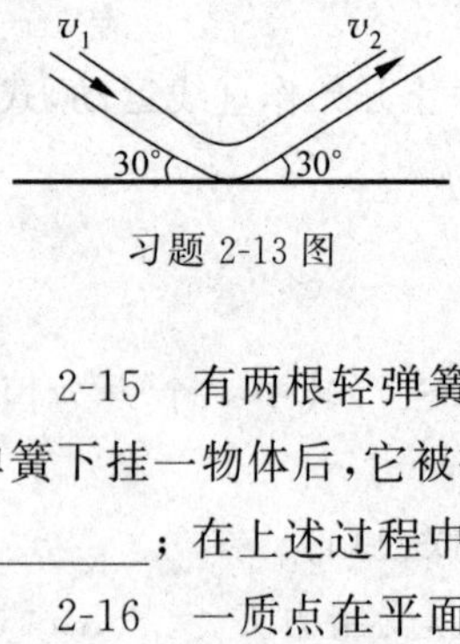

习题 2-13 图

2-14　粒子 B 的质量是粒子 A 的质量的 4 倍,开始时粒子 A 的速度为$(3\boldsymbol{i}+4\boldsymbol{j})$,粒子 B 的速度为$(2\boldsymbol{i}-7\boldsymbol{j})$,由于两者的相互作用,粒子 A 的速度变为$(7\boldsymbol{i}-4\boldsymbol{j})$,此时粒子 B 的速度为 $\boldsymbol{v}_{\mathrm{B}}$=________。

2-15　有两根轻弹簧 S_1 和 S_2 串联,S_1 的劲度系数为 S_2 的劲度系数的 1/3,如图所示,弹簧下挂一物体后,它被拉长到某一长度而保持静止。此时 S_1、S_2 两弹簧的伸长量之比为________;在上述过程中,拉长弹簧 S_1、S_2 所做的功之比为________。

2-16　一质点在平面上做如图所示的圆周运动,在该质点从坐标原点运动到(R,R)位置的过程中,力 $\boldsymbol{F}=\boldsymbol{F}_0(x\boldsymbol{i}+2y\boldsymbol{j})$对该质点做的功为________。

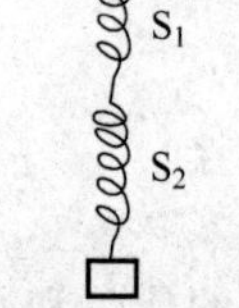

习题 2-15 图

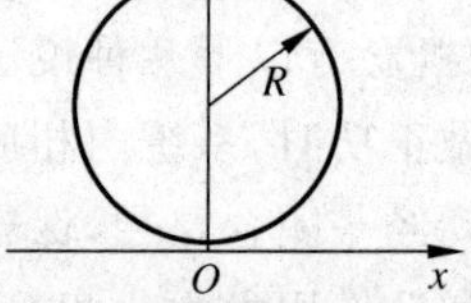

习题 2-16 图

2-17　质量为 1.0kg 的物体，从原点无初速地沿 x 轴运动，若所受合力的大小为 $F=3+2x$(SI)，则在开始运动的 3.0m 内合力做功 $W=$________，$x=3.0$m 处，其速率 $v=$________。若所受合力的大小为 $F=3+2t$(SI)，则在开始运动的 3.0s 内合力做功 $W=$________，$t=3.0$s 时，其速率 $v=$________。

2-18　人造地球卫星绕地球作椭圆运动，卫星轨道近地点和远地点分别为 A 和 B，用 L 和 E_k 分别表示卫星对地心的角动量和卫星动能的瞬时值，若把卫星看作质点，则应有：L_A________L_B，E_{kA}________E_{kB}。(填">""=""<")

2-19　如图所示，质量为 M 的小球自距离斜面高度为 h 处自由下落到倾角为 30°的光滑固定斜面上，碰撞后跳开。设碰撞前后速度大小相同，运动方向与斜面法线的夹角相同，求小球对斜面的冲量为多少。(碰撞时小球所受重力的冲量可以略去)

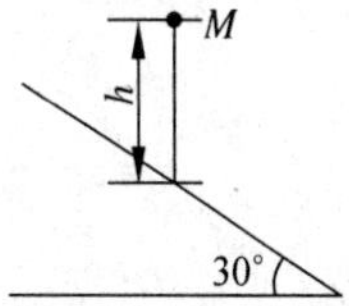

习题 2-19 图

2-20　质量为 m 的质点，在外力作用下运动方程为 $\boldsymbol{r}=A\cos\omega t\boldsymbol{i}+B\sin\omega t\boldsymbol{j}$，则在 $t_1=0$ 到 $t_2=\dfrac{\pi}{2\omega}$时间内，合力做功为多少？

2-21　质量为 m 的子弹以速度 v_0 水平射入沙土中，设子弹所受阻力与速度方向相反，大小与速度大小成正比，比例系数为 K，忽略子弹的重力，求：

(1) 子弹射入沙土后，速度大小随时间变化的函数式；

(2) 子弹射入沙土的最大深度。

2-22　水平放置的轻弹簧，劲度系数为 k，其一端固定，另一端系一质量为 M 的滑块 A，A 旁又有一质量相同的滑块 B，如图所示，设两滑块与桌面间无摩擦，若外力将 A、B 一起推压，致使弹簧压缩距离为 d 后静止，然后撤去外力，求：

(1) B 离开时的速度大小是多少？

(2) B 离开后弹簧最大伸长量是多少？

2-23　如图所示，质点的质量为 m，置于固定不动的光滑球面的顶点 A 处，当质点由静止下滑到图示 B 点时，求：

(1) 它的加速度大小 a；

(2) 若 B 点是质点要脱离球面的位置，则该处 θ 为多大？

2-24　质量为 $M=10$kg 的物体放在光滑水平面上，并与一水平轻弹簧相连，如图所示，弹簧的劲度系数为 $k=1000$N/m，今有一质量为 $m=1.0$kg 的小球以大小为 $v_0=4.0$m/s 的速度水平飞来，与物体 M 相碰撞后，以 $v_1=2.0$m/s 大小的速度弹回。求：

(1) M 启动后弹簧将被压缩，弹簧可缩短多少？

(2) 小球 m 和物体 M 组成的系统在碰撞中机械能损失多少？碰撞是弹性的吗？

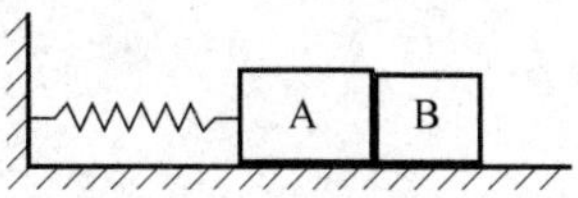

习题 2-22 图

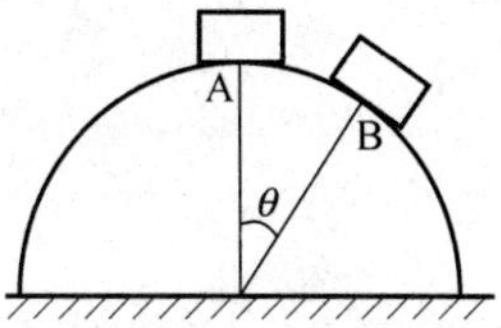

习题 2-23 图

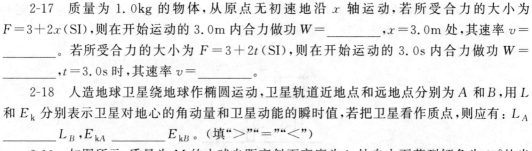

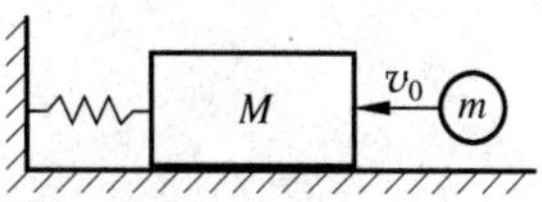

习题 2-24 图

2-25　如图所示,光滑桌面上有一质量为 M 的木块,一质量为 m 的子弹以速率 v 沿与水平方向成 θ 角的方向射入木块,若桌面离地高为 h,求木块落地时的速率。

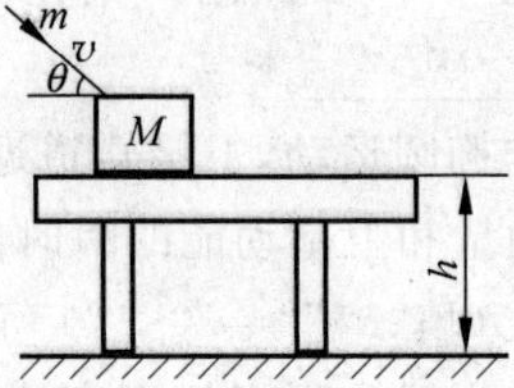

习题 2-25 图

自测题和能力提高题　　自测题和能力提高题答案

第3章

刚体的定轴转动

转动是物质机械运动的一种普遍形式，大至遥远的星体，小至构成物质的原子、电子等微观粒子均在永不停息地转动着。转动问题也是工程学中经常遇到的普遍问题，如仪表上的指针在旋转，车轮绕轴的转动更是随处可见，我们生活的地球也在不停地绕着地轴周期地转动。

在研究复杂的实际问题时，由于物体的形状和大小对运动有着重要的影响，以至于不能再把物体视为质点，而不得不考虑其形状和大小。在许多实际问题中绝大部分物体在运动时，它的形状和大小的变化极其微小，可以忽略不计，为了简化研究程序，物理学中引入了刚体这一理想模型。刚体就是有一定的形状和大小，但形状和大小永远保持不变的物体。

刚体可以看成是由许多质点构成，每一个质点称为刚体的一个质元。刚体是一个特殊的质点组，其特殊性在于在外力作用下各质元之间的相对位置保持不变。既然刚体是一个特殊的质点组，那么前面讲过的质点组的基本规律当然都可以对刚体加以应用。鉴于刚体的一般运动较为复杂，本教材只讨论其中一种运动形式，即刚体的定轴转动。

3.1 刚体定轴转动的运动学

刚体转动中最基本、最常见、最重要、最简单的转动形式就是刚体的定轴转动。在这种转动中刚体上各质元均作圆周运动，而且各圆的圆心都在一条相对于某一惯性参考系(例如地面)固定不动的直线上。这条固定不动的直线称为固定轴，这样的转动称为刚体的定轴转动。

如机床上各种齿轮、飞轮通常都是绕固定轴在转动着。由于刚体上各质元的形状和大小不变，转轴又是固定的，那么刚体上任意一质元的位置一旦确定，刚体上各质元的位置也都确定，如图 3-1 所示。

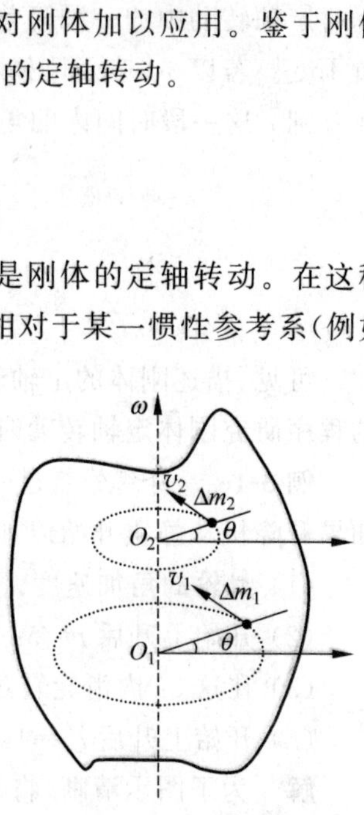

图 3-1　刚体的定轴转动

为研究方便，我们将垂直于固定轴的平面称为转动平面，如图 3-2 所示的 xOy 面。若以 Ox 为参考方向，则刚体上任意质元的位置可以用它转动平面内的角位置唯一地确定，可见刚体的角位置也就是刚体的运动方程。

$$\theta=\theta(t) \tag{3-1}$$

如果以 $\mathrm{d}\theta$ 表示刚体在 $\mathrm{d}t$ 时间内转过的角位移，则刚体的角速度为

$$\omega=\frac{\mathrm{d}\theta}{\mathrm{d}t} \tag{3-2}$$

角速度是矢量，其方向规定为沿 z 轴的方向，其指向满足右手螺旋法则，如图 3-3 所示。

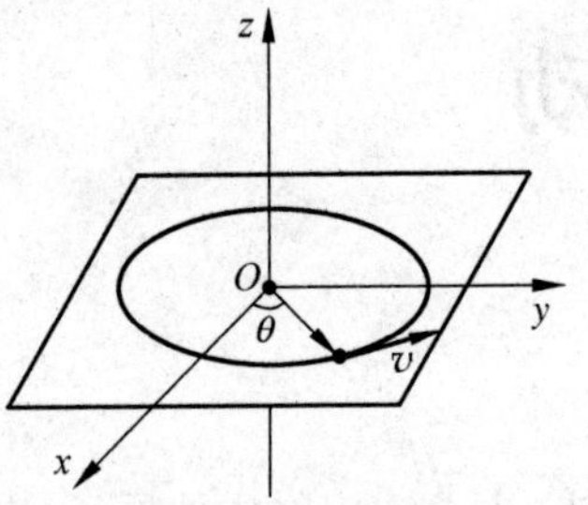

图 3-2　转动平面

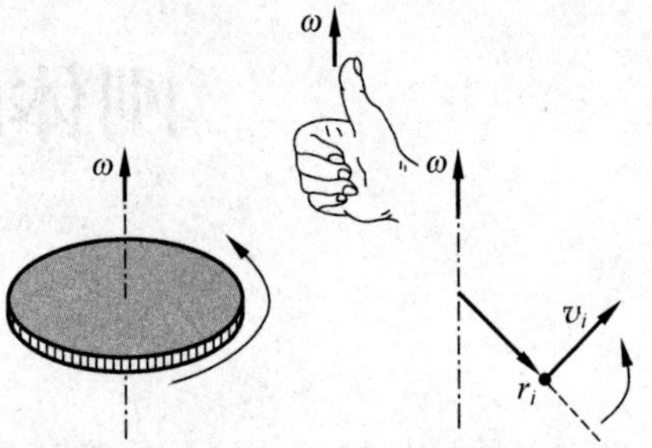

图 3-3　角速度矢量

刚体的角加速度为

$$\alpha=\frac{\mathrm{d}\omega}{\mathrm{d}t}=\frac{\mathrm{d}^2\theta}{\mathrm{d}t^2} \tag{3-3}$$

离转轴的距离为 r_i 处质元的线速度和线加速度与刚体的角速度和角加速度的关系为

$$\begin{cases} v_i=r_i\omega \\ a_\tau=r_i\alpha \\ a_\mathrm{n}=r_i\omega^2 \end{cases} \tag{3-4}$$

定轴转动中的一种简单情况是匀加速转动。在这一转动过程中，刚体的角加速度 α 保持不变。若以 ω_0 表示刚体在 $t=0$ 时刻的角速度，以 ω 表示在 t 时刻的角速度，以 θ 表示它在 0 到 t 这一段时间内的角位移，则可以导出匀加速定轴转动的相应公式如下：

$$\begin{cases} \omega=\omega_0+\alpha t \\ \theta=\theta_0+\omega_0 t+\dfrac{1}{2}\alpha t^2 \\ \omega^2-\omega_0^2=2\alpha(\theta-\theta_0) \end{cases} \tag{3-5}$$

可见，描述刚体的定轴转动只需要一个坐标变量 θ，有了角位置 θ，我们就可以按照上面的程序研究刚体定轴转动时的角速度、角加速度及任意点的线速度和线加速度。

例 3-1　一条缆索绕过一个定滑轮拉动升降机，如图 3-4(a)所示。滑轮的半径为 $r=0.5\mathrm{m}$，如果升降机从静止开始以加速度 $a=0.4\mathrm{m/s^2}$ 匀加速上升，求：

(1) 滑轮的角加速度；

(2) 开始上升后 $t=5\mathrm{s}$ 末滑轮的角速度；

(3) 在这 5s 内滑轮转过的圈数；

(4) 开始上升后 $t'=1\mathrm{s}$ 末滑轮边缘上一点的加速度(假定缆索和滑轮之间不打滑)。

解　为了图示清晰，将滑轮放大为如图 3-4(b)所示。

(1) 由于升降机的加速度和滑轮边缘上的一点的切向加速度相等，所以滑轮的角加速

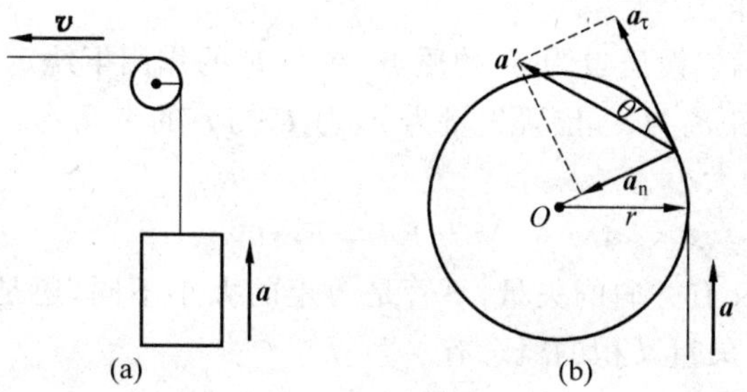

图 3-4　例 3-1 图

度为

$$\alpha=\frac{a_{\tau}}{r}=\frac{a}{r}=0.8\text{rad/s}^2$$

（2）由于 $\omega_0=0$，所以 5s 末滑轮的角速度为

$$\omega=\alpha t=4.0\text{rad/s}^2$$

（3）在这 5s 内滑轮转过的角度为

$$\theta=\frac{1}{2}\alpha t^2=10\text{rad}$$

所以在这 5s 内滑轮转过的角度为

$$N=\frac{10}{2\pi}=1.6\ 圈$$

（4）结合题意，由图 3-4(b)可以看出

$$a_{\tau}=a=0.4\text{m/s}^2$$

$$a_{\text{n}}=r\omega^2=r\alpha^2t^2=0.32\text{m/s}^2$$

由此可得滑轮边缘上一点在升降机开始上升后 $t'=1$s 时的加速度为

$$a'=\sqrt{a_{\text{n}}^2+a_{\tau}^2}=0.51\text{m/s}^2$$

这个加速度的方向与滑轮边缘的切线方向的夹角为

$$\theta'=\arctan\left(\frac{a_{\text{n}}}{a_{\tau}}\right)=\arctan\left(\frac{0.32}{0.4}\right)=38.7^{\circ}$$

3.2　刚体定轴转动的动力学

3.1 节我们只讨论了如何描述刚体的定轴转动，即刚体定轴转动的运动学问题，这一节我们将讨论刚体定轴转动的动力学问题，即刚体作定轴转动时获得角加速度的原因以及所遵守的规律。

3.2.1　刚体定轴转动的转动定律

1. 力矩

关于力矩的概念中学已作过介绍，这里在中学的基础上将给出力矩的一般概念，进而给出刚体定轴转动的力矩。

对于定点转动而言：设质量为 m 的质点，在力 $\boldsymbol{F}$ 的作用下绕定点 O 运动，力 $\boldsymbol{F}$ 某时刻的作用线到定点 O 的距离为 d，位置矢量为 $\boldsymbol{r}$，力 $\boldsymbol{F}$ 与 $\boldsymbol{r}$ 的夹角为 α，如图 3-5 所示，则力 $\boldsymbol{F}$ 对定点 O 的力矩 $\boldsymbol{M}$ 的大小为

$$M = Fd = Fr\sin\alpha$$

由于力矩是既有大小又有方向的矢量，不管是力矩的大小不同，还是力矩的方向不同，力矩作用效果都不同，结合矢量叉积的概念有

$$\boldsymbol{M} = \boldsymbol{r} \times \boldsymbol{F} \tag{3-6}$$

力矩的方向满足右手螺旋法则，在国际单位制(SI)中力矩的单位为牛顿米(N·m)。

对于刚体的定轴转动而言：取如图 3-6 所示的转动平面，并使转轴通过 O 点，作用在刚体上 P 点的力为 $\boldsymbol{F}$，P 点在转动平面内的位置矢量为 $\boldsymbol{r}$，力 $\boldsymbol{F}$ 平行于转轴的分量 $\boldsymbol{F}_{/\!/}$ 只能使刚体沿轴平移，不能使刚体绕轴转动，使刚体绕轴转动的力只能是力 $\boldsymbol{F}$ 垂直于转轴的分量 $\boldsymbol{F}_{\perp}$(在转动平面内)，所以使刚体绕轴转动的力矩为

$$\boldsymbol{M} = \boldsymbol{r} \times \boldsymbol{F}_{\perp} \tag{3-6a}$$

使刚体绕定轴转动的力矩的方向只能沿轴。一般规定，使刚体逆时针绕定轴转动时，$M>0$；使刚体顺时针绕定轴转动时，$M<0$。

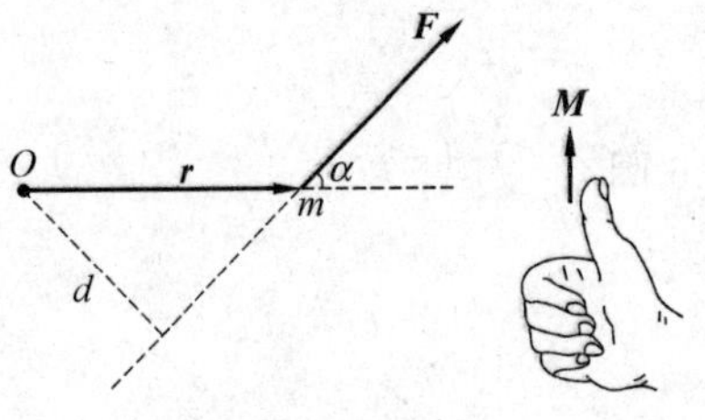

图 3-5　力矩的定义

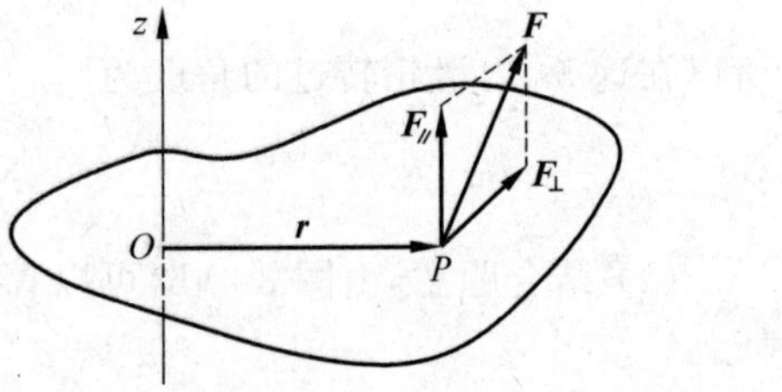

图 3-6　绕定轴转动的力矩

2. 刚体定轴转动的转动定律

当刚体绕定轴转动时，刚体内的每个质元都在转动平面内绕转轴作圆周运动，如图 3-7 所示。虽然这些质元对各自的转动中心的位置矢量不同，但是却具有大小和方向都相同的角速度 ω 和角加速度 α，这个角速度 ω 和角加速度 α 也正是刚体的角速度和角加速度。角速度 ω 的方向沿转轴，其指向与质元沿圆周的绕行方向，遵守右手螺旋法则；α 的方向也沿转轴，其指向由 ω 增加和减小而定。

图 3-7 表示了一个绕固定轴 Oz 以角速度 ω，角加速度 α 转动的刚体，其中任意一质元 Δm_i 在转动平面内的位置矢量为 $\boldsymbol{r}_i$，所受的外力为 $\boldsymbol{F}_{外力}$，内力为 $\boldsymbol{F}_{内力}$(表示刚体内其他质元对 Δm_i 作用力的合力)。为简化讨论，这里假定外力 $\boldsymbol{F}_{外力}$ 和内力 $\boldsymbol{F}_{内力}$ 的作用线均位于质元所在的转动平面内，且与位置矢量 $\boldsymbol{r}_i$ 的夹角分别为 θ_i 和 φ_i。对质元 Δm_i，由牛顿第二运动定律得

$$\boldsymbol{F}_{外力} + \boldsymbol{F}_{内力} = \Delta m_i \boldsymbol{a}_i$$

式中 $\boldsymbol{a}_i$ 是质元 Δm_i 绕轴作圆周运动的加速度，写为分量式如下：

$$\begin{cases} -F_{外力}\cos\theta_i + F_{内力}\cos\varphi_i = \Delta m_i a_{in} \\ F_{外力}\sin\theta_i + F_{内力}\sin\varphi_i = \Delta m_i a_{i\tau} \end{cases}$$

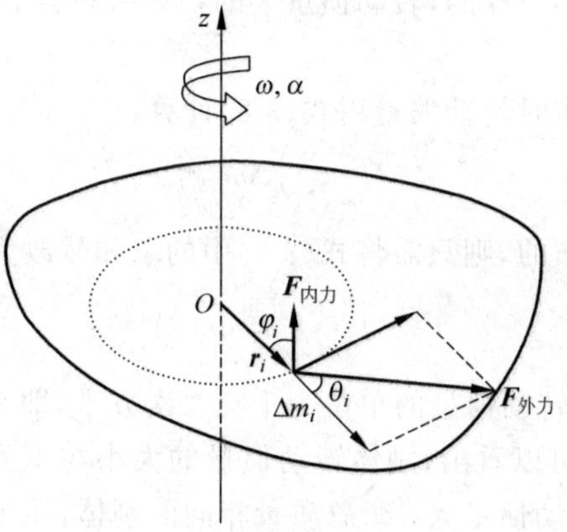

图 3-7　转动定律的推导

式中，a_{in} 和 $a_{i\tau}$ 是质元 Δm_i 绕轴作圆周运动的法向加速度和切向加速度，所以

法向：

$$-F_{外力}\cos\theta_i + F_{内力}\cos\varphi_i = \Delta m_i r_i \omega^2$$

切向：

$$F_{外力}\sin\theta_i + F_{内力}\sin\varphi_i = \Delta m_i r_i \alpha$$

由于法向力的作用线通过了转轴，其力矩为零，对刚体的转动不起作用，不必讨论；切向力对刚体的转动有作用，为了以力矩的形式表示，这里给其两边乘以 r_i，则有

$$F_{外力} r_i \sin\theta_i + F_{内力} r_i \sin\varphi_i = \Delta m_i r_i^2 \alpha$$

对于刚体上所有质元，利用牛顿第二运动定律都可以写出与上式相应的式子，把它们全部加起来有

$$\sum_i F_{外力} r_i \sin\theta_i + \sum_i F_{内力} r_i \sin\varphi_i = \left(\sum_i \Delta m_i r_i^2\right)\alpha$$

因为内力总是成对出现的，且每一对内力属于作用力与反作用力，它们是同一性质的力，大小相等、方向相反、力的作用线在同一直线上，对转轴的力臂是相同的，因此每一对作用力与反作用力对转轴的力矩一定大小相等、方向相反；所以在上式中所有内力矩的和为零，即 $\sum_i F_{内力} r_i \sin\varphi_i = 0$。

若令 $\sum_i F_{外力} r_i \sin\theta_i = M$（表示刚体受的所有外力对轴 Oz 的合力矩），$J = \sum_i \Delta m_i r_i^2$（表示刚体对轴 Oz 的固有属性，称之为转动惯量），于是有

$$M = J\alpha \tag{3-7}$$

式(3-7)表明：刚体绕固定轴转动时，刚体的角加速度与刚体所受的合外力矩成正比，与刚体的转动惯量成反比，此式称为刚体定轴转动的转动定律（简称转动定律）。如同牛顿第二运动定律是解决质点运动问题的基本定律一样，刚体定轴转动的转动定律是解决刚体定轴转动问题的基本定律。

3. 转动惯量

从式(3-7)可以看出，以相同的力矩分别作用于两个绕定轴转动的不同刚体时，这两个

刚体所获得的角加速度是不一样的，转动惯量大的物体所获得的角加速度小，转动惯量这一名词也正是由此而得。

刚体的质量是离散分布时转动惯量用式(3-8)计算，

$$J=\sum_{i}\Delta m_{i}r_{i}^{2} \tag{3-8}$$

刚体的质量一般是连续分布的，则只需将式(3-8)中的求和号改为积分即可。

$$J=\int_{m}r^{2}\mathrm{d}m \tag{3-8a}$$

在国际单位制(SI)中，转动惯量的单位为千克二次方米，即 $\mathrm{kg}\cdot\mathrm{m}^{2}$。

从式(3-8)及式(3-8a)可以看出，刚体转动惯量的大小与下列因素有关：①形状大小分别相同的刚体，质量大的转动惯量大；②总质量相同的刚体，质量分布离轴越远转动惯量越大；③对同一刚体而言，转轴不同，质量对轴的分布就不同，转动惯量的大小就不同。

常见的几种几何形状简单的均匀刚体对特定轴的转动惯量如图 3-8 所示。

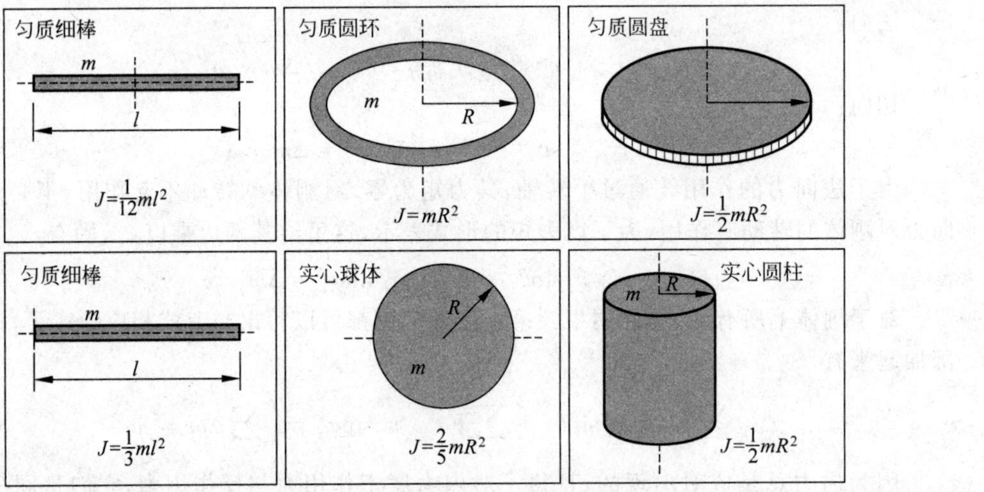

图 3-8 常见刚体对特定轴的转动惯量

若把转动定律同牛顿第二运动定律相比较，则使质点平动的力 F 与使刚体定轴转动的力矩 M 相对应，质点的线加速度 a 与刚体的角加速度 α 相对应，描述质点平动惯性的质量 m 与描述刚体转动惯性的转动惯量 J 相对应。在实际应用中，对一个力学系统而言，有的物体作平动，有的物体作定轴转动，处理此类问题仍然可采用隔离法。但应分清哪些物体作平动，哪些物体作定轴转动，对于平动物体利用牛顿第二运动定律列出动力学方程，对于定轴转动的物体利用定轴转动的转动定律列出动力学方程，对于连结处列出牵连方程，然后对这些方程综合求解即可。下面通过例题加以说明。

例 3-2 一绳跨过定滑轮，两端分别系有质量为 m 和 M 的物体，且 $M>m$。滑轮可看作是质量均匀分布的圆盘，其质量为 m'，半径为 R，转轴垂直于盘面通过盘心，如图 3-9(a)所示。由于轴上有摩擦，滑轮转动时受到摩擦阻力矩 $M_{阻}$ 的作用。设绳不可伸长且与滑轮间无相对滑动，求物体的加速度及绳中的张力。

解 由于滑轮有质量，所以不得不考虑滑轮的转动惯性。在转动过程中滑轮还受到阻力矩的作用，在滑轮绕轴作加速转动时，它必须受到两侧绳子的拉力所产生的力矩，以便克服转动惯性与阻力矩的作用，因此滑轮两侧绳子中的拉力一定不相等。设两侧绳子中的拉力分别为 T_1 和 T_2，则滑轮及两侧物体的受力如图 3-9(b)所示，其中 $T_1=T_1'$，$T_2=T_2'$（作用力与反作用力大小相等）。

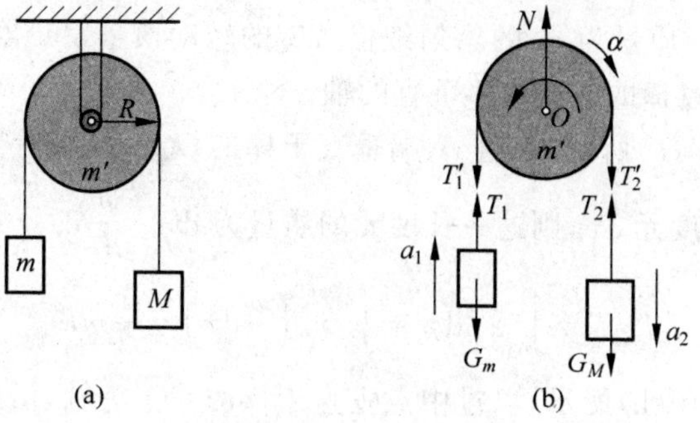

图 3-9　例 3-2 图

因为 $M>m$，所以左侧物体上升，右侧物体下降。设其加速度分别为 a_1 和 a_2，据题意可知，绳子不可伸长，则 $a_1=a_2$，令它们为 a。滑轮以顺时针转动，设其角加速度为 α，则摩擦阻力矩 $M_{阻}$ 的指向为逆时针方向，如图 3-9(b)所示。

对于上下作平动的两物体，可以视为质点，由牛顿第二运动定律得

$$\begin{cases}\text{对 } m：T_1-mg=ma \\ \text{对 } M：\quad Mg-T_2=Ma\end{cases} \tag{3-9}$$

滑轮作定轴转动，受到的外力矩分别为 $T_2'R$ 和 $T_1'R$ 及 $M_{阻}$（轴对滑轮的支持力 N 通过转轴，其力矩为零）。若以顺时针方向转的力矩为正，逆时针方向转的力矩为负，则由刚体定轴转动的转动定律得

$$T_2R-T_1R-M_{阻}=J\alpha=\left(\frac{1}{2}m'R^2\right)\alpha \tag{3-10}$$

据题意可知，绳与滑轮间无相对滑动，所以滑轮边缘上一点的切向加速度和物体的加速度相等，即

$$a=a_\tau=R\alpha \tag{3-11}$$

联立式(3-9)、式(3-10)、式(3-11)三个方程，得

$$a=\frac{(M-m)g-\dfrac{M_{阻}}{R}}{M+m+\dfrac{m'}{2}}$$

$$T_1=m(g+a)=\frac{\left(2M+\dfrac{m'}{2}\right)mg-\dfrac{mM_{阻}}{R}}{M+m+\dfrac{m'}{2}}$$

$$T_2=m(g-a)=\frac{\left(2m+\dfrac{m'}{2}\right)Mg+\dfrac{MM_{阻}}{R}}{M+m+\dfrac{m'}{2}}$$

注意：当不计滑轮的质量和摩擦阻力矩时，$m=0$，$M_{阻}=0$，此时有 $a=\frac{(M-m)g}{M+m}$，$T_1=T_2=\frac{2mM}{M+m}g$。物理学中称这样的滑轮为"理想滑轮"，称这样的装置为阿特伍德机。

例 3-3 求长为 L、质量为 m 的均匀细棒 AB 的转动惯量，(1)对于通过棒的一端与棒垂直的轴；(2)对于通过棒的中点与棒垂直的轴。

解 (1) 如图 3-10(a)所示，以过 A 端垂直于棒的 OO' 为轴，沿棒长方向为 x 轴，原点在轴上，在棒上取一长度元 dx，则这一长度元的质量为 $dm=\frac{m}{L}dx$。由式(3-8a)得

$$J_{端点}=\int_m x^2 dm=\int_0^L x^2\left(\frac{m}{L}dx\right)=\frac{1}{3}mL^2$$

(2) 同理，如图 3-10(b)所示，以过中点垂直于棒的 OO' 为轴，沿棒长方向为 x 轴，原点在轴上，在棒上取一长度元 dx，由式(3-8a)得

$$J_{中点}=\int_m x^2 dm=\int_{-\frac{L}{2}}^{\frac{L}{2}} x^2\left(\frac{m}{L}dx\right)=\frac{1}{12}mL^2$$

由此可见，对于同一均匀细棒，转轴的位置不同，棒的转动惯量不同。

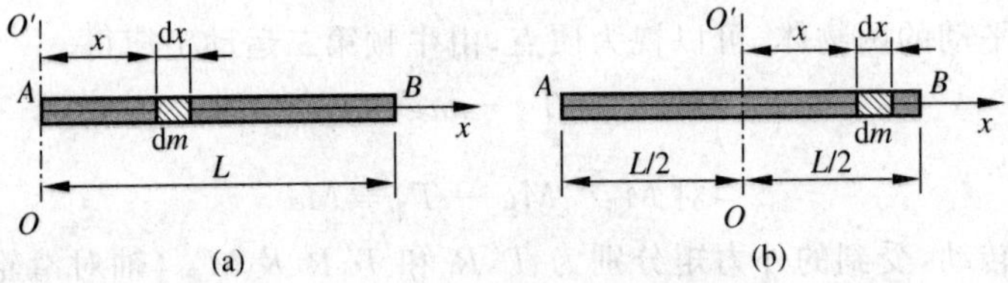

图 3-10 均匀棒的转动惯量

例 3-4 试求质量为 m、半径为 R 的匀质圆环对垂直于平面且过中心轴的转动惯量。

解 已知条件如图 3-11 所示。由于质量连续分布，所以由式(3-8a)得

$$J=\int_m R^2 dm=\int_0^{2\pi R} R^2\left(\frac{m}{2\pi R}dl\right)=mR^2$$

例 3-5 试求质量为 m、半径为 R 的匀质圆盘对垂直于平面且过中心轴的转动惯量。

解 已知条件如图 3-12 所示。由于质量连续分布，设圆盘的厚度为 l，则圆盘的质量密度为 $\rho=\frac{m}{\pi R^2 l}$。因圆盘可以看成由许多有厚度的圆环组成，所以由式(3-8a)得

$$J=\int_m r^2 dm=\int_0^R r^2(\rho\cdot 2\pi r\cdot l\,dr)=\frac{1}{2}\pi R^4 l\rho$$

将圆盘的质量密度代入，得

$$J=\frac{1}{2}mR^2$$

由于例 3-5 中对圆盘的厚度 l 没有限制，所以质量为 m，半径为 R 的匀质实心圆柱对其轴的转动惯量也为 $J=\frac{1}{2}mR^2$。

用同样的办法我们也可以求出质量为 m、半径为 R 的匀质球体对过球心轴的转动惯量为 $J=\frac{2}{5}mR^2$，此时球体可看成是由许多半径不同的薄圆盘组成。

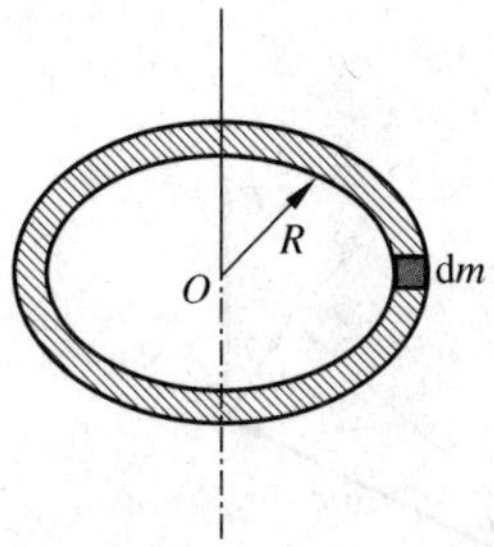

图 3-11 圆环的转动惯量

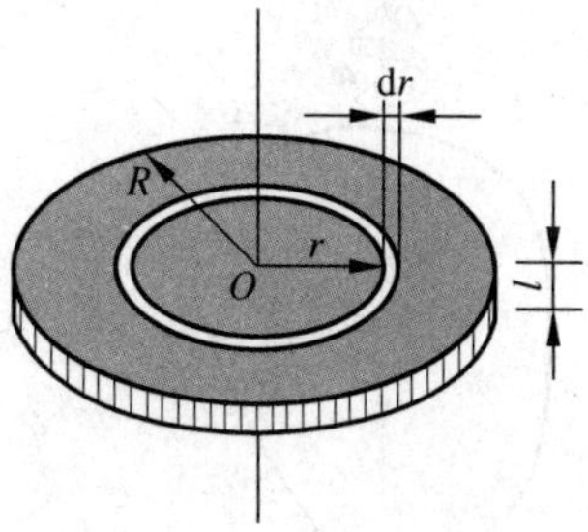

图 3-12 圆盘的转动惯量

3.2.2 刚体定轴转动的动能定理

1. 刚体定轴转动的动能(转动动能)

设某刚体绕 OO' 轴以角速度 ω 转动,则刚体中的每一个质元都将在各自的转动平面内以角速度 ω 作圆周运动。若把刚体划分成 N 块(即 N 个质元),以 Δm_i 表示第 i 个质元的质量,v_i 和 r_i 分别表示它作圆周运动的速率和半径,如图 3-13 所示。

于是第 i 个质元的动能为

$$E_{ki}=\frac{1}{2}\Delta m_i v_i^2=\frac{1}{2}\Delta m_i r_i^2\omega^2$$

式中由于 ω 是所有质元的角速度,所以没有角标。因此整个刚体绕定轴转动的转动动能为

$$E_k=\sum_{i=1}^{N}E_{ki}=\frac{1}{2}\left(\sum_{i=1}^{N}\Delta m_i r_i^2\right)\omega^2=\frac{1}{2}J\omega^2$$

所以

$$E_k=\frac{1}{2}J\omega^2 \tag{3-12}$$

2. 刚体定轴转动时力矩所做的功及功率

图 3-14 表示了某刚体作定轴转动时的一个转动平面。设外力 $\boldsymbol{F}$ 的作用线在转动平面内,并作用于 P 点。若刚体绕轴转过一微小角位移 $d\theta$ 时,P 点的位移为 $d\boldsymbol{r}$,则力 $\boldsymbol{F}$ 所做的元功为

$$dW=\boldsymbol{F}\cdot d\boldsymbol{r}=(F\cos\varphi)ds$$

式中,φ 为力 $\boldsymbol{F}$ 与位移 $d\boldsymbol{r}$ 之间的夹角。若用 α 表示力 $\boldsymbol{F}$ 与 P 点位置矢量 $\boldsymbol{r}$ 之间的夹角,则 $\alpha+\varphi=90°$,$\cos\varphi=\sin\alpha$,$|d\boldsymbol{r}|=ds=r d\theta$,于是力矩的元功为

$$dW=(Fr\sin\alpha)d\theta=Md\theta$$

当刚体在力矩 M 的持续作用下,从初始角位置 θ_0 转到末角位置 θ 时,力矩 M 所做的总功为

$$W=\int_{\theta_0}^{\theta}Md\theta \tag{3-13}$$

力矩 M 的功率为

$$N=\frac{dW}{dt}=M\frac{d\theta}{dt}=M\omega \tag{3-14}$$

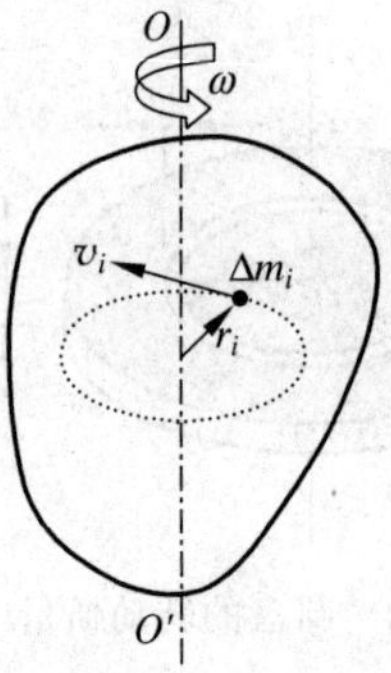

图 3-13 刚体定轴转动的动能

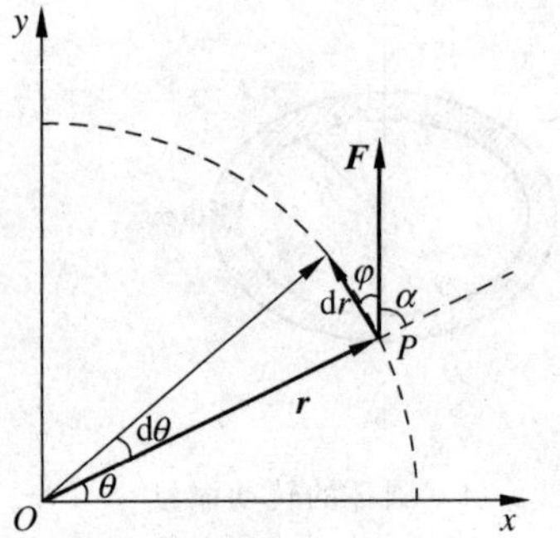

图 3-14 定轴转动时力矩的功

它描述了力矩做功的快慢。当功率一定时,角速度越小,力矩越大;角速度越大,力矩越小。

3. **刚体定轴转动的动能定理**

由于刚体内部各质元之间没有相对位移,所以刚体的内力功为零,即 $W_{内力}=0$。于是对于刚体这个特殊的质点组,质点组的动能定理可写为

$$W_{外力}+W_{内力}=\Delta E_k=E_k-E_{k0}$$

式中,$W_{外力}=\int_{\theta_0}^{\theta}M\mathrm{d}\theta$。若设初角位置 θ_0 处的角速度为 ω_0,转到末角位置 θ 处的角速度为 ω,则 $E_{k0}=\frac{1}{2}J\omega_0^2$,$E_k=\frac{1}{2}J\omega^2$。于是刚体定轴转动的动能定理为

$$\begin{cases}\text{微分形式:} & M\mathrm{d}\theta=\mathrm{d}\left(\frac{1}{2}J\omega^2\right)\\ \text{积分形式:} & \int_{\theta_0}^{\theta}M\mathrm{d}\theta=\frac{1}{2}J\omega^2-\frac{1}{2}J\omega_0^2\end{cases}\tag{3-15}$$

当然式(3-15)也可由刚体定轴转动的转动定律推出,这里不再赘述,请参看其他教材。式(3-15)表明:合外力矩对绕定轴转动的刚体所做的功等于刚体绕定轴转动的转动动能的增量,这就是刚体定轴转动的动能定理。

例 3-6 如图 3-15 所示,一质量为 M、半径为 R 的匀质圆盘形滑轮,可绕一无摩擦的水平轴转动。圆盘上绕有质量可不计的绳子,绳子一端固定在滑轮上,另一端悬挂一质量为 m 的物体,问物体由静止落下 h 高度时,物体的速率为多少?

解法一 用牛顿第二运动定律及转动定律求解。

受力分析如图 3-15 所示,对物体 m 应用牛顿第二运动定律,得

$$mg-T=ma\tag{3-16}$$

对匀质圆盘形滑轮用转动定律,有

$$T'R=J\alpha\tag{3-17}$$

物体下降的加速度大小就是转动时滑轮边缘上的切向加速度,所以

$$a=R\alpha\tag{3-18}$$

又由牛顿第三运动定律得

$$T=T'\tag{3-19}$$

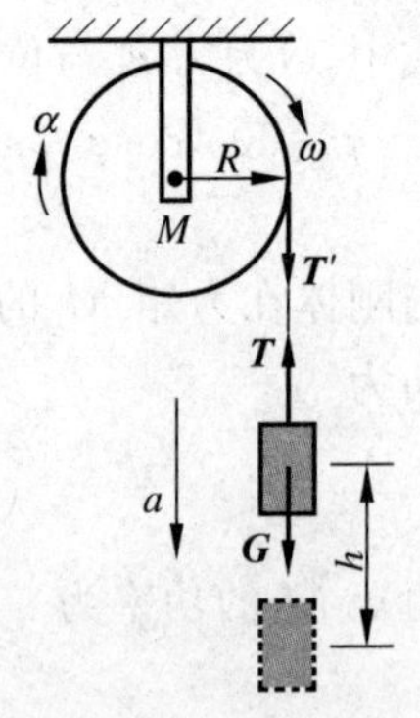

图 3-15 例 3-6 图

物体 m 落下 h 高度时的速率为

$$v=\sqrt{2ah} \tag{3-20}$$

因为 $J=\frac{1}{2}MR^2$，所以联立以上式(3-16)～式(3-20)，可得物体 m 落下 h 高度时的速率为

$$v=2\sqrt{\frac{mgh}{M+2m}}\quad\text{（小于物体自由下落的速率}\sqrt{2gh}\text{）}$$

注意：若联立式(3-16)～式(3-19)，可得 $J=\left(\frac{g}{a}-1\right)mR^2$，而 $a=\frac{2h}{t^2}$，所以滑轮的转动惯量为 $J=\left(\frac{gt^2}{2h}-1\right)mR^2$。可见，只要通过实验测得物体的质量 m 及落下的高度 h 和所用的时间 t 与滑轮的半径 R，就可利用实验测滑轮的转动惯量 J。

解法二　利用动能定理求解。

如图 3-15 所示，对于物体 m 利用质点的动能定理有

$$mgh-Th=\frac{1}{2}mv^2-\frac{1}{2}mv_0^2 \tag{3-21}$$

式中 v_0 和 v 是物体的初速度和末速度。对于滑轮，利用刚体定轴转动的转动定律有

$$TR\Delta\theta=\frac{1}{2}J\omega^2-\frac{1}{2}J\omega_0^2 \tag{3-22}$$

式中，$\Delta\theta$ 是在拉力矩 TR 的作用下滑轮转过的角度，ω_0 和 ω 是滑轮的初角速度和末角速度。由于滑轮和绳子间无相对滑动，所以物体落下的距离应等于滑轮边缘上任意一点所经过的弧长，即 $h=R\Delta\theta$。又因为 $v_0=0,\omega_0=0,v=\omega R,J=\frac{1}{2}MR^2$，所以联立式(3-21)和式(3-22)，可得物体 m 落下 h 高度时的速率为

$$v=2\sqrt{\frac{mgh}{M+2m}}$$

解法三　利用机械能守恒定律求解。

若把滑轮、物体和地球看成一个系统，则在物体落下、滑轮转动的过程中，绳子的拉力 T 对物体做负功($-Th$)，T' 对滑轮做正功(Th)，即内力做功的代数和为零，所以系统的机械能守恒。

若把系统开始运动而还没运动时的状态作为初始状态，系统在物体落下高度 h 时的状态作为末状态，则

$$\frac{1}{2}\left(\frac{1}{2}MR^2\right)\cdot\left(\frac{v}{R}\right)^2+\frac{1}{2}mv^2-mgh=0$$

所以物体 m 落下 h 高度时的速率为

$$v=2\sqrt{\frac{mgh}{M+2m}}$$

以上用三种不同的方法对例 3-6 加以求解，侧重点各不相同，望读者仔细体会，认真总结。

3.2.3 刚体定轴转动的角动量守恒定律

1. 角动量(动量矩)

角动量概念的引入与物体的转动有着密切的关系。在自然界中经常会遇到物体围绕某一中心转动的情形,如行星围绕太阳的公转,电子围绕原子核的旋转,门绕着门轴的转动等。若继续用动量来描述它们的状态情况,将会受到一定的限制,为此引入一个新的物理量——角动量(以 L 表示)。

设某质点的质量为 m,当它以速度 $\boldsymbol{v}$ 围绕参考点 O 转动时,若质点在任意时刻的位置矢量为 $\boldsymbol{r}$,$\boldsymbol{v}$ 与 $\boldsymbol{r}$ 的夹角为 α,与定义力矩的方法相同,如图 3-16 所示,则

$$\boldsymbol{L}=\boldsymbol{r}\times\boldsymbol{p}=\boldsymbol{r}\times m\boldsymbol{v}$$

其大小为 $L=rp\sin\alpha=rmv\sin\alpha$,方向满足右手螺旋法则。

在国际单位制(SI)中,角动量的单位为 $\mathrm{kg}\cdot\mathrm{m}^2/\mathrm{s}$。

对于刚体绕固定轴 Oz 的转动而言,由于它的所有质元都将在各自的转动平面内绕固定轴以相同的角速度 ω 作圆周运动,且 $v=r\omega$,如图 3-17 所示,所以

$$L_i=r_i\times\Delta m_i v_i=\Delta m_i r_i^2\omega k \tag{3-23}$$

可见,绕固定轴转动的质元其角动量是垂直于转动平面的矢量,角动量的方向沿轴的正向或负向,所以可以用其代数量 $L_i=\Delta m_i r_i^2\omega$ 来表示。

因此,整个刚体绕定轴转动时其角动量为

$$L=\left(\sum_i^N \Delta m_i r_i^2\right)\omega=J\omega \tag{3-24}$$

注意:角动量和力矩一样,均是对参考点或参考轴而言的。

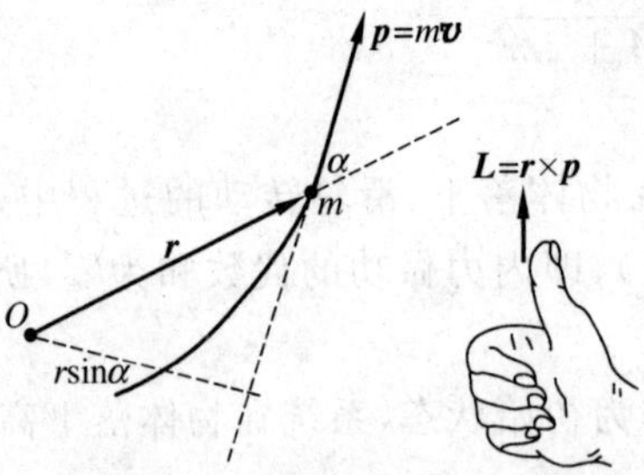

图 3-16 质点的角动量

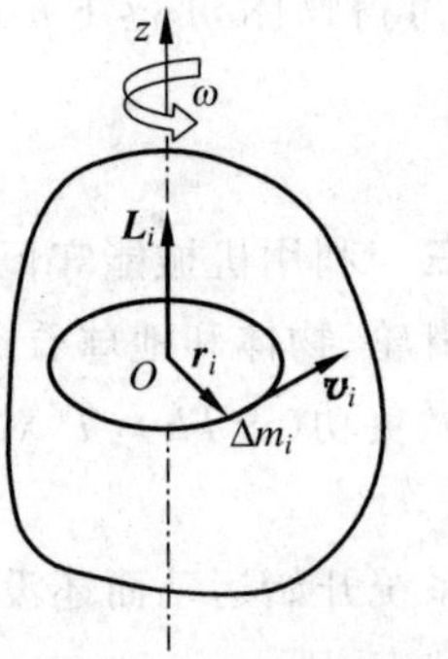

图 3-17 刚体中质元的角动量

2. 角动量定理(动量矩定理)

当刚体绕固定轴作定轴转动时,由于它的转动惯量是一个常量,所以由刚体定轴转动的转动定律可得

$$M=J\frac{\mathrm{d}\omega}{\mathrm{d}t}=\frac{\mathrm{d}(J\omega)}{\mathrm{d}t}=\frac{\mathrm{d}L}{\mathrm{d}t}$$

即刚体所受的外力矩等于刚体的角动量对时间的变化率。将上式变形可得刚体定轴转动的角动量定理(动量矩定理)为

$$\begin{cases}\text{微分形式：} & M\mathrm{d}t=\mathrm{d}(J\omega)=\dfrac{\mathrm{d}L}{\mathrm{d}T} \\ \text{积分形式：} & \int_{t_0}^{t} M\mathrm{d}t=J\omega-J\omega_0 \quad \text{或} \quad \int_{t_0}^{t} M\mathrm{d}t=L-L_0\end{cases} \tag{3-25}$$

式(3-25)中 $\int_{t_0}^{t} M\mathrm{d}t$ 表示刚体上所受的合外力矩 M 在 t_0 到 t 这段时间内对时间的积累效应，称为冲量矩。式(3-25)说明，对于作定轴转动的刚体而言，作用于其上的冲量矩等于刚体角动量的增量。式(3-25)把一个过程量(冲量矩)和状态量(角动量)联系了起来。在推导角动量定理时，我们只讨论了一个刚体绕定轴转动的情况，如果是若干个刚体构成的系统绕同一定轴转动，则式(3-25)中的 L 就表示刚体系统的角动量。

3. 角动量守恒定律

从式(3-25)可看出：

$$\begin{cases}\text{若 } M=0\text{，即系统所受的合外力矩等于零(角动量守恒的条件)} \\ \text{则 } \mathrm{d}L=\mathrm{d}(J\omega)=0\text{，或 } L=J\omega=\text{常量(角动量守恒的内容)}\end{cases} \tag{3-26}$$

注意：在推导角动量守恒定律的过程中受到了刚体、定轴等条件的限制，但它的适用范围却远远超过了这些限制。

对于非刚体，式(3-26)同样成立，只是其转动惯量可变而已，此时角动量守恒定律表现为转动惯量 J 增大时，角速度 ω 减小；转动惯量 J 减小时，角速度 ω 增大。如芭蕾舞演员(图 3-18(a))、花样滑冰运动员(图 3-18(b))等通过足尖的竖直轴旋转时，常将手臂和腿伸开使其慢速启动，为了丰富表演内容，就将手臂和腿朝身体靠拢以使转速增大，表演结束时过程正好相反。又如跳水运动员(图 3-18(c))，跳在空中翻筋斗时，尽量将手臂和腿蜷曲起来以减小转动惯量，获得较大的角速度，在空中迅速翻转、改变造型；当接近水面时再伸开手臂和腿以增大转动惯量，减小角速度，以便于竖直地进入水中而压住水花。

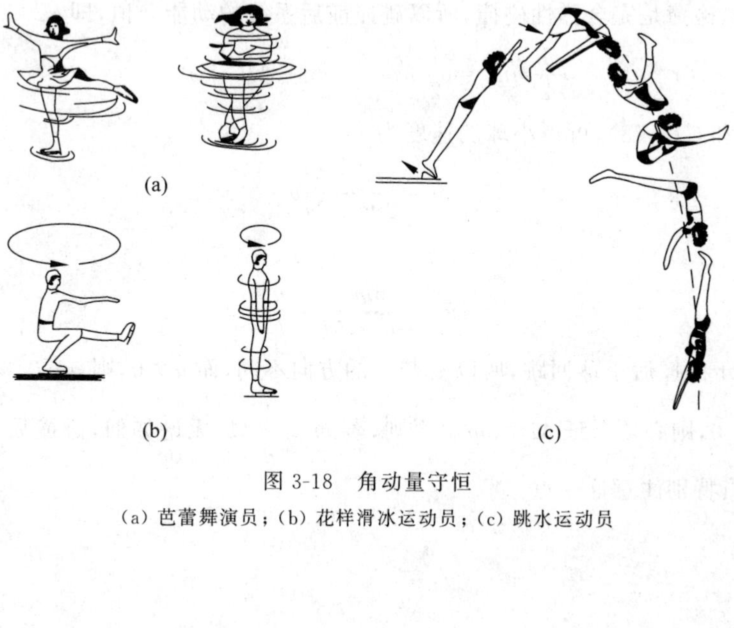

图 3-18　角动量守恒

(a) 芭蕾舞演员；(b) 花样滑冰运动员；(c) 跳水运动员

除了日常生活中有许多现象可用角动量守恒定律来解释外,无数事实已经证明,在宏观领域利用角动量守恒可以来研究天体的演化;在微观领域利用角动量守恒研究微观粒子的运动特征和基本属性。因此,角动量守恒定律与动量守恒定律及能量守恒定律一样,它们都是自然界普遍遵守的规律。

例 3-7 如图 3-19 所示,一根质量为 M、长为 $2l$ 的均匀细棒,可以在竖直平面内绕通过其中心的光滑水平轴转动,开始时细棒静止于水平位置。今有一质量为 m 的小球,以速度 u 垂直向下落到了棒的端点,设小球与棒的碰撞为完全弹性碰撞。试求碰撞后小球的回跳速度 v 及细棒绕轴转动的角速度 ω。

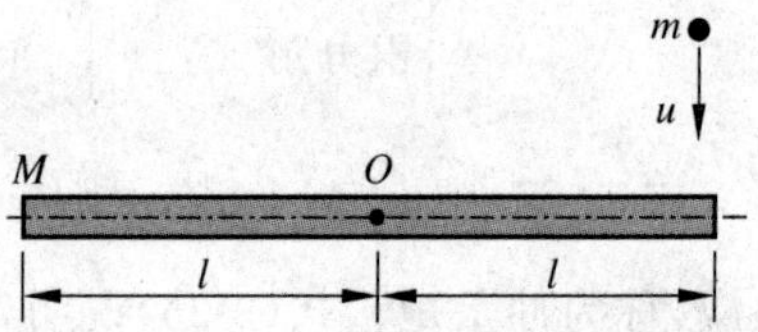

图 3-19 例 3-7 图

解 以棒和小球组成的系统为研究对象,则该系统所受的外力有小球的重力、棒的重力和轴给予棒的支持力,后两者的作用线都通过了转轴,对轴的力矩为零。由于碰撞时间极短,碰撞的冲力矩远大于小球所受的重力矩,所以小球对轴的力矩可忽略不计。分析可知所取系统的角动量守恒。

由于碰撞前棒处于静止状态,所以碰撞前系统的角动量就是小球的角动量 lmu。

由于碰撞后小球以速度 v 回跳,其角动量为 lmv;棒获得的角速度为 ω,棒的角动量为

$$\left[\frac{1}{12}M(2l^2)\right]\omega=\frac{1}{3}Ml^2\omega$$

所以碰撞后系统的角动量为

$$lmv+\frac{1}{3}Ml^2\omega$$

由角动量守恒定律得

$$lmu=lmv+\frac{1}{3}Ml^2\omega \tag{3-27}$$

注意:上式中 u、v 这两个速度是以其代数量来表示。以碰撞小球运动的方向为正,即 $u>0$;碰撞后小球回跳,u 与 v 的方向必然相反,应该有 $v<0$。

由题意知,碰撞是完全弹性碰撞,所以碰撞前后系统的动能守恒,即

$$\frac{1}{2}mu^2=\frac{1}{2}mv^2+\frac{1}{2}\left(\frac{1}{3}Ml^2\right)\omega^2 \tag{3-28}$$

联立式(3-27)和式(3-28),可得小球的速度为

$$v=\frac{3m-M}{3m+M}u$$

棒的角速度为

$$\omega=\frac{6m}{3m+M}\cdot\frac{u}{l}$$

讨论:由于碰撞后小球回跳,所以 v 与 u 的方向不同,而 $u>0$,则 $v<0$。从结果可以看出,要保证 $v<0$,则必须保证 $M>3m$。否则,若 $m\geqslant\frac{1}{3}M$,无论如何,碰撞后小球也不能回跳,杂要运动员特别注意这一点。

阅读材料 3　行星与人造地球卫星

1. 行星

德国天文学家开普勒(Johanns Kepler，1571—1630 年)，在前人观测与实验数据的基础上，总结出了行星运动的三条定律，后人称之为开普勒定律。其内容如下：

(1) 开普勒第一定律　每一行星绕太阳作椭圆轨道运动，太阳是椭圆轨道的一个焦点。

这一定律实际上是哥白尼日心说的高度概括，如图 3-20 给出示意。这一定律也可以由万有引力定律、机械能守恒定律和角动量守恒定律从理论上得以证明。本定律也称为轨道定律。

(2) 开普勒第二定律　行星运动过程中，行星相对于太阳的位矢在相等的时间内扫过的面积相等。

这一定律说明行星在太阳系中运动时遵守角动量守恒定律，也就是说由角动量守恒定律出发，从理论上可推出开普勒第二定律。本定律也称为面积定律，如图 3-21 所示。

(3) 开普勒第三定律　行星绕太阳公转时，椭圆轨道半长轴的立方与公转周期的平方成正比，即$\dfrac{a^3}{T^2}=K$。其中 $K=G\dfrac{M_s}{4\pi^2}$称为开普勒常数。

这一定律实际上是对第一和第二两条定律的补充，它给出了行星绕太阳运动的周期与行星和太阳之间距离的关系，这一定律也称为周期定律。

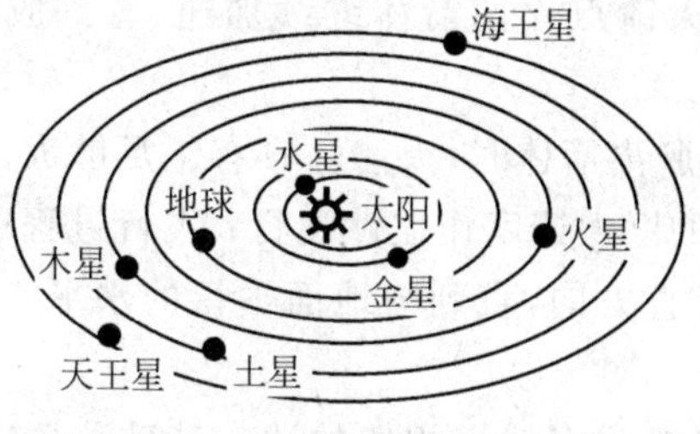

图 3-20　开普勒对日心说的总结

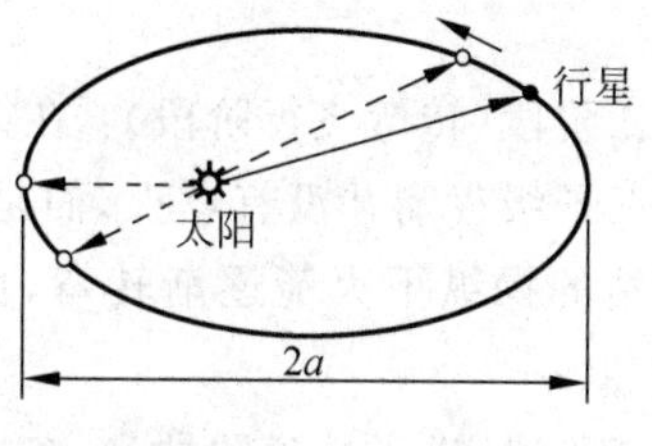

图 3-21　开普勒第二定律

2. 人造地球卫星

我们知道月亮是地球的卫星。如果某物体绕地球作椭圆运动，且地球为椭圆轨道的焦点，则此物体就称为地球的卫星。若此物是原来就有的，则称为地球的卫星；若此物是人为制造的，则称为人造地球卫星。1957 年 10 月 4 日，苏联成功地发射了世界上第一颗人造地球卫星(人造卫星 1 号)；1958 年 1 月 31 日，美国成功发射了自己的第一颗人造地球卫星("探险者一号")；1962 年 4 月 26 日，英国成功发射了自己的第一颗人造地球卫星；1962 年 9 月 29 日，加拿大成功发射了自己的第一颗人造地球卫星；1964 年 12 月 15 日，意大利成功发射了自己的第一颗人造地球卫星；1965 年 11 月 26 日，法国成功发射了自己的第一颗人造地球卫星；1967 年 11 月 29 日，澳大利亚成功发射了自己的第一颗人造地球卫星；1970 年 4 月 24 日，我国成功地发射了我们自己的第一颗人造地球卫星("东方红一号")，成为继苏联、美国、英国、加拿大、意大利、法国、澳大利亚之后第 8 个独立发射卫星的国家。目前我国在卫星的发射、遥测和返回等技术上已经处于世界领先水平。迄今全球已发射了4000多颗各类卫星、转发器和航天器,它们分别在通信、气象、导航、勘察和科研等领域发挥着巨大作用。我国于2003年10月15日成功发射了"神舟五号"载人航天器,并于2003年10月16日执行完任务顺利返回,这标志着我国的航天事业已达到了世界领先水平。

1) 人造地球卫星的发射与返回

卫星是由运载火箭发射后送入其预定轨道的,人造地球卫星的发射过程就是三级运载火箭的飞行过程,其发射后的大致飞行过程如图3-22所示。

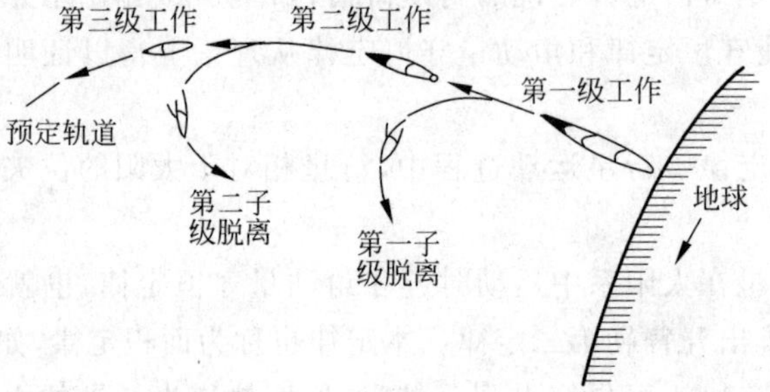

图3-22 串接式三级火箭发射卫星的过程

第一阶段(垂直起飞阶段):由于在地球表面附近有稠密的大气层,火箭在其中飞行时将受到极大的阻力,为使火箭尽快离开这稠密的大气层,通常采用垂直地面向上发射。发射后在极短的时间内火箭就被加速到极大的速度,到第一子级火箭脱离箭体时,火箭已基本处于稠密大气层之外了;接着第二子级火箭点火使箭体继续加速,直到脱离箭体为止。

第二阶段(转弯飞行阶段):在第二子级火箭脱离箭体时,火箭已具有了足够大的速度。此时第三子级火箭并没有点火,而是靠已经获得的巨大速度作惯性飞行;飞行过程中,在地面遥控站的操纵下火箭逐渐转弯,偏离原来的竖直方向,直到与地面平行的水平方向飞行为止。

第三阶段(进入轨道阶段):在火箭到达与卫星预定轨道相切的这一特殊位置时,第三子级火箭点火开始加速,使卫星达到在轨道上飞行所需要的速度而进入预定轨道。此后火箭完成运载任务,将与卫星脱离,在稀薄空气阻力作用下与卫星拉开距离;而卫星由于特殊的形状将在预定轨道上单独飞行。

可以看出,卫星的发射过程是一个加速上升,使卫星不断获得能量的过程;那么卫星的返回过程无疑将是一个与之相反的逆过程,即是一个减速下降,使卫星不断减少能量的过程。此过程可以依靠卫星上的变轨发动机及大气层的阻力,经过离轨、过渡、再入和着陆四个阶段来完成,如图3-23所示。

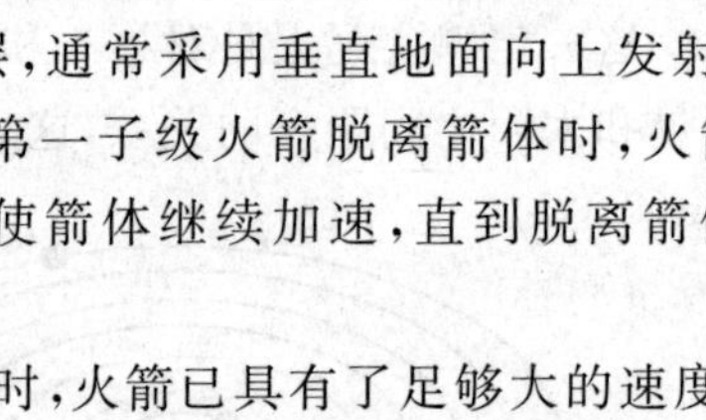

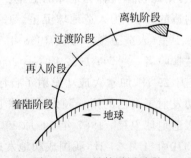

图3-23 卫星的返回过程

2) 地球同步卫星

地球同步卫星这一概念,最早出自于1945年英国科学家克拉克的一篇科幻小说。他曾设想把卫星发射到3600km的高空中,使它相对于地面静止。如果在赤道上空每隔120°放置一个这样的卫星，有三个这样的卫星就可实现全球24小时通信，如图3-24所示。这种卫星就是现在我们所说的地球同步卫星。时隔19年，这一设想终于实现了。1964年8月19日美国成功地发射了一颗定点在赤道上空的同步卫星。我国的同步通信卫星是在1984年4月8日19时20分发射，在4月16日18时27分57秒成功定点于东经125°的赤道上空。到目前为止，赤道上空已有很多这样的同步卫星在运行着，全球的电视转播、无线通信和气象观测全是依靠这些同步卫星来实现的。

同步卫星的发射成功是近代尖端科学技术的伟大成就之一。同步卫星是利用运载火箭发射的。为了节省发射能量，在卫星进入同步轨道前总是使它先经过若干个中间轨道，最后进入同步轨道，其发射过程如图3-25所示。

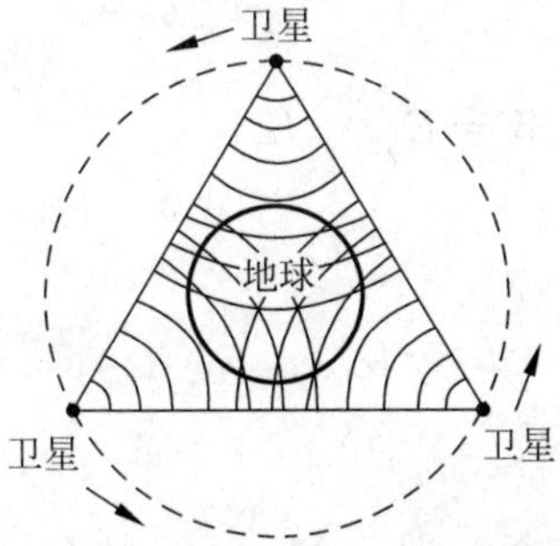

图3-24　同步卫星

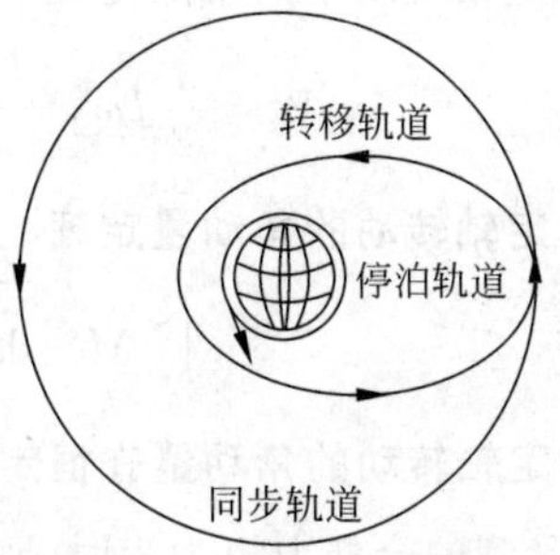

图3-25　同步卫星发射轨道

首先依次启动运载火箭的第一子级和第二子级，使火箭加速飞行，到第二子级火箭脱落后，第三子级火箭带着卫星按惯性转弯，进入一个低高度称为停泊轨道的圆形轨道。在停泊轨道上运行一段时间后，第三子级火箭点火，使装有远地点发动机的卫星从停泊轨道转移到椭圆形的转移轨道上运行(转移轨道的远地点和近地点均在赤道平面上，并在远地点与同步轨道相切)。在转移轨道上卫星与第三子级火箭脱离，卫星靠惯性运行数周后，在经过远地点时，卫星上的远地点发动机点火，改变卫星的航向，同时增大速度，使之达到同步运行速度3.07×10^3 m/s。但是由于远地点发动机的各种工程参数的偏差，卫星不能一下子就进入相对于地球静止的同步轨道，而是在同步轨道附近漂移。此后通过遥控装置进一步对其姿态进行调整，使之进入位于赤道平面内的同步轨道，并定点于赤道上空。

以上主要从物理角度对行星和人造地球卫星进行了介绍，技术上的问题请参阅其他相关资料。

本章要点

1. 刚体的转动惯量和转动动能

$$J=\sum_i \Delta m_i r_i^2$$

质量连续分布刚体的转动惯量

$$J=\int r^2\,\mathrm{d}m=\int r^2\rho\,\mathrm{d}V$$

转动动能

$$E_k=\frac{1}{2}J\omega^2$$

2. 刚体的定轴转动定律

$$M=J\alpha=J\ \frac{d\omega}{dt}$$

3. 力矩的功

$$W=\int_{\theta_1}^{\theta_2}M\mathrm{d}\theta$$

4. 刚体定轴转动中的动能定理

$$W=\frac{1}{2}J\omega_2^2-\frac{1}{2}J\omega_1^2\quad 或\quad W=E_{k2}-E_{k1}$$

5. 刚体定轴转动的角动量定理

$$\int_{t_1}^{t_2}M\cdot \mathrm{d}t=J\omega_2-J\omega_1=L_2-L_1$$

6. 刚体定轴转动的角动量守恒定律

当刚体受到的合外力矩为零时,刚体的角动量守恒。即若 $M_{外}=0$,则 $J\omega=$常数。

角动量守恒定律是物理学的基本定律之一。它不仅适用于宏观体系,也适用于微观体系,而且在高速、低速范围均适用。

习题 3

3-1 关于刚体对轴的转动惯量,下列说法中正确的是(　　)。

A. 只取决于刚体的质量,与质量的空间分布和轴的位置无关

B. 取决于刚体的质量和质量的空间分布,与轴的位置无关

C. 取决于刚体的质量、质量的空间分布和轴的位置

D. 只取决于转轴的位置,与刚体的质量和质量的空间分布无关

3-2 几个力同时作用在一个具有固定转轴的刚体上,如果这几个力的矢量和为零,则此刚体(　　)。

A. 必然不会转动　　B. 转速必然不变

C. 转速必然改变　　D. 转速可能不变,也可能改变

3-3 一匀质圆环和匀质圆盘,它们的半径相同、质量相同,都绕通过各自的圆心垂直圆平面的固定轴匀速转动,角速度均为 ω。若某时刻它们同时受到相同的阻力矩作用,则(　　)。

A. 圆环先静止　　B. 圆盘先静止

C. 同时静止　　D. 无法确定

3-4 花样滑冰运动员绕过自身的竖直轴转动,开始时两臂伸开,转动惯量为 J_0,角速度为 ω_0。然后她将两臂收回,使转动惯量减少为 $\frac{1}{3}J_0$,这时她转动的角速度变为(　　)。

A. $\frac{1}{3}\omega_0$　　　B. $\frac{1}{\sqrt{3}}\omega_0$　　　C. $3\omega_0$　　　D. $\sqrt{3}\omega_0$

3-5　如图所示，一匀质细杆可绕通过上端与杆垂直的水平光滑固定轴 O 旋转，初始状态为静止悬挂。现有一个小球自左方水平打击细杆。设小球与细杆之间为非弹性碰撞，则在碰撞过程中对细杆与小球这一系统(　　)。

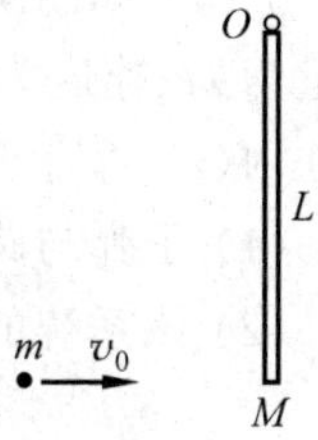

习题 3-5 图

A. 只有机械能守恒

B. 只有动量守恒

C. 只有对转轴 O 的角动量守恒

D. 机械能、动量和角动量均守恒

3-6　将细绳绕在一个具有水平光滑轴的飞轮边缘上，如果在绳端挂一质量为 m 的重物时，飞轮的角加速度为 α_1。如果以拉力 $2mg$ 代替重物拉绳时，飞轮的角加速度将(　　)。

A. 小于 α_1　　　B. 大于 α_1，小于 $2\alpha_1$

C. 大于 $2\alpha_1$　　　D. 等于 $2\alpha_1$

3-7　一匀质圆盘正在绕固定光滑轴自由转动，(　　)。

A. 它受热膨胀或遇冷收缩时，角速度不变

B. 它受热时角速度变大，遇冷时角速度变小

C. 它受热或遇冷时，角速度均变大

D. 它受热时角速度变小，遇冷时角速度变大

3-8　刚体的转动惯量取决于________、________和________三个因素。

3-9　一定滑轮质量为 M、半径为 R，对水平轴的转动惯量 $J=\frac{1}{2}MR^2$。在滑轮的边缘绕一细绳，绳的下端挂一物体。绳的质量可以忽略且不能伸长，滑轮与轴承间无摩擦。物体下落的加速度为 a，则绳中的张力 $T=$________。

3-10　一个能绕固定轴转动的轮子，除受到轴承的恒定摩擦力矩 M_r 外，还受到恒定外力矩 M 的作用。若 $M=20\text{N}\cdot\text{m}$，轮子对固定轴的转动惯量为 $J=15\text{kg}\cdot\text{m}^2$。在 $t=10\text{s}$ 内，轮子的角速度由 $\omega_0=0$ 增大至 10rad/s，则 $M_r=$________。

3-11　一杆长 $l=50\text{cm}$，可绕上端的光滑固定轴 O 在竖直平面内转动，相对于 O 轴的转动惯量 $J=5\text{kg}\cdot\text{m}^2$。原来杆静止并自然下垂。若在杆的下端水平射入质量 $m=0.01\text{kg}$、速率为 $v=400\text{m/s}$ 的子弹并陷入杆内，此时杆的角速度为 $\omega=$________。

3-12　一飞轮以 300rad/min 的角速度转动，转动惯量为 $5\text{kg}\cdot\text{m}^2$，现施加一恒定的制动力矩，使飞轮在 2s 内停止转动，则该恒定制动力矩的大小为________。

3-13　质量为 m 的细杆平放于桌面上，绕其一端转动，初始时的角速度为 ω_0，由于细杆与桌面的摩擦，经过时间 t 后杆静止，求摩擦力矩 $M_{阻}$。

3-14　如图所示，质量为 m_1 和 m_2 的两个物体跨在定滑轮上，m_2 放在光滑的桌面上，滑轮半径为 R，质量为 M。求 m_1 下落的加速度和绳子的张力 T_1、T_2。

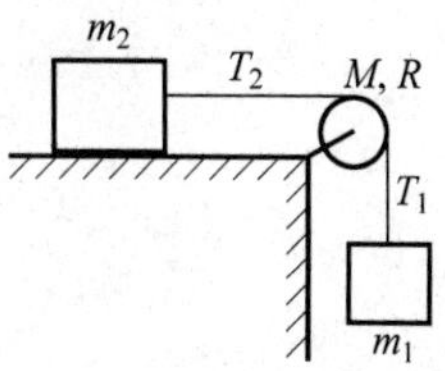

习题 3-14 图

3-15　如图所示的物体系中，劲度系数为 k 的弹簧开始时处在原长，定滑轮的半径为 R，转动惯量为 I。质量为 m 的物体从静止开始下落，求下落高度 h 时物体的速度 v。

3-16　如图所示，一质量 M、半径为 R 的圆柱，可绕固定的水平轴 O 自由转动。今有一质量为 m、速度为 v_0 的子弹，水平射入静止的圆柱下部(近似看作在圆柱边缘)，且停留在圆柱内(v_0 垂直于转轴)。求：

(1) 子弹与圆柱的角速度；

(2) 该系统的机械能的损失。

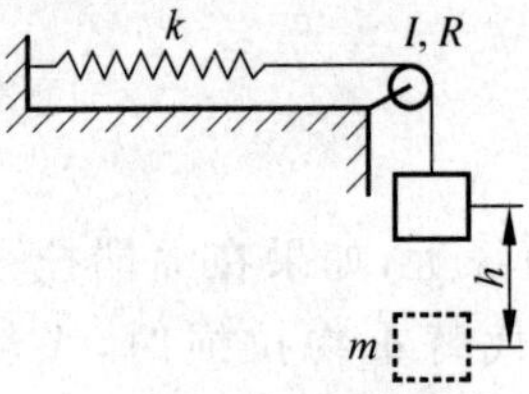

习题 3-15 图

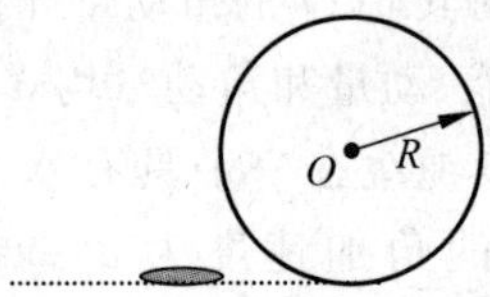

习题 3-16 图

自测题和能力提高题

自测题和能力提高题答案

第4章

狭义相对论

经典力学是以牛顿力学为基础的，它是宏观物体在远小于光速的低速范围内运动规律的总结。牛顿力学假定时间、长度和质量这三个基本物理量都与物体的运动状态(速度)无关，或者说这些量与在哪一个参考系中进行测量无关，而这种假设并没有加以论证。进一步的研究和实验都表明，当物体的运动速度接近光速时，上述假设就不再成立。所以牛顿力学只是在低速范围内近似正确，对于高速运动问题必须建立新的力学，这就是爱因斯坦(Albert Einstein，1879—1955年)建立的相对论力学。

相对论是20世纪初物理学取得的最伟大的成就之一，尽管它的一些概念和结论与人们的日常经验大相径庭，但它已被大量实验证明是正确的理论。现在相对论已经成为现代物理学以及现代工程技术中极为重要的理论基础。相对论分为适用于惯性参考系的狭义相对论和适用于一般参考系并包括引力场在内的广义相对论。本章只对狭义相对论的基本内容作简要介绍，主要有狭义相对论的基本原理、洛伦兹变换、狭义相对论的时空观以及相对论动力学的主要结论。

4.1 伽利略变换 经典力学的时空观

4.1.1 伽利略相对性原理 伽利略变换

物体的运动就是它的位置随时间的变化，为了定量研究这种变化，必须选定适当的参考系，速度、加速度等力学量以及力学定律都是对一定的参考系才有意义。早在1632年伽利略就研究发现，描述力学现象的规律不随观察者所选用的惯性系而变，或者说牛顿第二定律在一切惯性系中都具有相同的形式，这就是伽利略相对性原理或力学相对性原理。因此，一切彼此作匀速直线运动的惯性系，对于描写运动的力学规律来说，是完全等价的，并不存在任何一个比其他惯性系更为优越的惯性系。

为了从理论上证明伽利略相对性原理，我们先讨论经典力学中的时空变换关系。如图4-1所示，设有两个惯性系 S 和 S'，它们的 y、z 轴和 y'、z' 轴相互平行，x 轴和 x' 轴相互重合，且 S' 相对于 S 以速度 u 沿 x 轴正方向作匀速运动。以 r 表示在 S 系中观测到某质点 P 的位置，r' 表示在 S' 系中观测到某质点 P 的位置。

我们把质点在某一时刻处于某一位置 P 称作一个事件。为了简单而又不失普遍性,选择原点 O 和 O' 重合时作为计时起点(此时 $t=t'=0$),并用 t 和 t' 分别表示在 S 系和 S' 系观测同一事件发生的时刻,显然,同一事件在不同参考系有不同的时空坐标(x,y,z,t)和(x',y',z',t')。在经典力学中,时间间隔和空间间隔的量度在惯性系 S 和 S' 中是一样的,不会因参考系的运动而变化,而且时空是相互独立的。故有

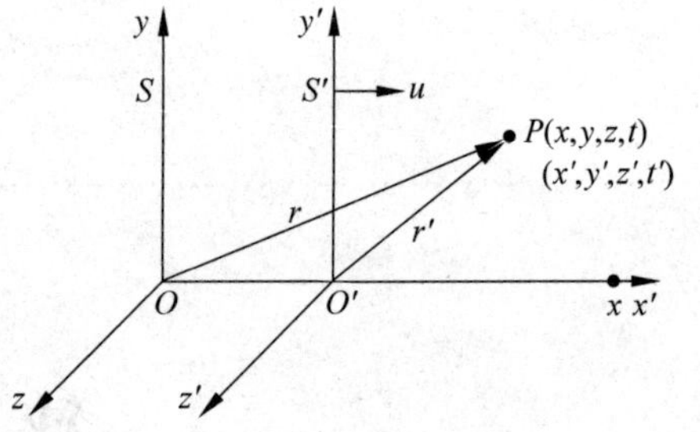

图 4-1　伽利略变换

$$\begin{cases}x'=x-ut\\y'=y\\z'=z\\t'=t\end{cases}\tag{4-1}$$

上式就是伽利略变换。

将式(4-1)对时间 t 求导,就得经典力学的速度变换关系

$$v'_x=v_x-u,\quad v'_y=v_y,\quad v'_z=v_z\tag{4-2}$$

这就是经典力学中两个惯性系中的速度变换式。

对式(4-2)关于 t 再求一次导,便得到加速度变换的关系式

$$a'_x=a_x,\quad a'_y=a_y,\quad a'_z=a_z\tag{4-3}$$

即在伽利略变换下,对不同惯性系而言,加速度是不变量。

牛顿力学中的质点质量与质点的运动速度没有关系,因而不受参考系的影响;牛顿力学的力只与质点的相对位置或相对运动有关,因而也与参考系无关。所以在所有作匀速直线运动的惯性系中,牛顿运动定律都采用同样的形式,即

$$F=ma,\quad F'=ma'$$

这表明,牛顿运动定律在伽利略变换下保持形式不变,即力学规律在所有惯性系中都是相同的,这正是力学相对性原理的数学表达式。

4.1.2　经典力学的时空观

我们注意到,导出伽利略变换有两个前提:一是长度的测量与参考系无关;二是时间的测量与参考系无关,并且时间与空间相互独立且与物质的运动无关。

牛顿在1687年出版的科学巨著《自然哲学的数学原理》中,对绝对时空进行了详细的描述。他的基本观点是:绝对的、真实的数学时间,就其本质而言,是永远均匀地流逝着的,与任何外界事物无关;绝对空间,就其本质而言,与外界任何事物无关,而永远是相同的和不动的。

可见,伽利略变换中蕴含着绝对时空观。在牛顿那个时代,绝对时间与绝对空间的概念与客观事实相符。选择经典力学的绝对时空观,既是人们对空间和时间概念的理论总结,又与牛顿力学体系相容。绝对时空观在低速宏观范围内相当精确地成立,于是被人们理所当然地绝对化了。

4.2　狭义相对论基本原理　洛伦兹变换

4.2.1　伽利略变换的失效

19 世纪末，作为电磁学基本规律的麦克斯韦方程组得到确立，它的一个重要成果是预言了电磁波的存在，并证明了电磁波在真空中的传播速度等于真空中的光速 c，从而揭示了光的电磁本性。按麦克斯韦方程组，光沿各个方向的传播速率不仅与光源的运动无关，而且与参考系的选择及光的传播方向无关，即真空中的光速在所有惯性参考系中都是一个普适常量，这显然与伽利略速度变换相矛盾。例如，相对地面以速率 u 运动的飞船上向前发出一束激光，飞船上的观察者测得的速率为 c，按照伽利略速度变换，地面上的观察者测出的速率为 $c+u$。适用于所有力学规律的力学相对性原理在研究光的传播(电磁规律)时遇到了困难，即电磁学规律(麦克斯韦方程组)不是对所有的惯性系都成立，而是只对其中的一个惯性系成立；在这个独一无二的特殊惯性系中光速是 c，这个惯性系称为绝对(静止)参考系，也称为以太参考系。相对于以太参考系的运动称为绝对运动，寻找以太和确定地球相对于以太参考系的绝对速度成为 19 世纪末物理学的一个重要课题。

为了寻找以太参考系这种特殊惯性系，美国物理学家迈克耳孙和莫雷设计了一个精巧的实验，它通过测量光速沿不同方向的差异来寻找以太。实验的基本思路是：假如以太参考系是真实存在的，地球应该在以太中运动，那么这种运动应该影响光相对于地球的速度，并且应产生一些可观察的光学效应，使我们能确定地球相对于以太的运动。但是在不同地点、不同时间反复进行的实验都没有出现预期的实验结果，迈克耳孙-莫雷实验表明绝对参考系的以太并不存在。

迈克耳孙-莫雷实验的结果使我们看到，要解决伽利略变换和电磁理论的矛盾，出路只有一条：放弃伽利略变换。伽利略变换赖以存在的基础是经典时空观，因此，必须放弃经典时空观，建立新的时空观。

4.2.2　狭义相对论的基本原理

爱因斯坦相信，麦克斯韦理论像一切其他自然规律一样，也应服从相对性原理，麦克斯韦的预言在任何一个惯性参考系也应该是正确的。爱因斯坦将相对性原理提高到作为基本假定的地位。他在 1905 年提出了两条基本假设，并在此基础上建立了狭义相对论。这两条假设经过实践的检验被认为是正确的，所以称为狭义相对论的两条基本原理。

爱因斯坦的小故事

(1) 相对性原理

在所有惯性系中，物理定律的表达形式都相同。

(2) 光速不变原理

在所有惯性系中，真空中的光速具有相同的量值 c 而与参考系无关。也就是说，不管光源与观察者之间的运动速度如何，在任一个惯性系中的观察者所测到的真空中的光速都是相等的。

相对性原理显然是力学相对性原理的推广。爱因斯坦的这个推广具有深刻的意义。试想,倘若相对性原理仅局限于机械运动,那么光、电磁学的物理定律在不同惯性系中就具有不同的形式,虽然不能用力学的方法来判断本系统的绝对运动,但可用光学、电磁学的方法判断,这就意味着绝对参考系的存在显然与事实不符。

光速不变原理表明,光速与光源和观察者的运动状态无关,承认光速不变,就要更新伽利略变换,放弃经典力学中绝对空间和绝对时间的概念。光速不变原理是相对论时空观的基础。到目前为止的所有实验都指出:光速不依赖于观察者所在的参考系,而且与光源的运动无关。

4.2.3 洛伦兹变换

爱因斯坦提出的狭义相对论的两条基本原理表明,需要寻找一种新的变换式来代替经典力学的伽利略变换。

这种变换式应当满足以下条件:①通过这种变换,物理学定律都应该保持自己的数学表达式不变;②通过这种变换,真空中光速在一切惯性系中保持不变;③这种变换在低速运动条件下转化为伽利略变换。爱因斯坦根据狭义相对论的两条基本原理,建立了狭义相对论的坐标变换式,即所谓的洛伦兹变换。

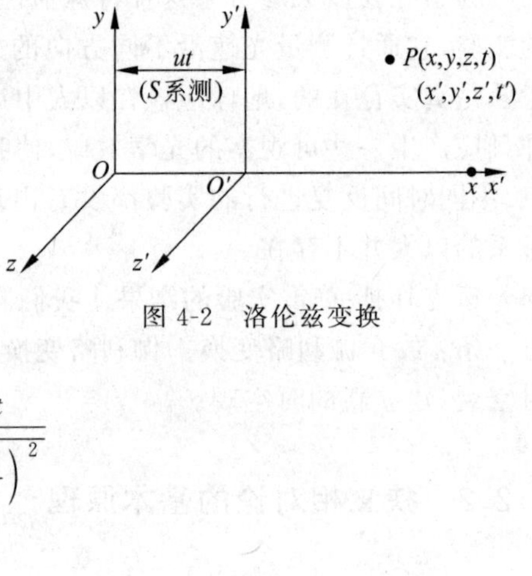

图 4-2 洛伦兹变换

如图 4-2 所示,为简明起见,我们假设参考系 S' 以速率 u 相对于惯性系 S 沿彼此重合的 $x(x')$ 轴正方向运动,而 y 轴和 y' 轴以及 z 轴和 z' 轴分别保持平行。当原点 O 和 O' 重合时,取为时间零点 $t=t'=0$。在这种情况下,表示同一事件的时空坐标 (x,y,z,t) 和 (x',y',z',t') 之间遵从洛伦兹变换

$$\begin{cases} x'=\dfrac{x-ut}{\sqrt{1-\left(\dfrac{u}{c}\right)^2}} \\ y'=y \\ z'=z \\ t'=\dfrac{t-\dfrac{u}{c^2}x}{\sqrt{1-\left(\dfrac{u}{c}\right)^2}} \end{cases} \tag{4-4}$$

根据相对性原理,S 和 S' 系的物理方程应有相同的表达形式。由于 S' 系相对于 S 系以速率 u 沿 x 轴运动,等价于 S 系相对于 S' 系以 $-u$ 沿 x' 轴运动,因此,将 $S\to S'$ 变换中 u 的改为 $-u$,把带撇和不带撇的量作对应变换后,便得到由 $S'\to S$ 的变换式为

$$
\begin{cases}
x=\dfrac{x'+ut'}{\sqrt{1-\left(\dfrac{u}{c}\right)^2}}\\
y=y'\\
z=z'\\
t=\dfrac{t'+\dfrac{u}{c^2}x'}{\sqrt{1-\left(\dfrac{u}{c}\right)^2}}
\end{cases}
\tag{4-5}
$$

上式又称为洛伦兹逆变换。

对于洛伦兹变换,应注意以下几点:

(1) 式(4-4)中不仅 x'是 x、t 的函数,而且 t'也是 x、t 的函数,反之亦然,并且还都与两个惯性系之间的相对速率 u 有关。与伽利略变换迥然不同,它集中反映了狭义相对论关于时间、空间和物质运动三者之间的紧密联系。

(2) 当两惯性系的相对运动速率 u 远小于光速 c 即$\dfrac{u}{c}\to 0$ 时,不难发现洛伦兹变换就转换为伽利略变换,或者说,经典的伽利略变换是洛伦兹变换在低速情形下的近似。

(3) 由洛伦兹变换可以看到,两惯性系间的相对速率必须满足 $1-\dfrac{u^2}{c^2}>0$,或者 $u<c$,否则洛伦兹变换就失去意义。于是,我们得到了一个十分重要的结论:任何物体的运动速度均不会超过真空中的光速,或者说真空中的光速是物体运动的极限速度。现代物理实验中的大量事例都说明,高能粒子的速率是以光速为极限的。

4.2.4　洛伦兹速度变换

利用洛伦兹坐标变换可以得到洛伦兹速度变换式来替代伽利略速度变换式。

如图 4-2 所示设有惯性参考系 S'和 S,且 S'以速度 u 相对于 S 沿 xx'轴运动。考虑一点 P 在空间运动,从 S 系看,P 点的速度为 $v(v_x,v_y,v_z)$;从 S'系来看,其速度为 $v'(v'_x,v'_y,v'_z)$;则其速度分量之间的关系为

$$
\begin{cases}
v'_x=\dfrac{v_x-u}{1-\dfrac{u}{c^2}v_x}\\
v'_y=\dfrac{v_y}{\gamma\left(1-\dfrac{u}{c^2}v_x\right)}\\
v'_z=\dfrac{v_z}{\gamma\left(1-\dfrac{u}{c^2}v_x\right)}
\end{cases}
\tag{4-6}
$$

式(4-6)叫做洛伦兹速度变换式,仿照坐标变换,可得到洛伦兹速度逆变换式

$$
\begin{cases}
v_x = \dfrac{v'_x + u}{1 + \dfrac{u}{c^2} v'_x} \\
v_y = \dfrac{v'_y}{\gamma\left(1 + \dfrac{u}{c^2} v'_x\right)} \\
v_z = \dfrac{v'_z}{\gamma\left(1 + \dfrac{u}{c^2} v'_x\right)}
\end{cases}
\tag{4-7}
$$

由洛伦兹速度变换式可知：相对论力学中速度变换与经典力学中的速度变换不同，不仅速度的 x 分量要变换，而且 y 分量和 z 分量也要变换。当 $u \ll c$ 时，洛伦兹速度变换转化为牛顿力学的伽利略速度变换。

例 4-1 设甲乙两飞船，在地面上测得两飞船分别以 $+0.8c$ 和 $-0.8c$ 的速度向相反方向飞行。求甲飞船相对于乙飞船的速度为多大？

解 按照伽利略速度变换($v_x = v'_x + u$)，甲飞船相对于乙飞船的速度为 $1.6c$，为超光速，违背狭义相对论基本原理，此变换应用洛伦兹速度变换式计算。

由式(4-7)，

$$
v_x = \frac{v'_x + u}{1 + \frac{u}{c^2} v'_x} = \frac{0.8c + 0.8c}{1 + \frac{0.8c}{c^2} 0.8c} = \frac{1.6c}{1.64} = 0.976c
$$

用式(4-6)同样可以得到此结果，符合速度存在极限的狭义相对论原理。

讨论：经典力学和相对论力学是如何看待光在真空中的速度的。设一光束沿 xx' 轴运动，已知光对 S 系的速度是 c，即 $v_x = c$。根据洛伦兹速度变换式，光对 S' 系的速度为

$$
v'_x = \frac{v_x - u}{1 - \frac{u}{c^2} v_x} = \frac{c - u}{1 - \frac{u}{c^2} c} = c
$$

也就是说，光对于 S 系和对 S' 系的速度相等。这个结论显然与伽利略速度变换的结果不同，却符合爱因斯坦的光速不变原理。

4.3 狭义相对论时空观

通过洛伦兹变换可以得到狭义相对论中关于同时性的相对性、时间间隔和空间距离测量等一系列全新的结论，从而建立起狭义相对论的时空观。

4.3.1 同时性的相对性

在狭义相对论中，同时性是相对的。在某一个惯性系中同时发生的两事件，在另一相对它运动的惯性系中并不一定同时发生，这一结论叫做同时性的相对性。

同时性的相对性可以从洛伦兹变换得到证明。设 A、B 两事件在 S 系和 S' 系中的时空

坐标分别为(x_1,t_1)、(x_2,t_2)，(x'_1,t'_1)、(x'_2,t'_2)。由洛伦兹变换式(4-4)有

$$t'_1=\frac{t_1-\frac{u}{c^2}x_1}{\sqrt{1-\left(\frac{u}{c}\right)^2}}$$

$$t'_2=\frac{t_2-\frac{u}{c^2}x_2}{\sqrt{1-\left(\frac{u}{c}\right)^2}}$$

将上述两式相减得

$$t'_1-t'_2=\frac{(t_1-t_2)-\frac{u}{c^2}(x_1-x_2)}{\sqrt{1-\left(\frac{u}{c}\right)^2}} \tag{4-8}$$

如果A、B是在S系不同地点同时发生的两个事件，即$x_1\neq x_2$，$t_1=t_2$，则

$$t'_1-t'_2=-\frac{u}{c^2}\frac{(x_1-x_2)}{\sqrt{1-\left(\frac{u}{c}\right)^2}}>0$$

即$t'_1>t'_2$。在S'系中的观察者看来，A、B不是同时发生的，B比A先发生。

同样地可以证明，在S'系中不同地点同时发生的事件，在S系中也不是同时发生的。

综上所述可得：在一个惯性系中不同地点同时发生的事件在另一个与之作相对运动的惯性系中观察不会是同时发生的。因此，同时性是相对的，而不是绝对的。

需要特别注意的是，如果在一个惯性系中同一地点同时发生的事件，在另外任何一个惯性系中观察也一定是同时发生的。由式(4-6)可知，如果$x_1=x_2$，$t_1=t_2$，则$t'_1=t'_2$。

当两惯性系的相对运动速度u远小于光速c，即$\frac{u}{c}\to 0$时，由式(4-6)可以看到，如果$t_1=t_2$，那么一定有$t'_1=t'_2$，也就是说，不管是否是同一地点同时发生的两个事件，在任何参考系中都是同时的。这就是经典力学中的同时性。

4.3.2 时间膨胀

在相对论中，两个事件之间的时间间隔也与参考系有关。下面从洛伦兹变换出发，来推导在不同惯性系中测量的两个事件时间间隔之间的关系。设在S'系中同一地点x'处发生了两个事件，或者说事件发生地相对于参考系是静止的。第一个事件发生在t'_1时刻，第二个事件发生在t'_2时刻，则这两个事件的时间间隔为$\Delta t'=t'_2-t'_1$。我们把在某一参考系中同一地点先后发生的两个事件之间的时间间隔称为固有时，一般用τ_0表示，它是由相对于事件发生地点静止的惯性系中的观察者所测出的时间间隔。

先在S系中来测量这两个事件，观察到第一个事件发生在t_1时刻，第二个事件发生在t_2时刻，两个事件之间的时间间隔为$\Delta t=t_2-t_1$，Δt用τ表示。

由洛伦兹逆变换式(4-5)，得

$$t_1=\frac{t'_1+\frac{u}{c^2}x'}{\sqrt{1-\left(\frac{u}{c}\right)^2}},\quad t_2=\frac{t'_2+\frac{u}{c^2}x'}{\sqrt{1-\left(\frac{u}{c}\right)^2}}$$

两式相减,得到

$$\Delta t=t_2-t_1=\frac{(t'_2-t'_1)}{\sqrt{1-\left(\frac{u}{c}\right)^2}}=\frac{\Delta t'}{\sqrt{1-\left(\frac{u}{c}\right)^2}}$$

我们可以将上式写成

$$\tau=\frac{\tau_0}{\sqrt{1-\left(\frac{u}{c}\right)^2}} \tag{4-9}$$

上式表明,在相对于事件发生地点运动的惯性系中所测出的事件之间的时间间隔 τ 要比与在相对于事件发生地点静止的惯性系中所测出的时间间隔 τ_0 长一些,这就是所谓的时间膨胀。

时间膨胀是一种相对效应。如果在 S 系中某一地点 x 处发生的两个事件的时间间隔为 Δt,此时固有时则是 $\tau_0=\Delta t$,在 S'系中观察者测量这两个事件之间的时间间隔为 $\Delta t'$,此时 $\tau=\Delta t'$。则根据洛伦兹变换式(4-4)同样可以证明:$\tau=\dfrac{\tau_0}{\sqrt{1-u^2/c^2}}>\tau_0$。

总之,在与事件发生的地点相对静止的惯性系中测量出的时间间隔即固有时最短,而在与事件发生地点作相对运动的惯性系中测量出的时间间隔较长。

时间膨胀效应还可表述为运动的时钟变慢。设 S'系中某一地点有一时钟,其两次读数形成了如前所述的发生在同一地点的两个事件,其时间间隔为 $\Delta t'$s。同样的两次读数在 S 系中测量,其间隔是 Δts,Δt 大于 $\Delta t'$。则 S 系中的观察者把相对于他运动的那只 S'中的钟和自己参考系中的钟比较,发现 S'中的那只钟变慢了,因此他认为运动的时钟较慢。反之,S'系中的观察者也会认为 S 系中的那只钟变慢了。

时间膨胀效应是一种相对论效应,与钟的种类和结构无关。时间膨胀效应已经得到了实验的证实。下面以不稳定粒子的平均寿命实验为例来说明。μ 子是带负电的不稳定粒子,它的电荷与电子电荷相等,质量约为电子质量的 207 倍。μ 子静止时的平均寿命约为 2.0×10^{-6}s,宇宙射线在距地球表面约 10^4m 的大气层中形成的 μ 子,如果没有时间膨胀效应,即使以光速运动也只能走 600m,在到达地面以前就消失在大气层中了。但是由于时间膨胀效应,地球上测量的 μ 子寿命变长,一个具有 10GeV 能量的 μ 子速率 $v\approx0.999\,994\,5c$,按式(4-9)可算出地球参考系中测量出的 μ 子平均寿命膨胀为 μ 子静止时平均寿命的 95 倍,完全可以到达地面。类似的高速不稳定粒子平均寿命延长效应,在宇宙射线或加速器的现代实验中是十分常见的现象。

当两惯性系的相对运动速度 u 远小于光速 c,即 $\dfrac{u}{c}\to0$ 时,由式(4-9)可以看到,$\tau=\tau_0$,也就是说两个事件的时间间隔在任何参考系中测量都是一样的。

例 4-2 一飞船以 $u=9\times10^3$ m/s 的速率相对于地面匀速飞行。飞船上的钟走了 5s,地面上的钟经过了多少时间？

解　飞船上的钟测量的时间间隔 5s 是固有时 τ_0，所以飞船上的这段时间下用地面上的钟测量，根据式(4-9)得到

$$\tau=\frac{\tau_0}{\sqrt{1-\left(\frac{u}{c}\right)^2}}=\frac{5}{\sqrt{1-(9\times10^3)^2/(3\times10^8)^2}}\mathrm{s}=5.000\,000\,002\mathrm{s}$$

这表明，对于飞船这样大的速率，其时间膨胀效应实际上很难测出。

例 4-3　在 6000m 的高空大气层中产生了一个 μ 子，以速度 $u=0.998c$ 飞向地球。假定该 μ 子在其自身的静止系中的寿命等于其平均寿命 2.0×10^{-6}s，试以地球为参考系来判断该 μ 子能否到达地球。

解　考虑一个静止寿命 $\tau_0=2.0\times10^{-6}$s 的 μ 子，若按经典理论计算，即使它以真空光速 $c=3\times10^8$m/s 运动，它一生也只能通过 $3\times10^8\times2\times10^{-6}$m=600m，根本不可能到达地球。根据狭义相对论，可以对此给出合理的说明。

对于地球上的观察者，由于时间膨胀效应，其寿命延长了，衰变前经历的时间为

$$\tau=\frac{\tau_0}{\sqrt{1-\left(\frac{u}{c}\right)^2}}=\frac{2.0\times10^{-6}}{\sqrt{1-(0.998)^2}}\mathrm{s}=3.16\times10^{-5}\mathrm{s}$$

μ 子在这段时间内飞行的距离为 $d=u\tau=9480$m，因 $d>6000$m，故该 μ 子能到达地球。

4.3.3　长度收缩

长度的测量是和同时性概念密切相关的。在某一参考系中测量棒的长度就是要测量它的两端在同一时刻的位置之间的距离。这一点在测量相对于参考系静止的棒的长度时并不明显的重要，因为它两端的位置不变，不管是否同时记录两端的位置，结果总是一样的。但在测量运动的棒的长度时，同时性的考虑就带有决定性的意义了。例如，要测量正在行进的汽车的长度 l，就必须在同一时刻记录车头的位置 x_2 和车尾的位置 x_1，然后算出 $l=x_2-x_1$。如果两个位置不是在同一时刻记录的，例如，在记录了 x_1 之后过一会儿再记录 x_2，则 x_2-x_1 就和两次记录的时间间隔有关系。它的数值不能代表汽车的长度。

在相对论中，物体的长度也与参考系有关。下面从洛伦兹变换出发来推导不同惯性系中测量的物体长度之间的关系。

设一细长棒沿水平方向固定在 S'系中，即细长棒相对于参考系 S'是静止的。测量到细长棒两端坐标分别为 x'_2和 x'_1。我们把在与待测物体相对静止的惯性系中测得的物体长度称为固有长度，用 l_0 表示。因此，S'系中细长棒的长度即为固有长度 $l_0=x'_2-x'_1$。现在 S 系中 t 时刻同时测量该细长棒两端位置，得到两端坐标分别为 x_2 和 x_1，则 S 系中测量到的细长棒长度 $l=x_2-x_1$。我们可以把测量细长棒两个端点的坐标看作是两个事件，这两个事件在两个参考系的时空坐标满足洛伦兹变换式(4-4)，因此有

$$x'_1=\frac{x_1-ut}{\sqrt{1-\left(\frac{u}{c}\right)^2}},\quad x'_2=\frac{x_2-ut}{\sqrt{1-\left(\frac{u}{c}\right)^2}}$$

将以上两式相减得到

$$x'_2-x'_1=\frac{x_2-x_1}{\sqrt{1-\left(\frac{u}{c}\right)^2}}$$

我们可以将上式写成

$$l=\sqrt{1-\left(\frac{u}{c}\right)^2}\,l_0 \tag{4-10}$$

上式表明,在与物体相对运动的惯性系中测得的物体长度 l,要比在与物体相对静止的惯性系中测得的固有长度 l_0 短,这称为长度收缩。

长度收缩也是一种相对效应。如果细长棒静止在 S 系中,它的固有长度则是 $l_0=x_2-x_1$。在 S' 系中观察者同时测量它的两端坐标得到的长度,是在与细长棒相对运动的惯性系中测得的物体长度,此时 $l=x'_2-x'_1$,则根据洛伦兹逆变换式(4-5)同样可以证明:$l=\sqrt{1-\left(\frac{u}{c}\right)^2}\,l_0<l_0$。

总之,在与物体相对静止的惯性系中测得的固有长度 l_0 最长,而在与物体作相对运动的惯性系中测得的物体长度 l 要短一些。

注意两惯性系只有在作相对运动的方向才有相对论效应,由于 y、z 方向上无相对运动,所以无相对论长度收缩效应。

当两惯性系的相对运动速度 u 远小于光速 c,即 $\frac{u}{c}\to 0$ 时,由式(4-10)可以看到,$l=l_0$,也就是说两点之间的空间距离在任何参考系中测量都是一样的。

例 4-4 当原长为 5m 的飞船以 $u=9\times10^3\,\mathrm{m/s}$ 的速率相对于地面匀速飞行时,从地面上测量,它的长度是多少?

解 根据式(4-10),在地面上测量的飞船长度为

$$l=l_0\sqrt{1-\left(\frac{u}{c}\right)^2}=5\sqrt{1-(9\times10^3/3\times10^8)^2}\ \mathrm{m}\approx 4.999\,999\,998\mathrm{m}$$

这表明,对于飞船这样大的速率,其洛伦兹收缩效应实际上也很难测出。

4.3.4 狭义相对论时空观

根据洛伦兹变换可以看到,在一个惯性系中时间的差异,在另一个惯性系中可反映为空间位置的不同,反之亦然。这意味着空间不再是与时间无关的盛有宇宙万物的一个无形的永不运动的框架,时间亦不再是与空间无关的不断均匀流逝的长河。时间和空间是紧密联系在一起的。

同时性的相对性导致了时间和空间的量度也具有相对性,它们都与参考系的选择有关,即时间、空间的量度与运动具有不可分割的联系,并没有脱离运动的绝对时间和绝对空间,在谈到时空量度时一定要指明是在什么参考系中测量的。

总之,时间和空间是紧密联系的,且与运动有着密切的联系,这就是狭义相对论的时空观。

当参考系之间的运动速度远小于光速,即 $u\ll c$ 时,$t=t'$,$\tau=\tau_0$,$l=l_0$,狭义相对论时

空观变成了伽利略变换,它反映的是绝对时空观。所以在低速运动情况下,绝对时空观仍然适用。这表明,绝对时空观是狭义相对论时空观在低速情况下的合理近似。

4.4 狭义相对论动力学基础

我们已经指出,经典力学的基本定律在伽利略变换下保持形式不变,然而,这些定律在洛伦兹变换下就不再能保持形式不变,也就是说,经洛伦兹变换后,这些定律在不同惯性系中具有不同的形式。但按相对论的基本假设,在不同惯性参考系中,力学规律应有同样的形式。因此,必须按相对论的要求,对经典的质量、动量、能量等概念作必要的修改,同时把质量守恒、动量守恒、能量守恒这些普遍规律保存下来,建立起狭义相对论动力学。

4.4.1 相对论质量

如果我们仍然定义质点的动量是 $p=mv$,要使动量守恒定律在洛伦兹变换下保持不变,则质点的质量 m 不能再认为是一个与其速率 v 无关的常量。从理论上可证明运动粒子的质量与运动粒子的速率 v 有如下关系:

$$m=\frac{m_0}{\sqrt{1-\left(\frac{v}{c}\right)^2}} \tag{4-11}$$

式中,m_0 是粒子在相对于参考系静止时的质量,称为静质量; m 是粒子相对于参考系以速率 v 运动时的质量,又称为相对论质量。注意:式(4-11)中的 v 不是两个参考系间的相对速率,而是某一粒子相对于某一参考系的运动速率。运动粒子的质量与运动粒子的速率 v 的关系,使我们认识到物质与运动是相互关联的。

如果$\frac{v}{c}\ll 0$,则 $m\approx m_0$,这时可认为物体的质量与它的速率无关,等于其静止质量,这就是牛顿力学讨论的情况。牛顿力学是相对论力学在低速情况下的近似。

例如,当一火箭以 $v=11.2\text{km/s}$ 的速率运动时,$m=1.000\ 000\ 000\ 9m_0$。而当微观粒子以接近光速的速率 $v=0.98c$ 运动时,$m=5.03m_0$。

如果 $v\to c$,则 $m\to\infty$,这说明当物体的速度接近光速时,其质量变得很大; 在恒定力的作用下,使之再加速就很困难。这可以理解为一切物体的运动速度都不可能达到和超过光速的原因。

当 $v=c$ 时,若 $m_0\neq 0$,则 $m=\infty$,这是无意义的; 若此时 $m_0=0$,则 m 可有一定量值。只有静止质量为零的粒子才能以光速运动。

4.4.2 相对论动量

根据动量的定义和式(4-11),可得相对论的动量表示式为

$$p=mv=\frac{m_0}{\sqrt{1-\left(\frac{v}{c}\right)^2}}v \tag{4-12}$$

式(4-12)说明动量与速度之间不再成比例关系。当$\frac{v}{c}\ll 0$时,由于$m\approx m_0$,则有$p=m_0v$,相对论动量与经典动量一致。

在相对论力学中,仍用动量随时间的变化率定义质点受到的作用力,即

$$F=\frac{\mathrm{d}p}{\mathrm{d}t}=\frac{\mathrm{d}}{\mathrm{d}t}(mv)=m\frac{\mathrm{d}v}{\mathrm{d}t}+v\frac{\mathrm{d}m}{\mathrm{d}t} \tag{4-13}$$

上式为相对论动力学的基本方程,它形式上与牛顿第二定律$F=\frac{\mathrm{d}p}{\mathrm{d}t}=\frac{\mathrm{d}(mv)}{\mathrm{d}t}$相同,但对质量、动量应有不同的认识。可以证明:相对论动力学的基本方程(4-13)在洛伦兹变换下形式保持不变。

式(4-13)说明:力既可改变物体的速度,又可改变物体的质量;力F与加速度$\frac{\mathrm{d}v}{\mathrm{d}t}$的方向一般不会相同;只有在$v\ll c$时$\left(此时\frac{\mathrm{d}m}{\mathrm{d}t}=0\right)$,$F=ma$才有效;当$v\to c$时,$m\to\infty$,在有限的力的作用下,加速度$a=\frac{\mathrm{d}v}{\mathrm{d}t}\to 0$,因此,速度不能无限增加,物体速度以真空中的光速为极限。

4.4.3 相对论动能

设静止质量为m_0的自由质点作一维运动,外力F作用在这个质点上。用E_k表示粒子速率为v时的动能,根据质点的动能定理,力对粒子做的功等于粒子动能的增量

$$\mathrm{d}E_k=F\mathrm{d}x=Fv\mathrm{d}t$$

从相对论力学的基本方程$F=\frac{\mathrm{d}(mv)}{\mathrm{d}t}$得$F\mathrm{d}t=\mathrm{d}(mv)$,因此

$$\mathrm{d}E_k=\mathrm{d}(mv)v=(\mathrm{d}m)vv+m(\mathrm{d}v)v$$

$$\mathrm{d}E_k=v^2\mathrm{d}m+mv\mathrm{d}v \tag{4-14}$$

再对相对论质量式(4-11)两边微分,得

$$\mathrm{d}m=\frac{m_0v\mathrm{d}v}{c^2[1-(v/c)^2]^{3/2}}=\frac{mv\mathrm{d}v}{c^2[1-(v/c)^2]}=\frac{mv\mathrm{d}v}{c^2-v^2}$$

得到

$$mv\mathrm{d}v=(c^2-v^2)\mathrm{d}m$$

将上式代入式(4-14),最后得到

$$\mathrm{d}E_k=c^2\mathrm{d}m$$

粒子静止(动能为零)时质量为m_0,速度为v(动能为E_k)时质量为m,对上式两边进行积分

$$\int_0^{E_k}\mathrm{d}E_k=\int_{m_0}^{m}c^2\mathrm{d}m$$

得到

$$E_k=mc^2-m_0c^2 \tag{4-15}$$

这就是相对论动能公式。

当 $v \ll c$ 时，对式(4-15)作泰勒展开

$$E_{\mathrm{k}} = mc^2 - m_0c^2 = m_0c^2\left(\frac{1}{\sqrt{1-(v/c)^2}} - 1\right) = \frac{1}{2}m_0v^2 + \frac{3}{8}m_0\frac{v^4}{v^2} + \cdots \approx \frac{1}{2}m_0v^2$$

这表明，牛顿力学的动能公式就是相对论动能公式的低速极限。

根据式(4-11)和式(4-15)，可以得到粒子速率由动能表示的关系为

$$v^2 = c^2\left[1 - \left(1 + \frac{E_{\mathrm{k}}}{m_0c^2}\right)^{-2}\right] \tag{4-16}$$

上式表明：当粒子的动能由于力对其做功而增大时，速率也增大，但速率的极限是 c。而按照牛顿定律，动能增大时，速率可以无限增大。

4.4.4 相对论能量 质能关系

我们将 mc^2 称为粒子以速率 v 运动时的总能量 E，m_0c^2 称为粒子的静止能量或静能，用 E_0 表示，即

$$E = mc^2 \tag{4-17}$$

$$E_0 = m_0c^2 \tag{4-18}$$

静止能量是一个崭新的概念，宏观物体的静止能量实际上包括组成该物体的所有微观粒子的动能、势能等一切形式的能量，是物体热力学能的总和。虽然一般不知道这一切形式能量的详细情况，但狭义相对论给出了它与静质量成正比的关系。

式(4-17)表明，一定的质量相应于一定的能量，二者的数值只相差一个恒定的因子 c^2。式(4-17)是相对论的质能关系，这是狭义相对论的重要结论之一，它反映物质的基本属性——质量与能量的不可分割的关系。但质量和能量不是同一概念：质量表征物体的惯性及其相互间的万有引力；能量表征物质系统的状态及其变化。

式(4-15)可写成

$$E_{\mathrm{k}} = E - E_0 \tag{4-19}$$

即动能为总能量和静止能量之差。

放射性蜕变、原子核反应均证明了相对论的质能关系。

例 4-5 一个静止质量是 m_0 的粒子以速率 $v=0.8c$ 运动，问此时粒子的质量和动能分别是多少？

解 根据相对论质量公式(4-11)，当粒子的速率为 v 时的质量为

$$m = \frac{m_0}{\sqrt{1-(v/c)^2}} = \frac{m_0}{\sqrt{1-0.8^2}} = \frac{5}{3}m_0$$

根据相对论动能公式(4-13)，当粒子的速率为 v 时的动能为

$$E_{\mathrm{k}} = mc^2 - m_0c^2 = \left(\frac{5m_0}{3} - m_0\right)c^2 = \frac{2}{3}m_0c^2$$

即粒子的动能是其静止能量的 2/3。

4.4.5 相对论的动量和能量关系

经典力学中动量和能量的关系为 $E_k=\dfrac{p^2}{2m}$,它在洛伦兹变换下形式要发生变化。根据相对论的质能关系可推出相对论的动量和能量关系为

$$E=mc^2=\frac{m_0}{\sqrt{1-(v/c)^2}}c^2$$

$$\left(\frac{E}{c}\right)^2-p^2=\frac{m_0^2c^2}{1-(v/c)^2}-p^2=\frac{m_0^2c^2}{1-(v/c)^2}-m^2v^2=\frac{m_0^2c^2}{1-(v/c)^2}-\frac{m_0^2v^2}{1-(v/c)^2}=m_0^2c^2$$

即

$$E^2=c^2p^2+m_0^2c^4 \tag{4-20}$$

上式即为相对论动量能量关系式。

对于光子,其静止质量 $m_0=0$,根据式(4-20)可以得到如下关系:

$$p=\frac{E}{c} \tag{4-21}$$

这就是光子的动量和能量关系。

阅读材料4 广义相对论简介

1. 广义相对论

狭义相对性原理表明,对于一切物理过程规律的表述,一切惯性系都是等价的。然而在惯性系中物理规律的数学表达式在非惯性系就不再成立了。基于牛顿绝对空间建立的惯性系观念在当时就已经受到马赫等人的质疑、批判,况且在现实中要找到一个真正的惯性系又非常困难。是否可以把物理规律从对惯性系的依赖中解脱出来,建立一种对任何参考系都有效的物理学呢?爱因斯坦认为答案是肯定的,并大胆地假设:把狭义相对性原理推广为广义相对性原理。

引力和库仑力十分相像,都和距离的平方成反比,而与相互作用的质点的乘积成正比或电荷电量的乘积成正比。

万有引力:$\boldsymbol{F}=G\dfrac{Mm}{r^3}\boldsymbol{r}$

库仑力:$\boldsymbol{F}=\dfrac{1}{4\pi\varepsilon_0}\dfrac{q_1q_2}{r^3}\boldsymbol{r}$

其实,它们之间存在重大的区别:库仑力可以相互吸引,也可以相互排斥,而引力只有引力没有斥力;电中性的物体没有库仑力,但引力是普遍存在的。正因为如此,狭义相对论没有涉及引力。爱因斯坦重新认识了引力,把引力和非惯性系中的惯性力联系起来,建立了概括性最强的新的引力理论。

为了建立广义相对论,爱因斯坦天才地运用了"理想实验"这样一种非常有用的思维模式。他设想一个密封舱,舱内人观察不到舱对于外部世界的运动,被称为爱因斯坦升降机。

舱内人想通过力学实验判断舱的运动状态，进而判别舱是惯性系还是非惯性系。当这个舱自由下落时，会看到舱内物体处于完全失重的状态，即没有重力的状态。但他不能根据这个实验结果肯定该舱是惯性系还是非惯性系。

在相对于地球为静止的惯性系中，若物体受引力作用，可以观察到上述现象，即

$$\boldsymbol{F}_{引} = -\frac{GMm_{引}}{r^3}\boldsymbol{r} = m_{惯}\,\boldsymbol{a}$$

由 $m_{引}=m_{惯}$，可得 $\boldsymbol{a}=-\frac{GM}{r^3}\boldsymbol{r}$，即加速度 $\boldsymbol{a}$ 与质量 m 有关。

然而，对于远离恒星的直线加速参考系，虽无引力场，但在惯性力的作用下，也能发生上述现象。由 $F_{惯}=-m_{惯}a'=m_{惯}a$，可得 $a=-a'$。因此加速度 a 只取决于参考系的加速度 a'，即 a 与质量 m 无关，它却是非惯性系。

惯性系和非惯性系都能对自由落体实验作出合理的解释，虽然是基于承认 $m_{引}=m_{惯}$，说明引力和惯性力效果完全一样。引力和惯性力不可区分意味着惯性系和非惯性系不可能用实验来区分。这样就把相对性原理由惯性系推广到非惯性系：对于描述各种物理规律来说所有的参考系都是等价的，称为广义相对性原理。当然，这要用新的数学语言来重新描述物理规律。

广义相对论的基本论点是：引力效应看成是背景时空发生了弯曲，而在引力场中物体的运动就是物体在弯曲的背景时空中的运动。爱因斯坦认为是物质使它附近的时空由平直变为弯曲，称为弯曲的黎曼空间。而物质的分布及运动影响弯曲时空的几何状态(例如曲率等)。形象地描述爱因斯坦的思想就是：省去引力概念而代之以时空的弯曲。想象在一张紧的橡皮膜上放置一个球，会使其附近的膜弯陷，而远处仍保持平直。质量较小的球在这弯曲的膜上运动，就像受到大球的吸引。在我们的宇宙中，可以认为物质是均匀分布的，平均密度很小，引力场很弱，所以空间是平缓的均匀弯曲的。某些天体(例如中子星、白矮星)物质密度很大，引力场很强，它附近的空间弯曲得就厉害。

物质分布如何决定时空性质的定量描述，被称为爱因斯坦引力场方程，可以表示为

$$G_{\mu\nu} = 8\pi T_{\mu\nu}$$

式中：$T_{\mu\nu}$ 是依赖物质分布及运动的张量，称为动量能量张量；$G_{\mu\nu}$ 是描述时空弯曲性质决定的张量，又称为爱因斯坦张量。1916 年施瓦西(K. Schwarzschild)求得了爱因斯坦引力场方程在特定条件(静止球对称质量分布，在质量分布以外的空间)下的严格解。太阳可以看作球对称质量分布，把行星、光子当作施瓦西场中的质点，推出的结论与观测值很好地符合。

用施瓦西解讨论密度很高的物质——某种恒星的归宿——周围的时空性质，可以得到黑洞的概念。在其外部的光和其他物质都只能落向引力中心，而不可能停止或返回。这种特殊的时空区称为黑洞。远处外部的静止观测者 S 看到运动观测者 S' 落向引力中心的过程中，它的时钟越走越慢，直至停止。此处距引力中心 r_s，称为引力半径。S' 携带沿运动方向的尺越来越短，直至为零(r_s 处)。S' 发出的光的频率也越来越小，最终(r_s 处)“看不到了”。理论证明从运动观测者 S' 自己观测并没有在 r_s 处停止，而是在有限时间内落到引力中心。以上是施瓦西黑洞。其他类型黑洞这里就不介绍了。近二三十年中子星等致密星的发现促进了对黑洞数学性质、形成机制和存在的效应等方面的研究，科学家并以极大的兴趣

搜寻宇宙中的黑洞。C_{yg}X-1(天鹅座1)被许多天体物理学家看作是黑洞。大麦哲仑云中的LMC-X_3也很可能是黑洞。无论是理论模型,还是实际观测都还在探索中。

由狭义相对论我们认识到时间、空间是不可分的,现在又了解到广义相对论把时空和物质联系在一起了。

2. 广义相对论的实验验证

以等效原理和广义相对性原理为基础,爱因斯坦创建了广义相对论,一并解决了引力和加速系的问题。广义相对论是关于引力、时空与物质分布关系的理论。下面简要介绍一下广义相对论的几个预言及实验验证。

1) 光线的引力偏折

由等效原理可直接推知:光线在引力场中会偏离直线向引力方向弯曲。如图4-3所示,一小舱在引力场中自由下落。由前述,小舱可视为一局部惯性系,在此系中狭义相对论成立,光线应沿直线从小舱左方向右方传播,如图中虚线所示。而若以引力场为参考系,由于小舱向引力方向加速运动,光线的轨迹应为曲线并向引力方向偏折,如图中实线所示。

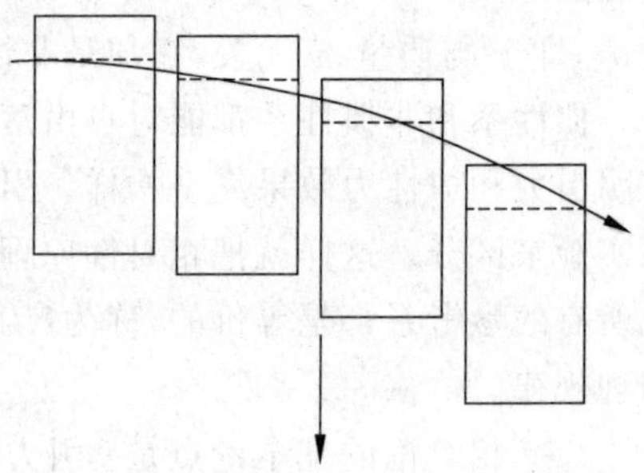

图4-3 光线通过在引力场中自由降落的小舱

爱因斯坦提出等效原理后就预言光线在引力场偏折,并根据广义相对论计算出恒星星光掠过太阳表面时的偏折角应为1.75″。1919年5月发生日全食时,英国天文学家爱丁顿(Eddington)率两组观测队在不同地点测得相应的偏折角分别为1.98±0.16″和1.610 100.40″,在误差范围内与预言相符,引起举世轰动,从而奠定了广义相对论的地位。至今,所有类似的观测,结果都与广义相对论相符合。

光线在引力场中偏折这一事实可解释为光线受引力作用,这仍是牛顿引力论的观点。爱因斯坦深入思考了引力的本性,提出引力场使时空发生弯曲的观点。他认为大质量的物体(如太阳)引起了其周围时空的几何学性质发生了变化。牛顿力学的空间是平直的三维空间,此空间与时间及物质运动均无关;狭义相对论将三维空间与时间相联系构成了四维时空,因没有引力,此时空仍是平直的。在这两种空间中两点间长度取极值的连线(称短程线或测地线)为直线。按相对论的假设,仅受引力作用的光子沿时空的测地线运动。而光线在引力扬中偏折的事实说明,引力场中的测地线是弯曲的,这就好像球面(或任一空间曲面而不是平面)上两点间的测地线是曲线一样,说明引力使周围的时空发生了弯曲。并且观测事实还表明,时空的弯曲程度取决于引力场的强弱,即取决于物质质量的分布。质量越大,时空弯曲越甚。另一方面,时空的弯曲状况也影响着物体的运动。仅受引力作用的粒子(如以上所举的光子)总是沿测地线运动,而测地线完全由时空结构决定,因此粒子的运动就取决于时空的结构及性质。总之,广义相对论中关于物质与时空的关系可以简要地概括为物质的空间分布决定了时空的弯曲,弯曲的时空决定了物质的运动。

2) 引力红移

据广义相对论可以预言,星球发出的光从引力场强大处传至引力场强小处,其频率会变低;反之,频率增高,这种效应称为引力红移。红移量

$$Z=\frac{\Delta\nu}{\nu_0}=-\frac{Gm}{c^2R}$$

式中，$\Delta\nu$ 表示频率的减少量，ν_0 为所发光的固有频率，m 为发光星球的质量，R 为其半径。

20 世纪 60 年代以来，科学家做了一系列实验观测引力红移现象。如观测太阳光谱中钠、钾谱线的引力红移等，实验观测结果均与理论预言值符合得较好。

3）水星近日点的进动

按牛顿力学推算，行星轨道是以太阳为焦点的封闭椭圆。但天文观测发现，水星轨道并不严格闭合，每绕日一周，其长轴略有转动，称为水星的近日点进动，如图 4-4 所示。观测所得水星进动的速率为每百年 5600.73″，而按牛顿力学计算应为每百年 5557.62″，二者相差 43.11″。这一问题自 18 世纪发现以来一直未得到令人满意的解释。爱因斯坦根据广义相对论分析是由于太阳附近的时空弯曲，并从理论上计算出水星近日点有每百年 43.03″的附加进动，这与观测值符合得很好，因而被认为是广义相对论初期的重大验证之一。

4）雷达回波延迟

当地球 E、太阳 S 和行星 P 几乎排成一直线时（图 4-5），从地球表面向行星发射一束雷达波，测量雷达波掠过太阳表面到达行星并反射回地球所需的时间。按经典理论，雷达波往返时间 $t=2l/c$（l 为 E、P 间直线距离），而实际观测值 $t'>t$，$\Delta t=t'-t$ 为雷达回波延迟的时间。按广义相对论分析，由于太阳引力场使其附近的光速变慢且使光线弯曲，因此光在引力场中传播的时间要比无引力场的长。据理论计算，对于金星，$\Delta t=2.05\times10^2\,\mu s$，1971 年夏皮罗（I. Shapiro）等测量的结果与理论值偏离不到 2%，再次成功验证了广义相对论的正确性。

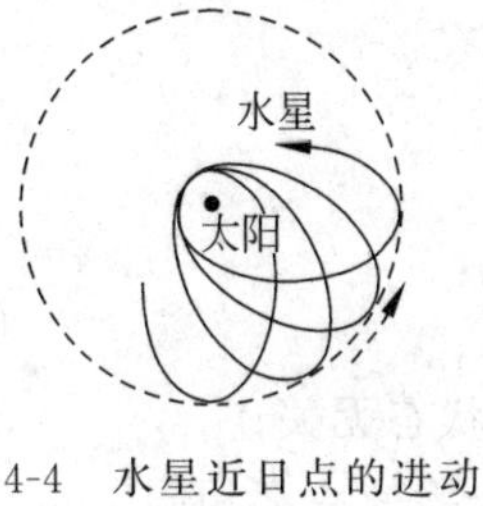

图 4-4 水星近日点的进动

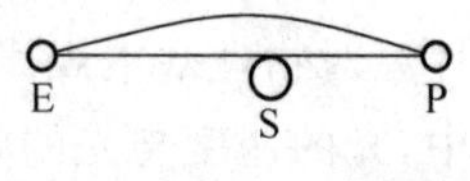

图 4-5 雷达回波延迟

本章要点

1. 牛顿绝对时空观

长度和时间的测量与参考系无关。

伽利略变换：$x'=x-ut$，　$y'=y$，　$z'=z$，　$t'=t$

2. 狭义相对论基本原理

相对性原理：物理定律在一切惯性系中都有相同的形式。

光速不变原理：在任何惯性系中，真空中的光速 c 都相等。

3. **洛伦兹变换**

洛伦兹变换：$x'=\dfrac{x-ut}{\sqrt{1-u^2/c^2}}$，　$y'=y$，　$z'=z$，　$t'=\dfrac{t-\dfrac{u}{c^2}x}{\sqrt{1-u^2/c^2}}$

4. **狭义相对论时空观**

时间、长度、物质的运动三者紧密相关。

(1) 同时的相对性：在某一惯性系中同时发生的两事件，在另一相对它运动的惯性系中并不一定同时发生。

(2) 时间膨胀：$\tau=\dfrac{\tau_0}{\sqrt{1-u^2/c^2}}$

(3) 长度收缩：$l=l_0\sqrt{1-u^2/c^2}$

5. **相对论质量**

$$m=\frac{m_0}{\sqrt{1-v^2/c^2}}$$

6. **相对论能量**

静能 $E_0=m_0c^2$，动能 $E_k=mc^2-m_0c^2$，总能量 $E=mc^2$

7. **相对论动量、能量关系**

$$E^2=(cp)^2+E_0^2$$

习题 4

4-1　有下列几种说法：

(1) 所有惯性系对物理基本规律都是等价的；

(2) 在真空中，光的速度与光的频率、光源的运动状态无关；

(3) 在任何惯性系中，光在真空中沿任何方向的传播速率都相同。

若问其中哪些说法是正确的，答案是(　　)。

A. 只有(1)、(2)是正确的　　B. 只有(1)、(3)是正确的

C. 只有(2)、(3)是正确的　　D. 三种说法都是正确的

4-2　(1) 对某观察者来说，发生在某惯性系中同一地点、同一时刻的两个事件，对于相对该惯性系作匀速直线运动的其他惯性系中的观察者来说，它们是否同时发生？

(2) 在某惯性系中发生于同一时刻、不同地点的两个事件，它们在其他惯性系中是否同时发生？

关于上述两个问题的正确答案是(　　)。

A. (1)同时，(2)不同时　　B. (1)不同时，(2)同

C. (1)同时，(2)同时　　D. (1)不同时，(2)不同时

4-3　某地发生两件事，静止位于该地的甲测得时间间隔为 4s，若相对于甲作匀速直线

运动的乙测得时间间隔为 5s，则乙相对于甲的运动速度是(c 表示真空中光速)(　　)。

A. $\frac{4}{5}c$　　B. $\frac{3}{5}c$　　C. $\frac{2}{5}c$　　D. $\frac{1}{5}c$

4-4　一宇航员要到离地球为 5 光年的星球去旅行，如果宇航员希望把这路程缩短为 3 光年，则他所乘的火箭相对于地球的速度应是(c 表示真空中光速)(　　)。

A. $v=\frac{1}{2}c$　　B. $v=\frac{3}{5}c$　　C. $v=\frac{4}{5}c$　　D. $v=\frac{9}{10}c$

4-5　一匀质矩形薄板，在它静止时测得其长为 a，宽为 b，质量为 m_0，由此可算出其面积密度为 m_0/ab。假定该薄板沿长度方向以接近光速的速度 v 作匀速直线运动，此时再测算该矩形薄板的面积密度，则为(　　)。

A. $\frac{m_0\sqrt{1-(v/c)^2}}{ab}$　　B. $\frac{m_0}{ab\sqrt{1-(v/c)^2}}$

C. $\frac{m_0}{ab\left[1-(v/c)^2\right]}$　　D. $\frac{m_0}{ab\left[1-(v/c)^2\right]^{3/2}}$

4-6　设某微观粒子的总能量是它的静止能量的 K 倍，则其运动速度的大小 v 为(　　)。

A. $\frac{c}{K-1}$　　B. $\frac{c}{K}\sqrt{1-K^2}$

C. $\frac{c}{K}\sqrt{K^2-1}$　　D. $\frac{c}{K+1}\sqrt{K(K+2)}$

4-7　根据相对论力学，动能为 0.25MeV 的电子，其运动速度约等于(c 表示真空中的光速，电子的静能 $m_0c^2=0.51\text{MeV}$)(　　)。

A. 0.1c　　B. 0.5c　　C. 0.75c　　D. 0.85c

4-8　一个电子的运动速度 $v=0.99c$，它的动能是(电子的静止能量为 0.51MeV)(　　)。

A. 4.0MeV　　B. 3.5MeV　　C. 3.1MeV　　D. 2.5MeV

4-9　质子在加速器中被加速，当其动能为静止能量的 4 倍时，其质量为静止质量的(　　)。

A. 4 倍　　B. 5 倍　　C. 6 倍　　D. 8 倍

4-10　α 粒子在加速器中被加速，当其质量为静止质量的 3 倍时，其动能为静止能量的(　　)。

A. 2 倍　　B. 3 倍　　C. 4 倍　　D. 5 倍

4-11　有一速度为 u 的宇宙飞船沿 x 轴正方向飞行，飞船头尾各有一个脉冲光源在工作，处于船尾的观察者测得船头光源发出的光脉冲的传播速度大小为________；处于船头的观察者测得船尾光源发出的光脉冲的传播速度大小为________。

4-12　宇宙飞船静止于地球上，将两根相同的米尺(1m)分别置于飞船和地球上，当飞船以 0.6c(c 为光速)的速率平行于米尺长边飞行时，地上的人测飞船上米尺的长度为________m，而飞船上的人测地球上米尺的长度为________m。

4-13　静止时边长为 50cm 的立方体，当它沿着与它的一个棱边平行的方向相对于地面以速度 $2.4\times10^8\text{m/s}$ 运动时，在地面上测得它的体积是________。

4-14　一观察者测得一沿米尺长度方向匀速运动着的米尺的长度为 0.5m,则此米尺以速度 $v=$________ m/s 接近观察者。

4-15　(1) 在速度 $v=$________情况下粒子的动量等于非相对论动量的两倍。

(2) 在速度 $v=$________情况下粒子的动能等于它的静止能量。

4-16　观察者甲以 $\frac{4}{5}c$ 的速度(c 表示真空中的光速)相对于静止的观察者乙运动,若甲携带一长度为 l、截面积为 S,质量为 m 的棒,这根棒安放在运动方向上,则:

(1) 甲测得此棒的密度为________;(2) 乙测得此棒的密度为________。

4-17　观察者甲以 $0.8c$ 的速度(c 表示真空中的光速)相对于静止的观察者乙运动,若甲携带一质量为 1kg 的物体,则:

(1) 甲测得此物体的总能量为________;(2) 乙测得此物体的总能量为________。

4-18　匀质细棒静止时的质量为 m_0,长度为 l_0。当它沿棒长方向作高速的匀速直线运动时,测得它的长为 l,那么,该棒的运动速度 $v=$________,该棒所具有的动能 $E_k=$________。

4-19　粒子的静止能量为 E_0,当它高速运动时,其总能量为 E。已知 $\frac{E_0}{E}=\frac{4}{5}$,那么此粒子运动的速率 v 与真空中光速 c 之比 $\frac{v}{c}=$________,其动能与总能量之比 $\frac{E_k}{E}=$________。

4-20　已知一静止质量为 m_0 的粒子,其固有寿命为实验室测量到寿命的 $\frac{1}{n}$,则此粒子的动能是________。

自测题和能力提高题　　自测题和能力提高题答案

第2篇

热 学

第5章

气体动理论

热学按研究角度和研究方法的不同，分为两种理论：一种是宏观理论，称为热力学；另一种是微观理论，称为统计物理学。热力学不涉及物质的微观结构，只是根据由观察和实验所总结得到的热力学规律，用严密的逻辑推理方法，着重分析研究系统在物态变化过程中有关热功转换等关系和实现条件。而统计物理学则是从物质的微观结构出发，依据每个粒子所遵循的力学规律，用统计的方法来推求宏观量与微观量统计平均值之间的关系，解释并揭示系统宏观热现象及其有关规律的微观本质。本章所讲的气体动理论就属于统计物理学基础部分。热力学与气体动理论的研究对象是一致的，但是研究的角度和方法却截然不同。在对热运动的研究上，气体动理论和热力学二者起到了相辅相成的作用。热力学的研究成果，可以用来检验微观气体动理论的正确性；气体动理论所揭示的微观机制，可以使热力学理论获得更深刻的意义。

气体动理论的研究对象是分子的热运动。从微观上看，热现象是组成系统的大量粒子热运动的集体表现，它是不同于机械运动的一种更加复杂的物质运动形式。由于分子的数目十分巨大，对于大量粒子的无规则热运动，不可能像力学中那样，对每个粒子的运动进行逐个描述，而只能探索它的群体运动规律。就单个粒子而言，由于受到其他粒子的复杂作用，其具体的运动过程可以变化万千，具有极大的偶然性和无序性；但就大量分子的集体表现来看，运动却在一定条件下遵循确定的规律，正是这种特点，使得统计方法在研究热运动时得到广泛应用。在本章中，我们将根据气体分子的模型，从物质的微观结构出发，用统计的方法来研究气体的宏观性质和规律，以及它们与微观量统计平均值之间的关系，从而揭示系统宏观性质及其有关规律的微观本质。

5.1 平衡状态　理想气体状态方程

5.1.1 宏观描述与微观描述

1. 热力学系统

热力学研究的对象是大量粒子（如原子、分子）组成的物质体系，称为热力学系统或热力学体系。处于体系之外的一切，称为外界。外界可与体系相互作用。热力学体系可分为三类：孤立体系、封闭体系和开放体系。与外界既无物质交换也无能量交换的体系称为孤立体系，如绝热壁所包围的体系。与外界无物质交换，但有能量交换的体系称为封闭体系，如带有不漏气活塞的气缸内的气体。与外界既有物质交换，又有能量交换的体系称为开放体系，如一个开口容器中的气体。

2. 宏观量与微观量

要研究系统的性质及其变化规律，那么就要对系统的状态加以描述，用一些物理量从整体上对系统状态进行描述的方法称为宏观描述，如用温度、压强、体积、热容等对气体的整体属性进行的描述。描述系统整体特性的可观测物理量称为宏观量。相应地，用一组宏观量描述的系统状态称为宏观态。宏观量一般为人们可观察到又可以用仪器进行测量的物理量。

任何宏观物体都是由分子、原子等微观粒子组成。通过对微观粒子运动的说明来描述系统的方法称为微观描述。通常把描述单个粒子运动状态的物理量称为微观量，如粒子的质量、位置、动量、能量等。相应地，用系统中各粒子的微观量描述的系统状态，称为微观态。微观量不能被直接观察到，一般也不能直接测量。

3. 气体状态参量

当系统处于平衡态时，系统的宏观性质将不再随时间变化，因此可以使用相应的物理量来具体描述系统的状态。这些物理量通称为状态参量，或简称态参量。一般用气体的体积V、压强p和温度T来作为状态参量。下面介绍这三个状态参量。

体积：气体的体积，通常是指组成系统的分子的活动范围，是气体分子能到达的空间体积。由于分子的热运动，容器中的气体总是分散在容器中的各个空间部分，因此，气体的体积也就是盛气体容器的容积，在国际单位(SI)制中，体积的单位是立方米，用符号m^3表示，常用单位还有升，用符号L表示。

压强：气体的压强，是气体作用于器壁单位面积上的正压力，是大量气体分子频繁碰撞容器壁产生的平均冲力的宏观表现。压强与分子无规则热运动的频繁程度和剧烈程度有关。在国际单位制(SI)中，压强的单位是帕斯卡，用符号Pa表示，常用的压强单位还有：厘米汞柱(cmHg)、标准大气压(atm)等。它们与Pa的关系是

$$1\text{atm} = 76\text{cmHg} = 1.01325 \times 10^5\,\text{Pa}$$

温度：从宏观上说，温度是表示物体冷热程度的物理量，而从微观本质上讲，它表示的是分子热运动的剧烈程度。温度的数值表示方法称为温标。物理学中常用两种温标：热力学温标和摄氏温标。摄氏温标所确定的温度用t表示，单位是摄氏度(℃)，国际单位制中采用热力学温标，所确定的温度用T表示，单位是开尔文，用符号K表示。摄氏温标与热力学温标的关系是

$$T = t + 273.15$$

在大学物理中我们规定使用热力学温标。

一定量气体，在一定容器中具有一定体积，如果各部分具有相同温度和相同压强，我们就说气体处于一定的状态。所以说，对于一定的气体，它的p、T、V三个量完全决定了它的状态。其中，体积和压强都不是热学所特有的，体积V属于几何参量，压强p属于力学参量，而温度T是描述状态的热学性质的参量。应该指出，只有当气体的温度、压强处处相同时，才能用p、T、V描述系统状态。

4. 平衡态　平衡过程

处在没有外界影响条件下的热力学系统的宏观性质(如 p、T、V)不再随时间变化，经过一定时间后，将达到一个确定的状态，而不管系统原先所处的状态如何。这种在不受外界影响的条件下，宏观性质不随时间变化的状态称为平衡状态，简称平衡态。

当然，在实际情况下，气体不可能完全不与外界交换能量，并不存在完全不受外界影响、宏观性质绝对保持不变的系统，所以，平衡态只是一种理想状态，它是在一定条件下对实际情况的抽象和近似。以后，只要实际状态与上述要求偏离不是太大，就可以将其作为平衡态来处理，这样既可简化处理的过程，又有实际的指导意义。

必须指出，平衡态是指系统的宏观性质不随时间变化。从微观看，气体分子仍在永不停息地作热运动，各粒子的微观量和系统的微观态都会不断地发生变化。分子热运动的平均效果不随时间变化，系统的宏观状态性质就不会随时间变化。所以，我们把这种平衡态称为热动平衡。

当气体与外界交换能量时，它的状态就会发生变化，一个状态连续变化到另一个状态所经历的过程叫做状态的变化过程，如果过程中的每一中间状态都无限趋于平衡态，这个过程就称为平衡过程。显然，平衡过程是个理想的过程，在许多情况下，实际过程可近似地当作平衡过程处理。如图 5-1 所示，p-V 图上的一个点代表系统的一个平衡态，p-V 图上的一条曲线表示系统的一个平衡过程。应该注意，不是平衡态不能在 p-V 图上表示。

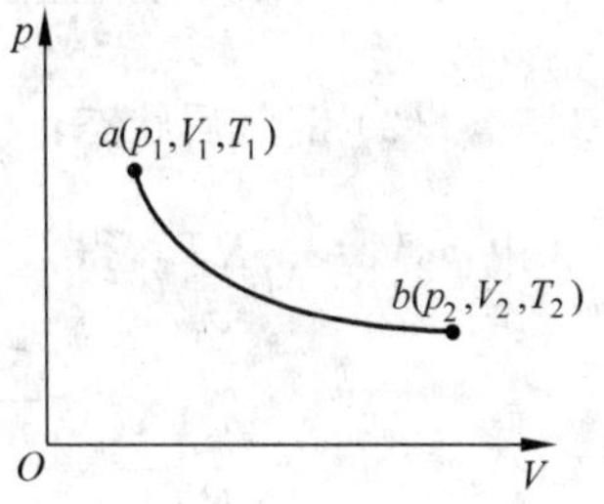

图 5-1　平衡过程曲线

5.1.2　理想气体状态方程

理想气体是一个抽象的物理模型。那么什么样的气体是理想气体呢？在中学物理中，我们学过三个著名的气体实验定律，即玻意耳定律、盖-吕萨克定律和查理定律。后来人们发现，对不同气体来说，这三条定律的适用范围是不同的，一般气体只是在温度不太低(与室温比较)，压强不太大(与标准大气压比较)的时候才遵从气体的这三个实验定律。在任何情况下都服从上述三个实验定律的气体是没有的，这就给理论研究带来了不便，为了简化问题，人们设想有一种气体，在任何情况下都严格遵从这三个定律，并将这种气体称为理想气体。而实际气体在温度不太低，压强不太大时都可近似地看成理想气体，在温度越高、压强越小时，近似的程度越高。

实验证明，气体在某个平衡态时，p、T、V 三个量之间存在一定关系，把这种关系称为气体的物态方程。理想气体物态方程是理想气体在平衡态时状态参量所满足的方程，可以由上述三个实验定律推出，表示为

$$pV=\frac{m_0}{M}RT=\nu RT \tag{5-1}$$

式中，R 为摩尔气体常数，ν 为气体的摩尔数，m_0 为气体质量，M 为气体的摩尔质量。在国际单位制中，

$$R=8.31\mathrm{J/(mol\cdot K)}$$

理想气体物态方程表明了在平衡态下理想气体的各个状态参量之间的关系。当系统从一个平衡态变化到另外的平衡态时,各状态参量发生变化,但它们之间仍然满足物态方程。

对一定质量的气体,它的状态参量 p、T、V 中只有两个是独立的,因此,任意两个参量给定,就确定了气体的一个平衡态。

例 5-1 某容器内装有质量为 100kg、压强为 10atm、温度为 47℃的氧气。因容器漏气,一段时间后,压强减少为原来的 5/8,温度为 27℃。求:

(1) 容器的体积。

(2) 漏出了多少氧气。

解 (1) 根据理想气体的状态方程有

漏气前状态:

由 $p_1V=\frac{m_1}{M}RT_1$,得

$$V=\frac{m_1R_1T_1}{p_1M}=\frac{0.1\times10^3\times8.31\times320}{10\times1.01\times10^5\times32}\text{m}^3=8.2\times10^{-3}\text{m}^3$$

(2) 漏气后状态:

由 $p_2V=\frac{m_2}{M}RT_2$,得

$$m_2=\frac{p_2VM}{RT_2}=\frac{\frac{5}{8}\times10\times1.01\times10^5\times8.2\times10^{-3}\times32}{8.31\times300}\text{kg}=66.6\text{kg}$$

$$\Delta m=m_1-m_2=33.4\text{kg}$$

即漏出了 33.4kg 的氧气。

5.2 理想气体的压强公式与温度公式

5.2.1 理想气体分子模型与压强公式

热现象是物质中大量分子无规则运动的集体体现。研究物质中大量分子热运动的集体表现,需要用到统计的方法,这就需要建立模型。

1. 理想气体的微观模型

在宏观上我们知道,理想气体是一种在任何情况下都遵守玻意耳定律、盖-吕萨克定律和查理定律的气体。但从微观上看,什么样的分子组成的气体才具有这种宏观特性呢?在常温常压下,气体分子间的距离比液体和固体分子间的距离要大得多。由于气体分子间距离大,故分子间相互作用力很小。真实气体的压强越小,即气体越稀薄,就越接近理想气体。所以理想气体的微观模型具有以下特征:

(1) 分子本身的大小与分子间的距离相比可以忽略不计,即对分子可采用质点模型。

(2) 除了碰撞的瞬间外,分子与分子之间、分子与容器壁之间的相互作用力可忽略不计,分子受到的重力也可忽略不计。

(3) 分子与容器壁以及分子与分子之间的碰撞属于牛顿力学中的完全弹性碰撞。

上述理想气体的微观模型是通过对宏观实验结果的分析和综合提出的一个假说。通过这个假说得到的结论与宏观实验结果进行比较可判断模型的正确性。实验证明，实际气体中分子本身占的体积约只占气体体积的千分之一，在气体中分子之间的平均距离远大于分子的几何尺寸，所以将分子看成质点是完全合理的。从另一个方面看，已达到平衡态的气体如果没有外界影响，其温度、压强等状态参量都不会因分子与容器壁以及分子与分子之间的碰撞而发生改变，气体分子的速度分布也保持不变，因而分子与容器壁以及分子与分子之间的碰撞是完全弹性碰撞也就是理所当然的。

综上所述，理想气体可以看成是彼此间无相互作用的、自由的、无规则运动着的弹性质点的集合，这就是理想气体的微观模型。

2. 平衡态的统计假设

理想气体的微观模型主要是针对分子的运动特征而建立起来的一个假设。为了以此模型为基础，求出平衡态时气体的一些宏观状态参量，还必须知道理想气体在处于平衡态时，分子的群体特征。这些特征也叫做平衡态的统计特性。气体在平衡态时，分子是在作无规则的热运动，虽然每个分子的速度大小和方向是不定的，具有偶然性，但对大量分子来说，在任一时刻，都各自以不同大小的速度在运动，而且向各方向运动的概率是相等的，没有一个方向占优势，具有分布内空间均匀性，宏观表现就是气体分子密度各处相同，如若不然就会发生扩散，也就不是平衡态了。也就是说平衡态的孤立系统，处在各种可能的微观运动状态的概率相等。根据这一事实，我们可以归纳出平衡态的两条统计假设：

(1) 理想气体处于平衡态时气体分子出现在容器内任何空间位置的概率相等；

(2) 气体分子向各个方向运动的概率相等。

根据上述假设还可以得出以下推论：

(1) 速度和它的各个分量的平均值为零。

平衡态理想气体中各个分子朝各个方向运动的概率相等。因此，分子速度的平均值为零，各种方向的速度矢量相加会相互抵消。类似地，分子速度的各个分量的平均值也为零。设 N 个分子在某一时刻的速度都分解成直角坐标的三个分量，则有

$$\bar{v}_x = \bar{v}_y = \bar{v}_z = 0$$

(2) 分子沿各个方向运动的速度分量平方的各种平均值相等。

例如沿 x、y、z 三个方向速度分量的方均值应该相等。某方向的速度分量的方均值，定义为分子在该方向上的速度分量的平方的平均值，即把所有分子在该方向上的速度分量平方后加起来再除以分子总数：

$$\overline{v_x^2} = \frac{\sum_{i=1}^{N} v_{ix}^2}{N}, \quad \overline{v_y^2} = \frac{\sum_{i=1}^{N} v_{iy}^2}{N}, \quad \overline{v_z^2} = \frac{\sum_{i=1}^{N} v_{iz}^2}{N}$$

按照统计性假设，分子群体在 x、y、z 三个方向的运动应该是各向相同的，则有

$$\overline{v_x^2} = \overline{v_y^2} = \overline{v_z^2}$$

对每个分子来说，如第 i 个分子，有

$$v_i^2 = v_{ix}^2 + v_{iy}^2 + v_{iz}^2$$

因而每个分子速度大小的平方平均值为

$$\overline{v^2}=\frac{v_1^2+v_2^2\cdots+v_i^2+\cdots+v_N^2}{N}$$

根据统计假设

$$\overline{v^2}=\overline{v_x^2}+\overline{v_y^2}+\overline{v_z^2}$$

$$\overline{v_x^2}=\overline{v_y^2}=\overline{v_z^2}$$

所以有

$$\overline{v_x^2}=\overline{v_y^2}=\overline{v_z^2}=\frac{\overline{v^2}}{3}$$

即速度分量的方均值等于方均速率的 1/3。这个结论在下面证明压强公式时要用到。

3. 理想气体压强公式

气体对器壁的压强,是大量分子对器壁碰撞的结果。对某一个分子来说,在什么时候与器壁在什么地方碰撞,给予器壁冲量大小等,都是偶然的、随机的、断续的,但对容器内大量气体分子来说,每时每刻都不断地与器壁各部分发生碰撞,使器壁受到一个持续的、恒定大小的作用力。分子数越多,器壁受到的作用力越大。最早使用力学规律来解释气体压强的科学家是伯努利。他认为:气体压强是大量气体分子单位时间内给予器壁单位面积上的平均冲力。

下面假定每个分子的运动均服从力学规律,并以理想气体分子模型和统计假设为依据,推导气体的压强公式。

为了讨论方便,假设有同种理想气体盛于一个边长为 l_1、l_2、l_3 的长方体容器中,并处于平衡态。设有 N 个分子,分子质量均为 m,选取如图 5-2 所示坐标系。气体处于平衡态时,容器器壁上各处的压强相同,所以在此只计算一个面上的压强即可,以 A 面为例。

第一步:先考虑某一个分子 i 在单位时间内对 A 面的冲量。

设第 i 个分子的速度为$\boldsymbol{v}_i$,分量式:

$$\boldsymbol{v}_i=v_{ix}\boldsymbol{i}+v_{iy}\boldsymbol{j}+v_{iz}\boldsymbol{k}$$

由动量定理知,分子 i 与 A 面碰撞 1 次受到器壁对它的冲量为

$$I'_{ix}=-mv_{ix}-mv_{ix}=-2mv_{ix}$$

根据牛顿第三定律,分子给予器壁的冲量为

$$I_{ix}=2mv_{ix}$$

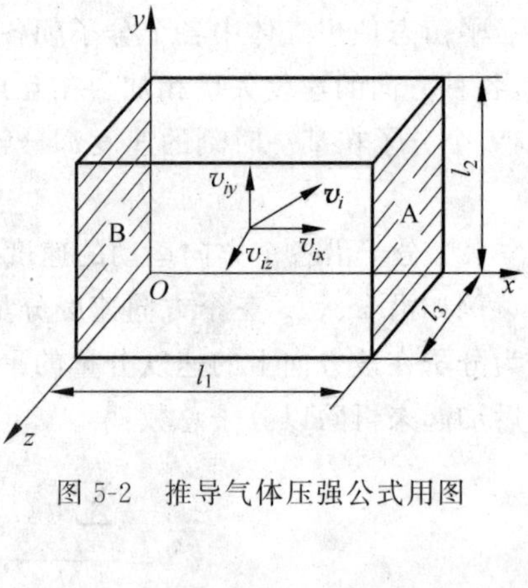

图 5-2 推导气体压强公式用图

当分子 i 与 A 面弹性碰撞后,又弹到 B 面(不计分子间碰撞),之后由 B 面又弹回 A 面,如此往复。则单位时间内分子 i 与 A 面碰撞次数为$\frac{v_{ix}}{2l_1}$;单位时间内 A 面受分子 i 的冲量为

$$I_{ix}=2mv_{ix}\cdot\frac{v_{ix}}{2l_1}=\frac{mv_{ix}^2}{l_1}$$

由上文可知,每一分子对器壁的碰撞以及作用在器壁上的冲量是间歇的、不连续的。但是,实际上容器内分子数目极大,它们对器壁的碰撞就像密集的雨点打到雨伞上一样,对器

壁有一个均匀而连续的压强。

第二步：计算单位时间内所有分子对A面的冲量。公式为

$$I_x = I_{1x} + I_{2x} + \cdots + I_{Nx} = \sum_{i=1}^{N} I_{ix} = \sum_{i=1}^{N} \frac{mv_{ix}^2}{l_1} = \frac{m}{l_1}\sum_{i=1}^{N} v_{ix}^2$$

第三步：计算单位时间内A面受到的平均冲力。

按力学的理解，根据动量定理，气体在单位时间内给A面的冲量也就是气体给A面的平均冲力，设单位时间内A面受到的平均冲力大小为$\bar{F}$，有

$$\bar{F} \cdot l = I_x = \frac{m}{l_1}\sum_{i=1}^{N} v_{ix}^2$$

按前面所学习过的速度分量的方均值的定义 $\overline{v_x^2} = \frac{\sum_{i=1}^{N} v_{ix}^2}{N}$，速度分量的方均值与方均速率的关系为$\overline{v_x^2} = \frac{1}{3}\overline{v^2}$，则气体给A面的平均冲力$\bar{F}$可写为

$$\bar{F} = \frac{m}{l_1}\sum_{i=1}^{N} v_{ix}^2 = \frac{Nm\overline{v^2}}{3l_1}$$

第四步：得出压强公式。

由于气体大量分子的密集碰撞，分子对器壁的冲力在宏观上表现为一个恒力，它就等于平均冲力。因而可以求得A面上的压强

$$p = \frac{\bar{F}}{s} = \frac{\bar{F}}{l_2 l_3} = \frac{Nm\overline{v^2}}{3l_1 l_2 l_3} = \frac{Nm\overline{v^2}}{3V}$$

式中，$V = l_1 l_2 l_3$。又$n = \frac{N}{V}$（单位体积内的分子数），称气体的分子数密度，则压强公式可写为

$$p = \frac{1}{3}nm\overline{v^2} \tag{5-2}$$

再考虑到气体分子的平均平动动能为

$$\bar{w} = \frac{1}{2}m\overline{v^2}$$

所以压强公式为

$$p = \frac{2}{3}n\left(\frac{1}{2}m\overline{v^2}\right) = \frac{2}{3}n\bar{w} \tag{5-3}$$

从以上讨论可知，压强p的微观本质或统计性质是：单位时间内所有分子对单位器壁面积的冲量。n、$\overline{v^2}$、$\bar{w}$均是统计平均值，所以p也是一个统计平均值。在推导理想气体压强公式时，虽假定容器是一长方体，但进一步分析可知，p的表达式与容器的形状、大小无关，适合任何形状的容器，而且推导中没考虑分子碰撞（若考虑结果也不变）。

气体的压强与分子数密度和平均平动动能都成正比。这个结论与实验是高度一致的，它说明我们对压强的理论解释以及理想气体平衡态的统计假设都是合理的。

5.2.2 气体分子的平均平动动能与温度关系

1. 温度公式

由理想气体状态方程

$$pV=\frac{m_0}{M}RT$$

得

$$p=\frac{1}{V}\frac{m_0}{M}RT=\frac{1}{V}\frac{N}{N_A}RT=n\frac{R}{N_A}T$$

式中,$n=\frac{N}{V}$为分子数密度,N为分子总数,N_A为1mol物质的分子数。$N_A\approx 6.02\times10^{23}\,\mathrm{mol}^{-1}$,称为阿伏伽德罗常数。

令$k=\frac{R}{N_A}=8.31/6.023\times10^{23}\,\mathrm{J/K}=1.38\times10^{-23}\,\mathrm{J/K}$,叫做玻尔兹曼常数。所以理想气体状态方程又可以写为

$$p=nkT \tag{5-4}$$

将式(5-4)与式(5-3)相比较,得分子的平均平动动能为

$$\bar{w}=\frac{3}{2}kT \tag{5-5}$$

则理想气体的温度公式为

$$T=\frac{2\bar{w}}{3k} \tag{5-6}$$

上式为温度这个宏观量与微观量$\bar{w}$的关系式。因为$\bar{w}$是统计平均量,温度T也是统计平均量,此式说明温度T的微观本质,即温度是分子平均平动动能的量度,也反映了大量气体分子热运动的剧烈程度。气体的温度越高,分子的平均平动动能越大,分子无规则热运动的程度越剧烈。所以说温度T为宏观上大量气体分子热运动的集体表现。同时,分子数很大时,温度才有意义,对于少数或单个分子谈温度是没有意义的。由式(5-6),若$T=0$,则$\bar{w}=0$,但实际上这是不对的。根据近代量子论,尽管$T=0$,但是分子还有振动,故$\bar{w}\neq0$(平均动能)。这说明了经典理论的局限性。

在生活中,往往认为热的物体温度高,冷的物体温度低。这种凭主观感觉对温度的定性了解,在要求严格的热力学理论和实践中,显然是远远不够的,必须对温度建立起严格且科学的定义。假设有两个热力学系统A和B,原先处在各自的平衡态,现在使系统A和B互相接触,使它们之间能发生热传递,这种接触称为热接触。一般说来,热接触后系统A和B的状态都将发生变化,但经过充分长一段时间后,系统A和B将达到一个共同的平衡态,由于这种共同的平衡态是在有传热的条件下实现的,因此称为热平衡。如果有A、B、C三个热力学系统,当系统A和系统B都分别与系统C处于热平衡时,那么,系统A和系统B此时也必然处于热平衡状态,所以说温度也是表征气体处于热平衡状态的物理量。

2. 气体分子的方均根速率

根据公式$\frac{1}{2}m\overline{v^2}=\frac{3}{2}kT$，我们可计算出任何温度下理想气体分子的方均根速率为

$$\sqrt{\overline{v^2}}=\sqrt{\frac{3kT}{m}}=\sqrt{\frac{3RT}{M}} \tag{5-7}$$

上式是气体分子速率的一种统计平均值。气体分子速率有大有小，并不断改变着，分子的方均根速率是对整个气体分子速率总体上的描述。处于各自平衡态的两种气体，只要温度相同，那么这两种气体分子的平均平动动能一定相等，但是这两种气体分子的方均根速率并不相等，分子质量大的，其方均根速率较小。

表5-1列出了几种气体在温度为0℃时的方均根速率，我们从中可了解分子速率的一个大致情况。

表5-1 几种气体在0℃时的方均根速率

气体种类	方均根速率/(m/s)	摩尔质量/($\times10^{-3}$kg/mol)
O_2	4.61×10^2	32.0
N_2	4.93×10^2	28.0
H_2	1.84×10^3	2.02
CO_2	3.93×10^2	44.0
H_2O	6.15×10^2	18.0

5.3 能量按自由度均分定理 理想气体的内能

5.3.1 自由度

确定一个物体空间位置所需要的独立坐标数，叫做该物体的运动自由度，简称自由度。

对空间自由运动的质点，其位置需要三个独立坐标（如x、y、z）来确定。例如，将飞机看成一个质点时确定它在空中的位置所需要的独立坐标数是三个，分别是飞机的经度、纬度和高度，所以飞机运动的自由度为3。若质点被限制在一个平面或曲面上运动，自由度将减少，此时只需要两个独立坐标就能确定它的位置。如将在大海中航行的船看成质点，确定它在大海海面上的位置所需要的独立坐标数为两个，分别是船的经度和纬度，即自由度为2。若质点被限制在一直线或曲线上运动，则只需要一个坐标就能确定它的位置，如在铁轨上运行的火车将其看成质点时，其自由度为1。

物体自由度与物体受到的约束和限制有关，物体受到的限制（或约束）越多，自由度就越小。考虑到物体的形状和大小，它的自由度等于描写物体上每个质点坐标的个数减去所受到的约束方程的个数。

对自由细杆而言，确定其运动位置可先确定杆的质心O'（相当于质点）的运动位置，有3个平动自由度，再确定杆绕质心转动的方位，可用方位角α、β、γ表示，如图5-3所示（图中x'、y'、z'与x、y、z轴分别平行），但这三个方位角的方向余弦满足下列式子：

$$\cos^2\alpha+\cos^2\beta+\cos^2\gamma=1$$

则三个方位角α、β、γ中只有两个独立变数,即绕质心转动,自由度为2。所以对自由细杆来说,其自由度为5,其中3个平动自由度和2个转动自由度。

对于刚体而言,我们可将刚体的运动分解为质心的平动和绕质心的转动。质心的平动需要三个独立坐标数,绕质心的转动需要确定通过质心轴线的方位角和绕该轴线转过的角度。如图5-4所示,轴线的方位角α、β、γ由上述分析可知,其中只有两个是独立的,加上确定绕轴转动的一个独立坐标θ,因此,整个自由刚体的自由度为6,其中3个平动自由度和3个转动自由度。

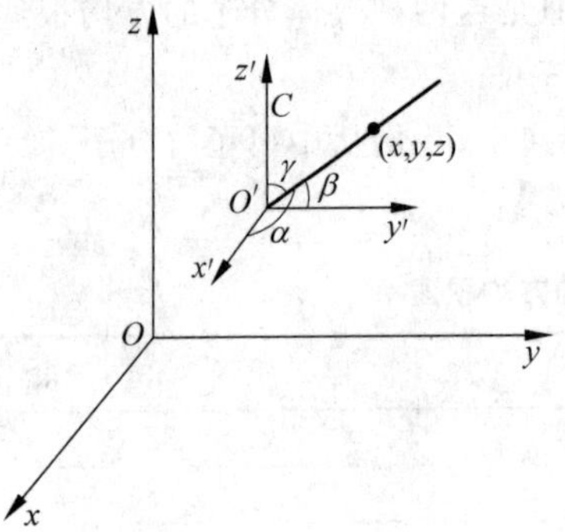

图5-3　自由细杆自由度模型

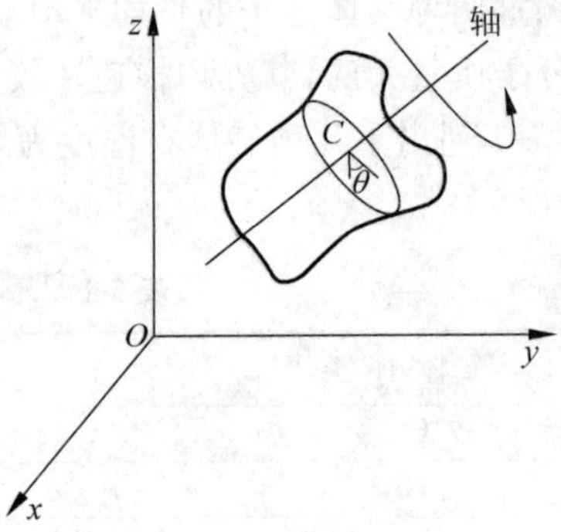

图5-4　刚体自由度模型

5.3.2　气体分子的自由度

因气体分子有多种结构,分子运动的自由度也就各不相同。根据自由度的定义,单原子气体分子可以看成一个自由质点,它的自由度为3。对于刚性双原子气体分子可看成是距离确定的两个质点(两个原子之间的距离不变),相当于自由细杆,其自由度为5,其中3个平动自由度和2个转动自由度。对于刚性的多原子气体分子,可看成自由刚体(非杆),其自由度为6,其中3个平动自由度和3个转动自由度。

事实上,双原子或多原子气体分子一般不是完全刚性的,原子间的距离在原子间的相互作用下,要发生变化,分子内部要出现振动,要考虑振动自由度,所以对于非刚性双原子气体分子,其自由度为6,其中3个平动自由度,2个转动自由度再加1个振动自由度。非刚性多原子气体分子,其自由度为$3n$(n个分子,$n\geqslant 3$),其中3个平动自由度,3个转动自由度,再加$(3n-6)$个振动自由度。但在常温下,振动自由度可以不予考虑。所以在以后无特殊声明下仅讨论刚性情况。

实际气体分子的运动情况视气体的温度而定。例如氢气分子,在低温时,只可能有平动;在室温时,可能有平动和转动;只有在高温时,才可能有平动、转动和振动。而氯气分子,在室温时已可能有平动、转动和振动。

5.3.3　能量均分定理

对理想气体,分子平均平动动能为

$$\bar{w}=\frac{1}{2}m\overline{v^2}=\frac{1}{2}m\overline{v_x^2}+\frac{1}{2}m\overline{v_y^2}+\frac{1}{2}m\overline{v_z^2}=\frac{3}{2}kT$$

从前面讨论可知

$$\overline{v_x^2}=\overline{v_y^2}=\overline{v_z^2}$$

所以

$$\frac{1}{2}m\overline{v_x^2}=\frac{1}{2}m\overline{v_y^2}=\frac{1}{2}m\overline{v_z^2}=\frac{1}{2}\left(\frac{1}{3}m\overline{v^2}\right)=\frac{1}{3}\left(\frac{3}{2}kT\right)=\frac{1}{2}kT$$

上式表明，气体分子的平均平动动能是平均分配在三个平动自由度上的，每个自由度将分得平均平动动能的1/3，没有哪个自由度的运动更占优势，所以每一平动自由度上分得的平均平动动能为$\frac{1}{2}kT$。

这个结论虽然是对平动而言的，但可以推广到转动和振动。如果气体是由刚性的多(双)原子分子构成的，则分子的热运动除了分子的平动外，还有分子的转动。转动也有相应的能量。由于分子间频繁地碰撞，分子间的平动能量和转动能量是不断相互转化的。实验证明，当理想气体达到平衡态时，其中的平动能量与转动能量是按自由度分配的。从而就得到如下的能量按自由度均分定理。

理想气体在温度为T的平衡态下，分子运动的每一个平动自由度和转动自由度都平均分得$\frac{1}{2}kT$的能量，而每一个振动自由度平均分得kT的能量$\left(\frac{1}{2}kT\right.$平均动能和$\frac{1}{2}kT$的平均势能$\left.\right)$。这个结果可以由经典统计物理学理论得到严格的证明，称为能量按自由度均分定理，简称能量均分定理。

对刚性气体而言，不考虑振动自由度。若用t、r分别表示气体分子的平动、转动自由度，则有

$$\text{平均平动动能}=\frac{t}{2}kT,\quad \text{平均转动动能}=\frac{r}{2}kT$$

所以气体分子的总自由度用i表示，$i=t+r$，分子平均能量(平均动能)为

$$\bar{\varepsilon}=\frac{i}{2}kT \tag{5-8}$$

则对于

单原子分子：$t=3,r=0,\bar{\varepsilon}=\frac{3}{2}kT$；

刚性双原子分子：$t=3,r=2,\bar{\varepsilon}=\frac{5}{2}kT$；

刚性多原子分子：$t=3,r=3,\bar{\varepsilon}=\frac{6}{2}kT$。

能量均分定理适用于达到平衡态的气体、液体、固体和其他由大量运动粒子组成的系统。对大量粒子组成的系统来说，动能之所以会按自由度均分是依靠分子频繁的无规则碰撞来实现的。在碰撞过程中，一个分子的动能可以传递给另一个分子，一种形式的动能可以转化成另一种形式的动能，而且动能还可以从一个自由度转移到另一个自由度。但只要气体达到了平衡态，那么任意一个自由度上的平均动能就应该相等。

5.3.4 理想气体的内能

对于实际气体来说,除了上述的分子平动动能、转动动能、振动动能和振动势能以外,由于分子间存在着相互作用的保守力,所以还具有分子之间的相互作用势能。我们把所有分子的各种形式的动能和势能的总和称为气体的内能。

对于理想气体来说,不计分子与分子之间的相互作用力,所以分子与分子之间相互作用的势能也就忽略不计。理想气体的内能只是分子各种运动能量的总和。下面我们只考虑刚性气体分子。

设理想气体分子有 i 个自由度,每个分子的平均总动能为 $\frac{i}{2}kT$,而 1mol 理想气体有 N_A 个分子,所以 1mol 理想气体的内能为

$$E = N_A\left(\frac{i}{2}kT\right) = \frac{i}{2}RT$$

而质量为 m_0,即 $\frac{m_0}{M}$mol 的理想气体的内能为

$$E = \frac{m_0}{M} \cdot \frac{i}{2} RT = \nu \cdot \frac{i}{2}RT \tag{5-9}$$

由上式可以看出,一定质量的理想气体的内能完全取决于分子运动的自由度 i 和气体的热力学温度 T。对于给定的系统来说(m_0、i 都是确定的),理想气体平衡态的内能唯一地由温度来确定,而与气体的体积和压强无关,也就是说,理想气体平衡态的内能是温度的单值函数,由系统的状态参量就可以确定它的内能。系统内能是一个态函数,只要状态确定了,那么相应的内能也就确定了,与过程无关。

按照理想气体物态方程 $pV=\nu RT$,两状态内能差公式可以写为

$$\Delta E = \nu \frac{i}{2}R\Delta T$$

如果状态发生变化,则系统的内能也将发生变化。内能变化与状态变化所经历的具体过程无关,系统的内能差仅取决于温差。

由内能公式和理想气体状态方程,内能公式可表示为

$$E = \frac{i}{2}pV$$

对于理想气体系统来说,内能的变化亦可表示为

$$\Delta E = \frac{i}{2}\Delta(pV)$$

应该注意,内能与力学中的机械能有着明显的区别。静止在地球表面上的物体的机械能(动能和重力势能)可以等于零,但物体内部的分子仍然在运动和相互作用着,因此,内能永远不会等于零。物体的机械能是一种宏观能,它取决于物体的宏观运动状态。而内能却是一种微观能,它取决于物体的微观运动状态。微观运动具有无序性,所以,内能是一种无序能量。内能公式在后面有广泛的应用,需要熟练掌握。

例 5-2　一容器内贮有理想气体氧气，处于 0℃。试求：

(1) 氧分子平均平动动能；

(2) 氧分子平均转动动能；

(3) 氧分子平均动能；

(4) 氧分子平均能量；

(5) $\frac{1}{2}$mol 氧气的内能。

解　(1) $\bar{\varepsilon}_{\mathrm{t}}=\frac{3}{2}kT=\frac{3}{2}\times1.38\times10^{-23}\times273\mathrm{J}=5.65\times10^{-21}\mathrm{J}$；

(2) $\bar{\varepsilon}_{\mathrm{r}}=\frac{2}{2}kT=\frac{2}{2}\times1.38\times10^{-23}\times273\mathrm{J}=3.76\times10^{-21}\mathrm{J}$；

(3) $\bar{\varepsilon}_{平均动能}=\frac{5}{2}kT=\frac{5}{2}\times1.38\times10^{-23}\times273\mathrm{J}=9.41\times10^{-21}\mathrm{J}$；

(4) $\bar{\varepsilon}_{平均能量}=\bar{\varepsilon}_{平均动能}=9.41\times10^{-21}\mathrm{J}$；

(5) $E=\frac{m_0}{M}\frac{i}{2}RT=\frac{1}{2}\times\frac{5}{2}\times8.31\times273\mathrm{J}=2.84\times10^{3}\mathrm{J}$。

例 5-3　在相同的温度和压强下，单位体积的氦气与氢气（均视为刚性分子理想气体）的内能之比为 $E(\mathrm{He}):E(\mathrm{H_2})=$________。

A. 1　　　B. 2　　　C. 3/5　　　D. 5/6

解　$E=\frac{i}{2}\frac{m_0}{M}RT=\frac{i}{2}pV$；

$E(\mathrm{He}):E(\mathrm{H_2})=3/5$；

故正确的答案是 C。

例 5-4　一容器内贮有氧气，在标准状态下（$p=1.013\times10^5\mathrm{Pa}, T=273.15\mathrm{K}$），试求：

(1) $1\mathrm{m}^3$ 内有多少个分子；

(2) O_2 分子的方均根速率$\sqrt{v^2}$是多少？

解　(1) 根据 $p=nkT$，得

$$n=\frac{p}{kT}=\frac{1.013\times10^5}{1.38\times10^{23}\times273.15}\mathrm{m}^{-3}=2.68\times10^{25}\mathrm{m}^{-3}$$

这个数值即 $1\mathrm{m}^3$ 内的分子数。

(2) 根据$\sqrt{v^2}=\sqrt{\frac{3RT}{M}}$，得

$$\sqrt{v^2}=\sqrt{\frac{3\times8.31\times273.15}{32\times10^{-3}}}\mathrm{m/s}=416\mathrm{m/s}$$

由此可见，在标准状态下，氧分子的方均根速率与声波在空气中的传播速度差不多。

5.4　麦克斯韦速率分布律

在气体分子中，所有分子均以不同的速率运动着，有的速率小，可以小到零，有的速率大，也可以很大，而且由于碰撞，每个分子的速率都在不断地改变。因此，在某一时刻，就考

察某一特定分子而言,它的速率为多大,沿什么方向运动完全是偶然的,是没有规律的。但是对大量分子整体来说,在一定条件下,它们的速率分布却遵从着一定的统计规律。

假设把分子的速率按其大小分为若干长度相同的区间,如从0～100为第一区间,100～200为第二区间,……实验和理论都已经证明,当气体处于平衡态时,分布在不同区间的分子数是不同的,但是,分布在各个区间内的分子数占分子总数的百分率基本上是确定的。所谓的分子速率分布就是要研究气体在平衡态下,分布在各速率区间内的分子数占总分子数的百分率。

5.4.1 麦克斯韦分子速率分布定律

在平衡态下,气体分子速率的大小各不相同。由于分子的数目巨大,速率 v 可以看作在 $0\sim\infty$ 之间是连续分布的。设气体分子总数为 N,平衡态下在速率区间 v 到 $v+\mathrm{d}v$ 内的分子数为 $\mathrm{d}N$,则比值 $\frac{\mathrm{d}N}{N}$ 表示在此速率区间内出现的分子数占总分子数的比率,或理解为一个分子出现在 v 到 $v+\mathrm{d}v$ 区间内的几率。

实验表明:$\frac{\mathrm{d}N}{N}$ 与 v 及速率间隔 $\mathrm{d}v$ 有关,若区间间隔很小,则可认为 $\frac{\mathrm{d}N}{N}$ 与 $\mathrm{d}v$ 成正比,比例系数是 v 的函数,即

$$\frac{\mathrm{d}N}{N}=f(v)\mathrm{d}v$$

即

$$f(v)=\frac{\mathrm{d}N}{N\mathrm{d}v}$$

此式表示的是在速率 v 附近单位速率间隔内出现的分子数占总分子数的比率,它反映了气体分子的速率分布,它与所取区间 $\mathrm{d}v$ 的大小无关,仅与速率 v 有关。我们把 $f(v)$ 定义为平衡态下的速率分布函数,也称为分子速率分布的概率密度。

要掌握分子按速率的分布规律,就要求出这个函数的具体形式。在近代测定气体分子速率的实验获得成功之前,麦克斯韦(James Clerk Maxwell,1831—1879年)和玻尔兹曼(Ludwig Edward Boltzmann,1844—1906年)等人应用概率论、统计力学等,已从理论上确定了气体分子按速率分布的统计规律,即速率分布函数为

$$f(v)=4\pi\left(\frac{m}{2\pi kT}\right)^{\frac{3}{2}}\mathrm{e}^{-\frac{m}{2kT}v^2}v^2 \tag{5-10}$$

此式称为麦克斯韦速率分布函数。式中,m 是气体分子质量,k 为玻尔兹曼常数,T 是热力学温度。气体分子的速率分布函数曲线如图5-5所示。由速率分布函数 $f(v)$ 可求出在 $v\sim v+\mathrm{d}v$ 区间内的分子数为

$$\mathrm{d}N=Nf(v)\mathrm{d}v$$

在 $v\sim v+\mathrm{d}v$ 区间的分子数在总数中占的比率,即一个分子的速率在 $v\sim v+\mathrm{d}v$ 区间的概率为

$$\frac{\mathrm{d}N}{N}=f(v)\mathrm{d}v$$

在分布函数 $f(v)$ 的曲线上，它表示曲线下一个微元矩形的面积。

在 $v_1 \sim v_2$ 区间的分子数可以用积分表示为

$$\Delta N = \int_{v_1}^{v_2} N f(v) \mathrm{d}v$$

在 $v_1 \sim v_2$ 区间的分子数在总数中占的比例，即一个分子的速率在 $v_1 \sim v_2$ 区间的概率为

$$\frac{\Delta N}{N} = \int_{v_1}^{v_2} f(v) \mathrm{d}v$$

在分布曲线上，它表示在 $v_1 \sim v_2$ 区间曲线下的面积。令 $v_1 = 0, v_2 = \infty$，则 ΔN 即为全部分子数 N，故有

$$\int_0^{\infty} f(v) \mathrm{d}v = 1$$

此式称为速率分布函数的归一化条件，表示所有分子与分子总数的比率为 1，即一个分子速率在 0～∞区间的概率为 1。在分布曲线上，它表示在 0～∞区间曲线下的面积为 1。

从分布函数的具体形式(式(5-10))可知，对于给定的气体来说，其速率分布的情况只与体系所处的温度有关，图 5-6 给出了不同温度下所对应的速率分布曲线。

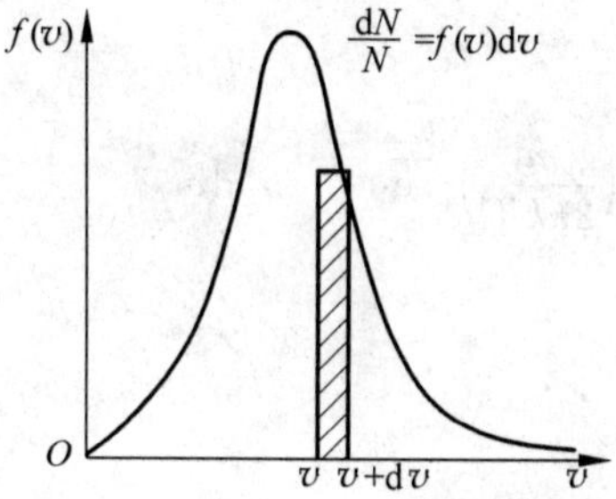

图 5-5　分子速率分布曲线

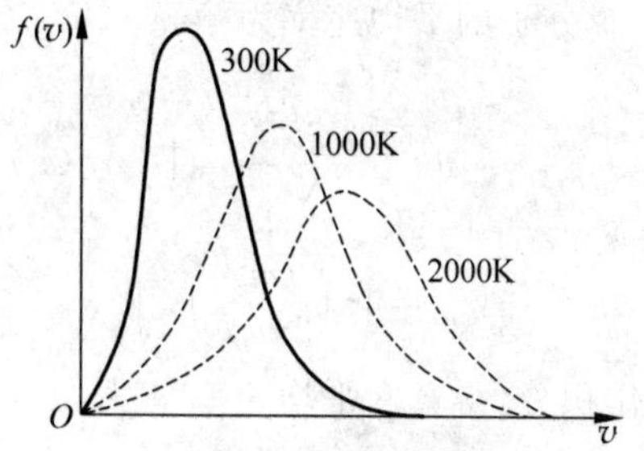

图 5-6　不同温度下所对应的速率分布曲线

5.4.2　气体分子速率的三种统计平均值

利用速率分布函数，可以推导出反映分子热运动情况的分子速率的三种平均值，下文将分别介绍。

1. 最概然速率 $\boldsymbol{v}_{\mathrm{p}}$

从图 5-5 可以看到，分布函数的曲线有一个极大值。这说明，虽然气体分子的速率可以取零到无穷大之间的一切数值，但具有某种速率的分子出现的几率最大，就是与图上极大值相对应的速率，也就是使 $f(v)$ 取最大值的速率，称为最概然(可几)速率，记作 v_{p}。可见，对等速率间隔而言，v_{p} 附近速率区间内分子数占总分子数的比率最大。注意：v_{p} 不是最大速率。要确定 v_{p}，可以取速率分布函数 $f(v)$ 对速率 v 的一级微商，并令其等于零，即可求出 v_{p}，即

$$\frac{\mathrm{d}f(v)}{\mathrm{d}v} = \frac{\mathrm{d}}{\mathrm{d}v}\left[4\pi\left(\frac{m}{2\pi kT}\right)^{\frac{3}{2}} \mathrm{e}^{-\frac{m}{2kT}v^2} v^2\right]$$

$$= 4\pi\left(\frac{m}{2\pi kT}\right)^{\frac{3}{2}}\left[-\frac{m}{2kT} \cdot 2v\mathrm{e}^{-\frac{m}{2kT}v^2} v^2 + 2v\mathrm{e}^{-\frac{m}{2kT}v^2}\right] = 0$$

此时 $v=v_p\neq 0$,上式化简得

$$-\frac{m}{2kT}v_p^2+1=0$$

即最概然速率为

$$v_p=\sqrt{\frac{2kT}{m}}=\sqrt{\frac{2RT}{M}}=1.41\sqrt{\frac{RT}{M}} \tag{5-11}$$

2. 平均速率 $\bar{v}$

大量分子速率的算术平均值,称为算术平均速率,简称平均速率。它是由 N 个分子的速率相加起来然后除以分子总数而得出的。因为在 $v\sim v+dv$ 内分子数 dN 为 $dN=Nf(v)dv$,而且 dv 很小,所以,可认为 dN 个分子速率相同,且均为 v。这样,在 $v\sim v+dv$ 内 dN 个分子速率和为

$$v\mathrm{d}N=Nvf(v)\mathrm{d}v$$

在整个速率区间内分子速率总和为

$$\int_0^N v\mathrm{d}N=\int_0^\infty Nvf(v)\mathrm{d}v=N\int_0^\infty vf(v)\mathrm{d}v$$

所以 N 个分子的平均速率为

$$\bar{v}=\frac{\int_0^N v\mathrm{d}N}{N}=\int_0^\infty vf(v)\mathrm{d}v=\int_0^\infty v4\pi\left(\frac{m}{2\pi kT}\right)^{\frac{3}{2}}\mathrm{e}^{-\frac{m}{2kT}v^2}v^2\mathrm{d}v$$

$$=4\pi\left(\frac{m}{2\pi kT}\right)^{\frac{3}{2}}\int_0^\infty v\mathrm{e}^{-\frac{m}{2kT}v^2}v^2\mathrm{d}v$$

将上式作积分,得算术平均速率 $\bar{v}$ 为

$$\bar{v}=\sqrt{\frac{8kT}{\pi m}}=\sqrt{\frac{8RT}{\pi M}}\approx 1.60\sqrt{\frac{RT}{M}} \tag{5-12}$$

3. 方均根速率 $\sqrt{\overline{v^2}}$

按照与导出 $\bar{v}$ 的值同样的道理,分子速率平方的平均值可通过分布函数 $f(v)$ 用积分表示,N 个分子速率平方的平均值为

$$\overline{v^2}=\frac{\int_0^N v^2\mathrm{d}N}{N}=\int_0^\infty v^2f(v)\mathrm{d}v=4\pi\left(\frac{m}{2\pi kT}\right)\int_0^\infty f(v)v^4\mathrm{d}v=\frac{3kT}{m}$$

即方均根速率为

$$\sqrt{\overline{v^2}}=\sqrt{\frac{3kT}{m}}=\sqrt{\frac{3RT}{M}}\approx 1.73\sqrt{\frac{RT}{M}} \tag{5-13}$$

此式与前面所讲的式(5-6)结果一致。

上面讨论的结果表明,气体分子速率的三种统计平均值 v_p、$\bar{v}$、$\sqrt{\overline{v^2}}$ 都与 $\sqrt{T}$ 成正比。同种类的理想气体,在同一温度下,三种速率的统计平均值满足关系 $v_p<\bar{v}<\sqrt{\overline{v^2}}$,如图 5-7 所示。在室温下,它们的数量级一般为几百米每秒。三种速率的统计平均值就不同的问题有各自的应用,如 v_p 可用来讨论速率分布;$\bar{v}$ 可用来计算平均距离;$\sqrt{\overline{v^2}}$ 可用来计算平均

平动动能。

麦克斯韦速率分布律描述的是理想气体处于平衡态时，在不考虑分子力，也不考虑外场(重力场、电场、磁场等)对分子的作用下的气体速率分布率。这时，气体分子只有动能而没有势能，并且气体分子在空间分布是均匀的。若考虑外场对分子的作用时，则遵循玻尔兹曼分布，在此不作讨论。

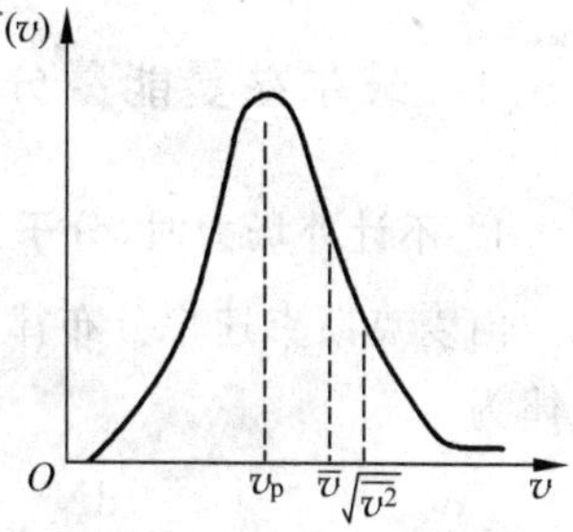

图 5-7 三种速率的统计值

例 5-5 麦克斯韦速率分布曲线如图 5-8 所示，图中 A、B 两部分面积相等，则该图表示的是________。

A. v_0 为最可几速率(最概然速率)

B. v_0 为平均速率

C. v_0 为方均根速率

D. 速率大于和小于 v_0 的分子数各占一半

解 曲线下面积为该速率区间分子数占总分子数的百分比，由归一化条件 $\int_0^{\infty} f(v)\mathrm{d}v = 1 =$ 曲线下的总面积，A、B 两部分面积相等各占 50%。

故正确的答案是 D。

例 5-6 如图 5-9 所示，给出温度为 T_1 与 T_2 的某气体分子的麦克斯韦速率分布曲线，则________。

A. $T_1=T_2$　　B. $T_1=\frac{1}{2}T_2$　　C. $T_1=2T_2$　　D. $T_1=\frac{1}{4}T_2$

解 由 $v_p \propto \sqrt{\frac{RT}{M}}$

$$\frac{\sqrt{T_1}}{\sqrt{T_2}}=\frac{400}{800} \quad 即 \quad \frac{T_1}{T_2}=\frac{1}{4}$$

故正确的答案是 D。

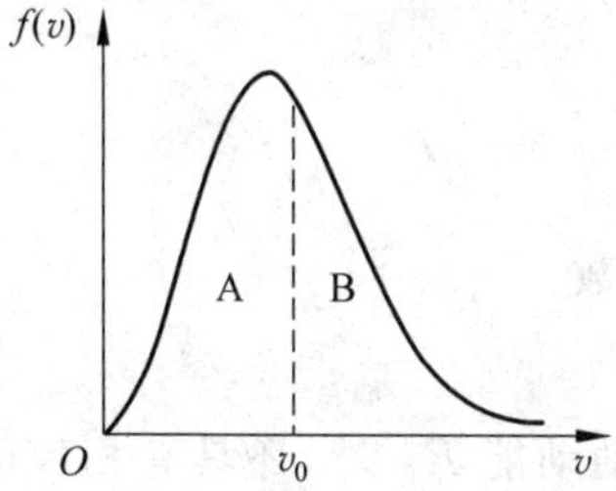

图 5-8 例 5-5 图

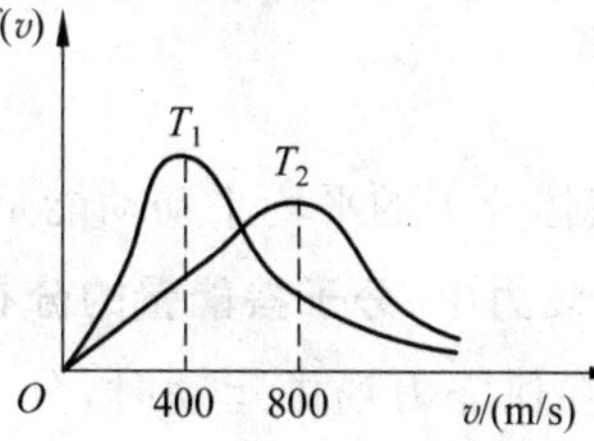

图 5-9 例 5-6 图

5.5 分子数按能量分布的统计规律

麦克斯韦速率分布律给出了在不计重力场作用情况下，理想气体处于平衡态时，气体分子数按分子速率分布的规律。本节我们将讨论气体分子按分子能量大小的分布规律。

5.5.1 玻尔兹曼能量分布律

1. 不计外场力时,分子按动能的分布规律

由麦克斯韦速率分布律可知,在不计外场力时,气体分子按速率分布的规律为

$$\frac{dN}{N}=4\pi\left(\frac{m}{2\pi kT}\right)^{\frac{3}{2}}e^{-\frac{m}{2kT}v^2}v^2dv$$

不难将它转换为分子按动能 E_k 的分布规律。

科学家简介:玻尔兹曼

分子的平均动能为

$$E_k=\frac{1}{2}mv^2$$

两边微分得

$$dE_k=mvdv$$

利用关系式 $E_k=\frac{1}{2}mv^2$, $v=\sqrt{\frac{2E_k}{m}}$ 和 $dv=\frac{dE_k}{\sqrt{2mE_k}}$ 对麦克斯韦速率分布律作变量代换,得

$$\frac{dN}{N}=\frac{2}{\sqrt{\pi}}(kT)^{-3/2}\cdot E_k^{1/2}\cdot e^{-\frac{E_k}{kT}}dE_k \tag{5-14}$$

这就是分子按动能的分布律,它是麦克斯韦速率分布律的另外一种表示形式。同样,我们也可以引入分子的动能分布函数:

$$f(E_k)=\frac{dN}{NdE_k}=\frac{2}{\sqrt{\pi}}(kT)^{-3/2}\cdot E_k^{1/2}\cdot e^{-\frac{E_k}{kT}} \tag{5-15}$$

其物理意义是在动能 E_k 附近区间内的分子数占总分子数的比率。

根据统计平均值的计算公式,利用分子的动能分布函数,即可求出理想气体分子的平均平动动能为

$$\overline{E_k}=\int_0^\infty E_kf(E_k)dE_k$$

将式(5-15)代入上式积分运算即可得

$$\overline{E}_k=\frac{3}{2}kT$$

显然,理想气体分子的平均平动动能是温度的单值函数。

2. 在外场力中,分子按能量的分布规律

当分子在保守力场中运动时,分子除了具有平动动能 E_k 外,还具有相应的势能 E_p。这时分子的总能量为

$$E=E_k+E_p=\frac{1}{2}mv^2+E_p=\frac{1}{2}m(v_x^2+v_y^2+v_z^2)+E_p$$

由于分子动能是分子速度的函数,而分子势能一般来说是位置坐标的函数。所以,某一能量区间内的分子实际上就是速度限定在一定速度区间内,同时位置限定在一定的坐标区间内的分子。玻尔兹曼从理论上推导出当系统在外力场中处于平衡状态时,分子位置在坐标区间 $x\sim x+dx$, $y\sim y+dy$, $z\sim z+dz$ 内,同时速度介于 $v_x\sim v_x+dv_x$, $v_y\sim v_y+dv_y$,

$v_z \sim v_z + dv_z$ 的分子数 dN 为

$$dN = n_0 \left(\frac{m}{2\pi kT}\right)^{\frac{3}{2}} e^{-\frac{(E_k+E_p)}{kT}} dv_x dv_y dv_z dx dy dz \tag{5-16}$$

式中，n_0 表示势能 E_p 为零处单位体积内具有各种速率的分子数，其他各量与麦克斯韦速率分布律的意义相同。此式称为玻尔兹曼分子按能量分布定律，简称为玻尔兹曼分布律。

关于玻尔兹曼分布律的几点说明：

(1) 麦克斯韦速率分布律没有考虑外力场的作用，气体分子在空间的分布是均匀的。但如果有外力场(保守力场)存在，需要考虑分子的势能。这时分子不仅按速率有一定的分布，而且在空间的分布也是不均匀的。玻尔兹曼正是考虑了这一情况，给出了气体分子按能量的分布规律。

(2) 由玻尔兹曼分布律可知，在相等的速度和坐标区间 $dv_x dv_y dv_z dx dy dz$ 内，分子的总能量 $E_k + E_p$ 不同，分子数 dN 不同。dN 正比于 $e^{-\frac{E_k+E_p}{kT}}$，$e^{-\frac{E_k+E_p}{kT}}$ 称为玻尔兹曼因子或概率因子，它是决定分布的重要因素。可以看出，当能量较高时，分子数较少，当能量较低时，分子数较多。因此，玻尔兹曼能量分布律的一个重要结论是：**按照统计分布，分子总是优先占据能量低的状态，或者说分子处于能量低状态的概率大。**

(3) 如果只考虑分子按位置的分布，可把玻尔兹曼分布律对所有可能的速度积分，根据麦克斯韦速率分布函数的归一化条件

$$\iiint_{-\infty}^{\infty} \left(\frac{m}{2\pi kT}\right)^{\frac{3}{2}} e^{-\frac{E_k}{kT}} dv_x dv_y dv_z = 1$$

玻尔兹曼分布律可写成：

$$dN = n_0 e^{-\frac{E_p}{kT}} dx dy dz$$

dN 表示分布在坐标区间 $x \sim x + dx$，$y \sim y + dy$，$z \sim z + dz$ 内各种速度的分子总数。该坐标区间单位体积的分子数为

$$n = \frac{dN}{dx dy dz}$$

$$n = n_0 e^{-\frac{E_p}{kT}} \tag{5-17}$$

这是分子按势能的分布规律，是玻尔兹曼分布律的另一种形式。

(4) 玻尔兹曼分布律是一个普遍的规律，它对任何物质微粒(气体、液体和固体分子等)在任何保守力场中的运动都成立。

5.5.2　重力场中微粒按高度的分布

作为玻尔兹曼分布律的应用，我们研究重力场中气体分子或微粒按高度的分布。当气体分子处于重力场中，气体分子受到重力和分子无规则热运动两种作用，热运动使分子趋于均匀分布，重力则使分子向地面聚集。达到平衡状态时，分子在空间呈现非均匀分布，分子数密度随高度的增加而减小，形成上疏下密的分布。

由式(5-17)可知，分子数密度按势能分布的统计规律为

$$n=n_0\mathrm{e}^{-\frac{E_p}{kT}}$$

如果取坐标轴 z 竖直向上,并取 $z=0$ 处为重力势能零点,则高度为 z 处的分子势能为 $E_p=mgz$。代入上式可得

$$n=n_0\mathrm{e}^{-\frac{mgz}{kT}} \tag{5-18}$$

式中 n_0 是 $z=0$ 处单位体积内的分子数。它表示气体分子的数密度随高度的增大按指数规律减少,分子质量 m 越大即重力作用越显著,n 就减小得越迅速;气体温度 T 越高即分子热运动越剧烈,n 就减小得越缓慢。

应用式(5-18)很容易得到大气压强随高度变化的规律,将其代入理想气体的状态方程,可得

$$p=n_0kT\mathrm{e}^{-mgz/kT}$$

式中的 n_0kT 是 $z=0$ 处的压强,用 p_0 表示。则大气压强随高度变化的关系为

$$p=p_0\mathrm{e}^{-mgz/kT}=p_0^{-\frac{Mgz}{RT}} \tag{5-19}$$

式中 M 为气体的摩尔质量,式(5-19)称为等温气压公式。将其取对数可得

$$z=\frac{kT}{mg}\ln\frac{p_0}{p}=\frac{RT}{Mg}\ln\frac{p_0}{p} \tag{5-20}$$

由此,只要测出大气压强随高度的变化,即可判断在爬山和航空中上升的高度。需要指出,实际的大气层由于温度不均匀,且不处于平衡态,上式只是近似成立,不能作为精确测量高度的依据。

5.6 分子碰撞和平均自由程

气体分子之间的碰撞,对于气体中发生的过程有重要作用。例如,在气体中建立的麦克斯韦分子速率分布律,确立的能量按自由度的均分定理等,都是通过气体分子的频繁碰撞加以实现并维持的,因此可以说,分子间的碰撞是气体中建立平衡态并维持其平衡态的保证。下面我们介绍分子碰撞和平均自由程的一些概念。

5.6.1 分子的平均碰撞频率

一个分子在单位时间内和其他分子碰撞的平均次数,称为分子的平均碰撞频率,用 $\bar{z}$ 表示。为简化问题,我们采用这样一个模型:假定在大量气体分子中,只有被考察的特定分子 A 在以算术平均速率 v 运动着,其他分子都静止不动。显然由于碰撞,分子 A 在运动过程中其球心的轨迹将是一条折线,如图 5-10 所示。假设分子恰能相互作用时,两质心间的距离称为有效直径,用 d 表示,以 $2d$ 为直径,以折线为轴作圆柱,其截面称为碰撞截面。如图 5-10 所示,显然只有分子中心落入圆柱体内的分子才能与分子 A 相碰。分子 A 在 Δt 时间内运动的相对平均距离为 $v\Delta t$,相应的圆柱体的体积为

$$V=(\pi d^2)(\overline{v\Delta t})$$

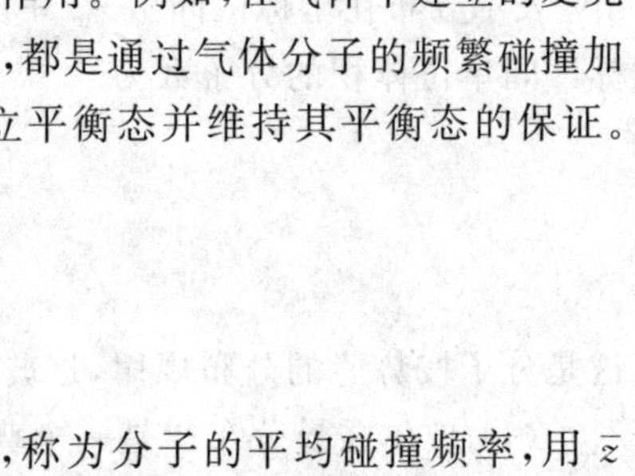

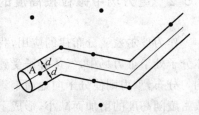

图 5-10 λ 和 $\bar{z}$ 的计算

设单位体积内的分子数为 n，在 Δt 时间内与分子 A 相碰的分子数就等于该圆柱体内的分子数，为 $n\pi d^2\bar{v}\Delta t$。由此得平均碰撞频率为

$$\bar{Z}=\frac{nV}{\Delta t}=n\pi d^2\bar{v}$$

考虑到实际上所有分子都在不停地运动，且各个分子运动的速率也不相同，这就需要对上式加以修正，式中的算术平均速率 $\bar{v}$ 应改为平均相对速率 $\bar{u}$。理论可以证明，平均相对速率 $\bar{u}=\sqrt{2}\,\bar{v}$，所以分子的平均碰撞频率为

$$\bar{Z}=\sqrt{2}\,n\pi d^2\bar{v} \tag{5-21}$$

上式表明，分子的平均碰撞频率与单位体积中的分子数、分子的算术平均速率及分子直径的平方成正比。

5.6.2　分子的平均自由程

分子在连续两次碰撞之间自由运动所经历的路程的平均值，称为分子的平均自由程，用 $\bar{\lambda}$ 表示。分子的平均自由程 $\bar{\lambda}$ 与平均碰撞频率 $\bar{Z}$ 和分子的算术平均速率 $\bar{v}$ 的关系为

$$\bar{\lambda}=\frac{\bar{v}}{\bar{Z}}$$

把式(5-21)代入上式得

$$\bar{\lambda}=\frac{1}{\sqrt{2}\,n\pi d^2} \tag{5-22}$$

上式表明，分子的平均自由程与分子数密度、分子碰撞截面成反比，而与分子的平均速率无关。对一定量气体，体积不变时，平均自由程不随温度变化。

根据理想气体状态方程 $p=nkT$，式(5-22)还可写成

$$\bar{\lambda}=\frac{kT}{\sqrt{2}\,\pi d^2 p} \tag{5-23}$$

从上式可以看出，当气体温度恒定时，平均自由程与压强成反比，气体的压强越小时，气体越稀薄，分子的平均自由程越大，反之，分子的平均自由程越短。

根据计算，在标准状态下，各种气体分子的平均碰撞频率 $\bar{Z}$ 的数量级在每秒 10^9 左右，平均自由程 $\bar{\lambda}$ 的数量级在 $10^{-9}\sim10^{-7}$ m。气体分子每秒钟碰撞次数达几十亿次之多，由此可以想象气体分子热运动的复杂情况。表 5-2 和表 5-3 给出了一些分子平均自由程 $\bar{\lambda}$ 和有效直径 d 的数据，以供参考。

表 5-2　15℃时 1atm 下几种气体的 $\bar{\lambda}$ 和 d 的数值

气　体	$\bar{\lambda}$/m	d/m
氢	11.8×10^{-8}	2.7×10^{-10}
氮	6.28×10^{-8}	3.7×10^{-10}
氧	6.79×10^{-8}	3.6×10^{-10}
二氧化碳	4.19×10^{-8}	4.6×10^{-10}

表 5-3 0℃时不同压强下空气的 $\bar{\lambda}$ 值

p/atm	1	1.316×10^{-3}	1.316×10^{-5}	1.316×10^{-7}	1.316×10^{-9}
$\bar{\lambda}$/m	4×10^{-8}	5×10^{-8}	5×10^{-8}	5×10^{-8}	50

本章要点

1. 气态方程

$$pV=\nu RT,\quad p=nkT$$

2. 压强公式

$$p=\frac{2}{3}n\left(\frac{1}{2}m\overline{v^2}\right)=\frac{2}{3}n\bar{w}$$

3. 温度公式

$$T=\frac{2\bar{w}}{3k}$$

4. 能量按自由度均分定理

$$\bar{\varepsilon}=\frac{i}{2}kT$$

5. 理想气体的内能

$$E=\nu\ \frac{i}{2}RT$$

6. 麦克斯韦分子速率分布定律

$$f(v)=\frac{\mathrm{d}N}{N\mathrm{d}v}$$

三种速率：$v_{\mathrm{p}}=\sqrt{\frac{2RT}{M}}$，$\bar{v}=\sqrt{\frac{8RT}{\pi M}}$，$\sqrt{\overline{v^2}}=\sqrt{\frac{3RT}{M}}$

7. 平均碰撞频率

$$\bar{Z}=\sqrt{2}\,n\pi d^2\bar{v}$$

8. 平均自由程 $\bar{\lambda}$

$$\bar{\lambda}=\frac{\bar{v}}{\bar{Z}},\quad \bar{\lambda}=\frac{1}{\sqrt{2}\,n\pi d^2},\quad \bar{\lambda}=\frac{kT}{\sqrt{2}\,\pi d^2 p}$$

习题 5

5-1 已知某理想气体的压强为 p，体积为 V，温度为 T，气体的摩尔质量为 M，k 为玻尔兹曼常量，R 为摩尔气体常量，则该理想气体的密度为(　　)。

A. M/V　　B. $pM/(RT)$　　C. $pM/(kT)$　　D. $p/(RT)$

5-2　三个容器 A、B、C 中装有同种理想气体，其分子数密度 n 相同，而方均根速率之比为$(\overline{v_A^2})^{1/2}:(\overline{v_B^2})^{1/2}:(\overline{v_C^2})^{1/2}=1:2:4$，则其压强之比 $p_A:p_B:p_C$ 为(　　)。

A. 1∶2∶4　　B. 1∶4∶8　　C. 1∶4∶16　　D. 4∶2∶1

5-3　已知氢气与氧气的温度相同，请判断下列说法哪个正确？(　　)

A. 氧分子的质量比氢分子大，所以氧气的压强一定大于氢气的压强

B. 氧分子的质量比氢分子大，所以氧气的密度一定大于氢气的密度

C. 氧分子的质量比氢分子大，所以氢分子的速率一定比氧分子的速率大

D. 氧分子的质量比氢分子大，所以氢分子的方均根速率一定比氧分子的方均根速率大

5-4　关于温度的意义，有下列几种说法：

(1) 气体的温度是分子平均平动动能的量度；

(2) 气体的温度是大量气体分子热运动的集体表现，具有统计意义；

(3) 温度的高低反映物质内部分子运动剧烈程度的不同；

(4) 从微观上看，气体的温度表示每个气体分子的冷热程度。

这些说法中正确的是(　　)。

A. (1)、(2)、(4)　　B. (1)、(2)、(3)

C. (2)、(3)、(4)　　D. (1)、(3)、(4)

5-5　一瓶氦气和一瓶氮气密度相同，分子平均平动动能相同，而且它们都处于平衡状态，则它们(　　)。

A. 温度相同、压强相同

B. 温度、压强都不相同

C. 温度相同，但氦气的压强大于氮气的压强

D. 温度相同，但氦气的压强小于氮气的压强

5-6　压强为 p、体积为 V 的氦气(He，视为理想气体)的内能为(　　)。

A. $\frac{3}{2}pV$　　B. $\frac{5}{2}pV$　　C. $\frac{1}{2}pV$　　D. $3pV$

5-7　两容器内分别盛有氢气和氧气，若它们的温度和压强分别相等，但体积不同，则下列量相同的是：①单位体积内的分子数，②单位体积的质量，③单位体积的内能。其中正确的是(　　)。

A. ①、②　　B. ②、③　　C. ①、③　　D. ①、②、③

5-8　一定量氢气和氧气，都可视为理想气体，它们分子的平均平动动能相同，那么它们分子的平均速率之比 $\bar{v}_{H_2}:\bar{v}_{O_2}$ 为(　　)。

A. 1/1　　B. 1/4　　C. 4/1　　D. 1/16

E. 16/1

5-9　两瓶理想气体 A 和 B，A 为 1mol 氧气，B 为 1mol 甲烷(CH_4)，它们内能相同，那么它们分子的平均平动动能之比 $\bar{w}_A:\bar{w}_B$ 为(　　)。

A. 1/1　　B. 2/3　　C. 4/5　　D. 6/5

5-10　在标准状态下，若氧气(视为刚性双原子分子的理想气体)和氦气的体积比 $V_1/V_2=1/2$，则其内能之比 E_1/E_2 为(　　)。

A. 3/10　　B. 1/2　　C. 5/6　　D. 5/3

5-11　设如图所示的两条曲线分别表示在相同温度下氧气和氢气分子的速率分布曲线；令 $(v_p)_{O_2}$ 和 $(v_p)_{H_2}$ 分别表示氧气和氢气的最概然速率，则(　　)。

A. 图中 a 表示氧气分子的速率分布曲线，$(v_p)_{O_2}/(v_p)_{H_2}=4$

B. 图中 a 表示氧气分子的速率分布曲线，$(v_p)_{O_2}/(v_p)_{H_2}=1/4$

C. 图中 b 表示氧气分子的速率分布曲线，$(v_p)_{O_2}/(v_p)_{H_2}=1/4$

D. 图中 b 表示氧气分子的速率分布曲线，$(v_p)_{O_2}/(v_p)_{H_2}=4$

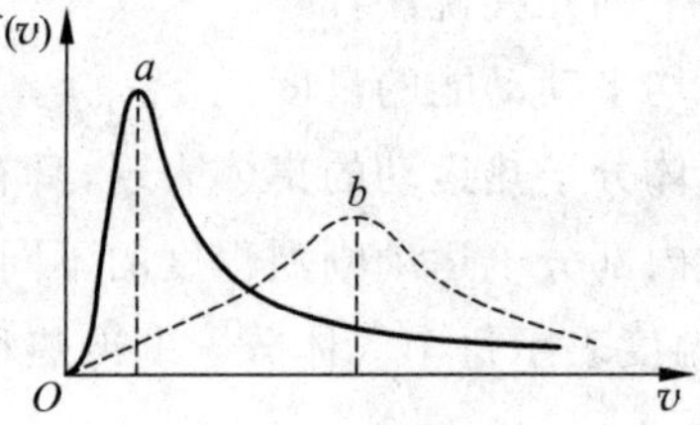

习题 5-11 图

5-12　一定量的理想气体，在温度为 T_1 和 T_2 两种情况下($T_1<T_2$)，相应的分子速率分布函数分别为 $f_1(v)$ 和 $f_2(v)$，最概然速率分别为 v_{p1} 和 v_{p2}，则下列说法正确的是(　　)。

A. $v_{p1}>v_{p2}, f_1(v_{p1})<f_2(v_{p2})$　　B. $v_{p1}<v_{p2}, f_1(v_{p1})<f_2(v_{p2})$

C. $v_{p1}>v_{p2}, f_1(v_{p2})>f_2(v_{p2})$　　D. $v_{p1}<v_{p2}, f_1(v_{p1})>f_2(v_{p2})$

5-13　在恒定不变的压强下，气体分子的平均碰撞频率 $\bar{Z}$ 与温度 T 的关系是(　　)。

A. $\bar{Z}$ 与 T 无关　　B. $\bar{Z}$ 与 $\sqrt{T}$ 成正比

C. $\bar{Z}$ 与 $\sqrt{T}$ 成反比　　D. $\bar{Z}$ 与 T 成正比

5-14　在容积为 $10^{-2}\ \mathrm{m}^3$ 的容器中，装有质量 100g 的气体，若气体分子的方均根速率为 200m/s，则气体的压强为________。

5-15　1mol 氧气(视为刚性双原子分子的理想气体)贮于一氧气瓶中，温度为 27℃，这瓶氧气的内能为________J；分子的平均平动动能为________J；分子的平均总动能为________J。(摩尔气体常量 $R=8.31\mathrm{J/(mol\cdot K)}$，玻尔兹曼常量 $k=1.38\times10^{-23}\mathrm{J/K}$)

5-16　三个容器内分别贮有 1mol 氦(He)、1mol 氢(H_2)和 1mol 氨(NH_3)(均视为刚性分子的理想气体)。若它们的温度都升高 1K，则三种气体的内能的增加值分别为：氦 $\Delta E=$________；氢 $\Delta E=$________；氨 $\Delta E=$________。

5-17　2g 氢气与 2g 氦气分别装在两个容积相同的封闭容器内，温度也相同(氢气分子视为刚性双原子分子)，则：

(1) 氢气分子与氦气分子的平均平动动能之比 $\bar{w}_{H_2}/\bar{w}_{He}=$________。

(2) 氢气与氦气压强之比 $p_{H_2}=p_{He}=$ ________。

（3）氢气与氦气内能之比 $E_{H_2}/E_{He}=$ ________。

5-18　如图所示曲线为处于同一温度 T 时氦（原子量 4）、氖（原子量 20）和氩（原子量 40）三种气体分子的速率分布曲线。其中曲线 a 是________气分子的速率分布曲线；曲线 c 是________气分子的速率分布曲线。

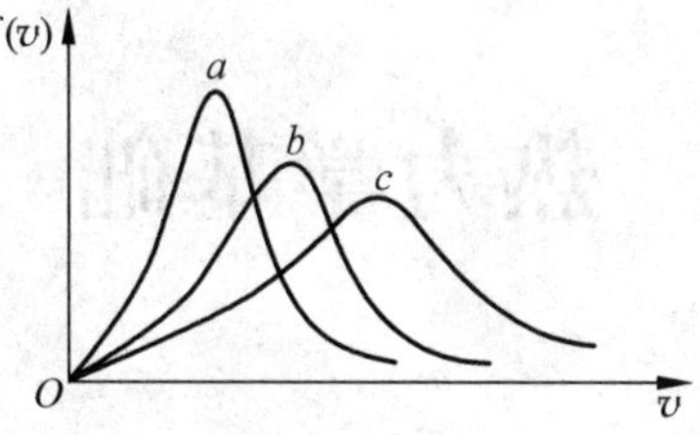

习题 5-18 图

5-19　当氢气和氦气的压强、体积和温度都相等时，求它们的质量比 $\frac{m(H_2)}{m(He)}$ 和内能比 $\frac{E(H_2)}{E(He)}$。（将氢气视为刚性双原子分子气体）

5-20　一超声波生源发射声波的功率为 10W，假设它工作 10s，并且全部声波能量都被 1mol 的氧气吸收用来增加内能，问氧气的温度升高了多少？

5-21　在麦克斯韦速率分布律中，速率分布函数 $f(v)$ 的物理意义是什么？

5-22　试说明下列各式的物理意义：(1) $f(v)\mathrm{d}v$；(2) $Nf(v)\mathrm{d}v$；(3) $\int_{v_1}^{v_2} f(v)\mathrm{d}v$；(4) $N\int_{v_1}^{v_2} f(v)\mathrm{d}v$；(5) $\frac{\int_{v_1}^{v_2} vf(v)\mathrm{d}v}{\int_{v_1}^{v_2} f(v)\mathrm{d}v}$。

自测题和能力提高题　　　　自测题和能力提高题答案

第6章

热力学基础

热力学是关于热现象的宏观理论，它从观察和实验中总结出来的热力学定律出发，用逻辑推理的方法，研究物质热运动的宏观现象及其规律。热力学的基本定律源于实践，因此，由热力学推导出来的结论具有高度的可靠性；又由于在热力学中不考虑物质的微观结构及微观变化过程，所以其结果具有普遍意义。

热学的两个分支——统计物理学和热力学，分别构成热学的微观理论和宏观理论，两者互相验证，相辅相成，使人们对热现象有了更加全面的认识。

6.1 体积功 热量 内能

6.1.1 体积功

在力学中讨论的动能定理阐述了外力对物体做功会使物体状态发生变化；在热力学中，外界对热力学系统做功也会改变系统的状态。这里所说的热力学系统一般是指所研究的宏观物体，如气体、液体等，它们由大量的分子组成。系统以外的物体称为外界。在热力学中，功的概念除了力学中 $W=\int \boldsymbol{F}\cdot \mathrm{d}\boldsymbol{l}$ 的机械功之外，还包括电磁功等其他类型的功。下面讨论气体在准静态过程中因体积发生变化所做的功——体积功。

如图 6-1(a)所示，气缸内装有定量气体，压强为 p，活塞面积为 S，可无摩擦地左右滑动，作用于活塞上的力为 $F=pS$。当系统(活塞)经一微小的准静态过程，使活塞移动一微小段距离 Δl 时，气体对活塞所做的功

$$\Delta W=F\Delta l=pS\Delta l=p\Delta V \tag{6-1}$$

当 $\Delta V>0$ 时，$\Delta W>0$，即气体膨胀对外界做正功；当 $\Delta V<0$ 时，$\Delta W<0$，即气体膨胀对外界做负功。

在一个有限的准静态过程中，气体的体积由 V_1 变到 V_2，它对外界做的总功应为

$$W=\int_{V_1}^{V_2} p\,\mathrm{d}V \tag{6-2}$$

上式适于形状任意的容器。对于图 6-1(c)中从 $A\to B$ 的准静态过程，气体膨胀，对外做功为正，$W_{AB}>0$，功的大小等于曲线下的面积；对于图 6-1(d)中从 $B\to A$ 的准静态过程，即

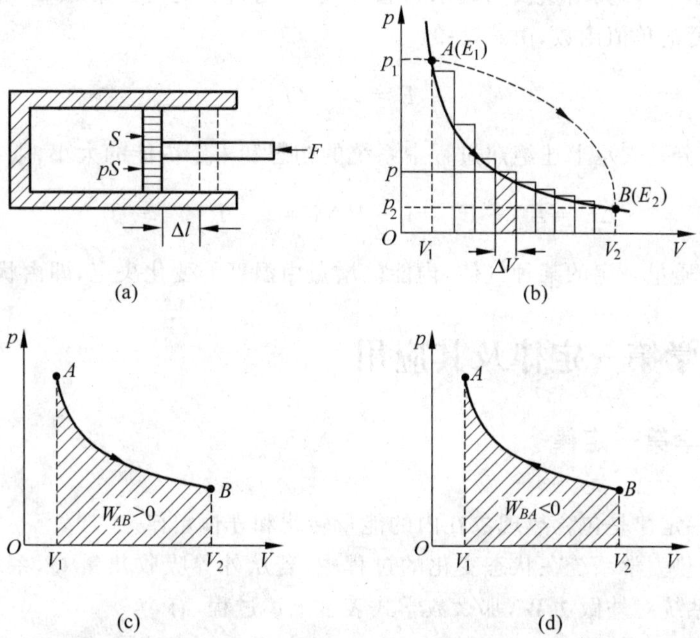

图 6-1　气缸中气体变化过程与功的 p-V 图

图 6-1(c)的逆过程，气体被压缩，气体对外界做功为负，即 $W_{BA}<0$，功的大小仍等于曲线下的面积。

需要强调的是，内能是状态的函数，而功不是状态的函数，即只给出系统的初态(p_1,V_1)与末态(p_2,V_2)，并不能确定状态变化过程中系统对外做功的数值，即功的大小与过程有关。在相同的 A、B 两个平衡态之间(图 6-1(b))，过程不同(沿实线与沿虚线)功的大小也不同。因此，功不是状态函数，而是过程量。

6.1.2　热量

除了做功可以改变系统的热状态外，传热也可以改变它的热状态。不同温度的两个物体接触，热的物体温度下降，冷的物体温度上升，最后达到平衡。在这个过程中，通过传热引起了两个物体的状态(温度)发生变化。系统与外界之间由于存在温差而传递的能量称为热量，通常用 Q 表示，单位是焦耳(J)。

热量的传递方向用 Q 的正、负表示，通常规定 $Q>0$ 表示系统从外界吸热，$Q<0$ 表示系统向外界放热。

因为系统吸收或放出的热量与具体过程有关，所以热量与功一样，也是一个过程量。

6.1.3　内能

系统的内能，是指在一定状态下系统内各种能量的总和，即系统中所有分子无规则运动动能和势能的总和。当系统处在一定状态时，就有一定的内能，系统的内能是其状态的单值函数。内能为态函数,其增量仅与始末状态有关,而与过程无关。第 5 章我们讲过理想气体的内能仅是温度的单值函数,由式(5-9)

$$E=\nu \frac{i}{2}RT$$

如用 E_1 与 E_2 分别表示上述绝热过程中系统的初态和末态内能的大小,则系统内能的增量

$$\Delta E=E_2-E_1=\nu \frac{i}{2}R\Delta T=\nu \frac{i}{2}R(T_2-T_1) \tag{6-3}$$

从上式可知,对质量一定的某种气体,内能的增量由温度的变化决定,即由状态变化决定。

6.2 热力学第一定律及其应用

6.2.1 热力学第一定律

热力学第一定律是包含热现象在内的能量转化和守恒定律。

实验证明,热力学系统在状态变化的过程中,若从外界吸收热量 Q,系统内能由 E_1 增大到 E_2,同时系统对外做功 W,那么数学式表示上述过程,有

$$Q=E_2-E_1+W \tag{6-4}$$

式(6-4)的意义是:系统内能的增加与系统对外界做功之和,等于系统从外界吸收的热量,这就是热力学第一定律。这种关系可由能量守恒定律直接得出,并已为大量事实所证明。

另外,应指出如下几点:

(1) 在应用式(6-4)时,如系统从外界吸热,$Q>0$,如系统向外界放热,$Q<0$;外界对系统做功时,$W<0$,系统对外界做功时,$W>0$;系统内能减少时,$E_2-E_1<0$,系统内能增加时,$E_2-E_1>0$。这些规定虽然并非唯一,但其目的在于应用式(6-4)时,不要因为符号的正负而使计算结果出错。其实,只要清楚能量关系,就会得到守恒关系,就能得到正确结果。

(2) 式(6-4)同样适用于非准静态过程,只要初态与末态是平衡态就可以了。

对式(6-4)进行微分,即得状态发生微小变化时的热力学第一定律

$$\mathrm{d}Q=\mathrm{d}E+\mathrm{d}W \tag{6-5}$$

历史上,有人试图设计所谓的第一类永动机,它无需任何动力和燃料而不断地对外做功,但所有这类尝试都失败了,因为它违背能量守恒这一自然界的基本定律。

6.2.2 热力学第一定律的过程应用

1. 等体过程 定体摩尔热容

系统的体积保持不变的过程称为等体过程,在 p-V 图上等体过程是平行于 p 轴的线段,如图 6-2 所示。由理想气体状态方程可知,当 $V_1=V_2$ 时,等体过程的过程方程为

$$\frac{p_1}{T_1}=\frac{p_2}{T_2}=\text{恒量}$$

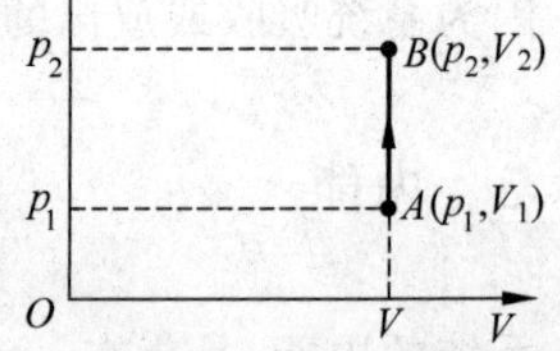

图 6-2 等体过程

在等体过程中，体积不变，系统与外界没有功的交换，$W=0$，由热力学第一定律可得

$$Q_V=\Delta E=E_2-E_1$$

把内能增量表示式(6-3)代入上式，可得

$$Q_V=\nu\frac{i}{2}R\Delta T=\nu C_V(T_2-T_1) \tag{6-6}$$

式中，

$$C_V=\frac{i}{2}R \tag{6-7}$$

称为气体的定体摩尔热容。从式(6-7)可以看出，C_V 的意义是：在体积不变的条件下，使 1mol 某种气体的温度升高 1K 时所需的热量。在国际单位制中，摩尔热容的单位是焦耳/摩尔·开(J/mol·K)。

定体摩尔热容与分子自由度 i 有关。对刚性的气体分子，如单原子分子、双原子分子、多原子分子的定体摩尔热容分别是 $\frac{3}{2}R$、$\frac{5}{2}R$ 与 $3R$。

2. 等压过程　定压摩尔热容

系统的压强保持不变的过程称为等压过程，在 p-V 图上等压过程是平行于 V 轴的线段，如图 6-3 所示。

由理想气体状态方程，可得等压过程的过程方程

$$\frac{V_1}{T_1}=\frac{V_2}{T_2}=\text{恒量}$$

在等压过程中，由式(6-2)可知，气体对外界做的功

$$W=\int_{V_1}^{V_2}p\,\mathrm{d}V=p(V_2-V_1) \tag{6-8}$$

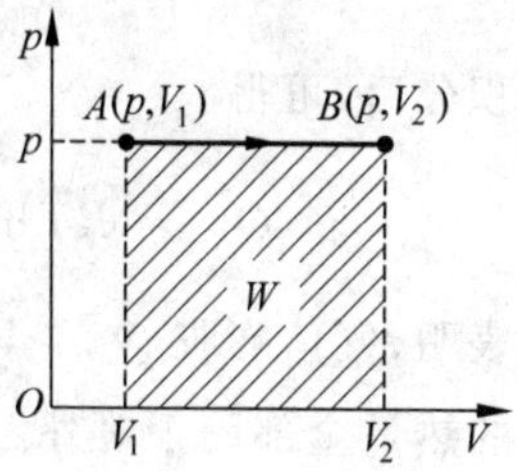

图 6-3　等压过程

气体温度由 T_1 变到 T_2 时，内能的增量仍由式(6-3)计算，考虑到 $\frac{i}{2}R=C_V$，可把内能增量写成

$$\Delta E=E_2-E_1=\nu C_V(T_2-T_1) \tag{6-9}$$

由热力学第一定律可知，系统从外界吸收的热量

$$Q_p=W+\Delta E$$

如果把 Q_p 表示成

$$Q_p=\nu C_p(T_2-T_1) \tag{6-10}$$

则式中 C_p 定义为定压摩尔热容，它的意义是：在压强不变的条件下，使 1mol 某种气体的温度升高 1K 时所需的热量。

考虑到理想气体状态方程 $pV=\nu RT$，可把式(6-8)写成

$$W=p(V_2-V_1)=\nu R(T_2-T_1) \tag{6-11}$$

把式(6-9)、式(6-11)代入式(6-10)，可得

$$\nu C_p(T_2-T_1)=\nu R(T_2-T_1)+\nu C_V(T_2-T_1)$$

于是，等压过程的定压摩尔热容

$$C_p=R+C_V \tag{6-12}$$

这个公式称为迈耶公式，它给出定压摩尔热容与定体摩尔热容的关系。在等压过程中，欲使

气体温度增高,气体体积必随之增大,前者使气体内能增加,后者使气体对外界做功;而在等体过程中只有前者没有后者,因此欲使气体增加相同的温度,等压过程要做更多的功,故 $C_p > C_V$。

从式(6-12)还可看到摩尔气体常数 R 的物理意义:对 1mol 的相同气体,使其温度升高 1K 时,等压过程比等体过程多需的热量。有时还引入比热容比 γ 这一概念,其定义为

$$\gamma = \frac{C_p}{C_V} = \frac{C_V + R}{C_V} = \frac{i+2}{i} \tag{6-13}$$

因此,C_p 与 C_V 还可用 γ 与 R 表示,即

$$C_V = \frac{RC_V}{R} = \frac{RC_V}{C_p - C_V} = \frac{R}{\gamma - 1}, \quad C_p = \gamma C_V = \gamma \frac{R}{\gamma - 1}$$

3. 等温过程

系统的温度保持不变的过程称为等温过程。在 p-V 图上,等温过程如图 6-4 所示。

等温过程的过程方程为

$$p_1 V_1 = p_2 V_2 = pV = \text{恒量}$$

等温过程内能不变,$\Delta E = 0$。由热力学第一定律及理想气体状态方程,有

$$Q_T = W = \int_{V_1}^{V_2} p\,\mathrm{d}V = \nu RT \int_{V_1}^{V_2} \frac{\mathrm{d}V}{V}$$

上式积分后,可得

$$Q_T = \nu RT \ln \frac{V_2}{V_1} = \nu RT \ln \frac{p_1}{p_2} \tag{6-14}$$

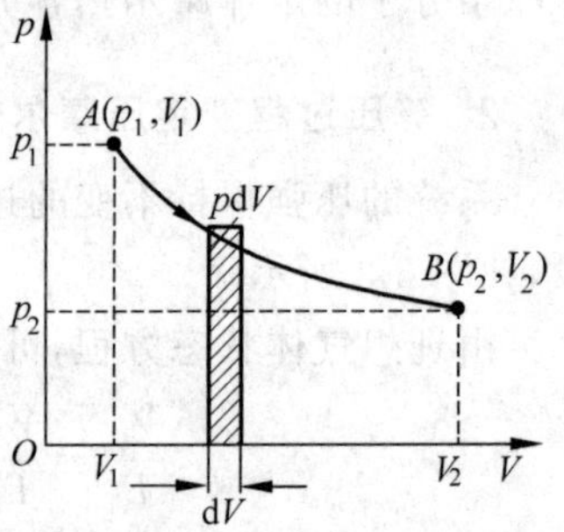

图 6-4 等温过程

上式表明,气体膨胀($V_2 > V_1$)时,$Q_T = W > 0$,气体从外界吸收的热量全部用于对外做功;气体被压缩($V_2 < V_1$)时,$Q_T = W < 0$,外界对气体所做的功,全部以热量形式由气体传给外界。

4. 绝热过程

系统与外界没有热量交换的过程称为绝热过程。在实际工程问题中,当过程进行的时间很短,以致只有相对很少的热量在系统与外界间交换时,也可近似地看成绝热过程。如蒸汽机气缸中蒸汽的膨胀,压缩机中空气的压缩等都可近似看作绝热过程。

在绝热过程中,$Q=0$,由热力学第一定律的微分形式,可得

$$\mathrm{d}W + \mathrm{d}E = p\,\mathrm{d}V + \nu C_V \mathrm{d}T = 0$$

由理想气体状态方程可得

$$p\,\mathrm{d}V + V\mathrm{d}p = \nu R\,\mathrm{d}T$$

将以上两式消去 $\mathrm{d}T$,可得

$$\left(1 + \frac{R}{C_V}\right) p\,\mathrm{d}V + V\mathrm{d}p = 0$$

而 $1 + \frac{R}{C_V} = \gamma$,故上式可写成

$$\gamma \frac{\mathrm{d}V}{V} + \frac{\mathrm{d}p}{p} = 0$$

积分上式，得

$$pV^{\gamma}=\text{恒量 } C_1 \tag{6-15}$$

上式即绝热方程。

根据理想气体状态方程，式(6-15)还可写成

$$TV^{\gamma-1}=\text{恒量 } C_2 \tag{6-16}$$

$$T^{-\gamma}p^{\gamma-1}=\text{恒量 } C_3 \tag{6-17}$$

这两个方程与式(6-15)等价，也是绝热方程。

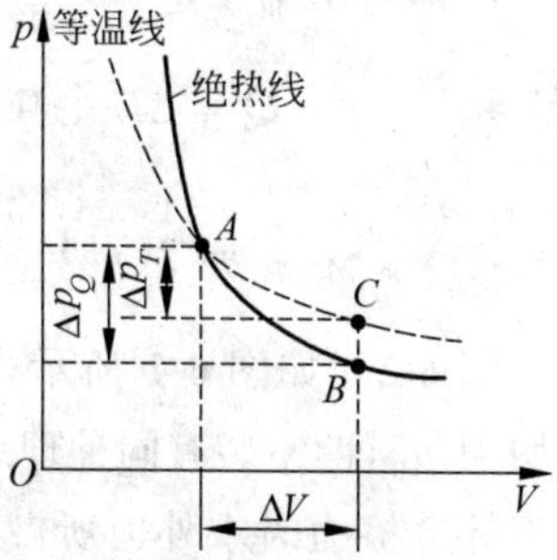

图 6-5　绝热线与等温线

在 p-V 图上，绝热过程如图 6-5 中的实线所示。为了比较，还画出了等温线(虚线)，两者交于点 A。

等温过程 $pV=$恒量，绝热过程 $pV^{\gamma}=$恒量。两者在 A 点的斜率分别为

$$\left(\frac{\mathrm{d}p}{\mathrm{d}V}\right)_T=-\frac{p}{V}$$

$$\left(\frac{\mathrm{d}p}{\mathrm{d}V}\right)_Q=-\gamma\frac{p}{V}$$

而 $\gamma>1$，因此对同一点，绝热线比等温线更陡。其原因如下：设一定质量的气体分别经历等温过程与绝热过程，并使两过程中体积增量相同。对于等温过程，气体压强的降低仅因体积增大(n 减小)所致；对于绝热过程，压强的降低是体积增大和温度降低共同造成的，所以压强的降低较多。这些情况可从图 6-5 中看到。为了便于比较，表 6-1 还列出了几个热力学过程的重要公式。

表 6-1　热力学过程的重要公式

过程	过程方程	系统的内能增量	气体对外界做的功	系统从外界吸收的热量	摩尔热容
等体	$\frac{p}{T}=$恒量	$\nu C_V(T_2-T_1)$	0	$\nu C_V(T_2-T_1)$	$C_V=\frac{i}{2}R$
等压	$\frac{V}{T}=$恒量	$\nu C_V(T_2-T_1)$	$p(V_2-V_1)$或 $\nu R(T_2-T_1)$	$\nu C_p(T_2-T_1)$	$C_p=C_V+R$
等温	$pV=$恒量	0	$\nu RT\ln\frac{V_2}{V_1}$或$\nu RT\ln\frac{p_1}{p_2}$	$\nu RT\ln\frac{V_2}{V_1}$或$\nu RT\ln\frac{p_1}{p_2}$	∞
绝热	$pV^{\gamma}=$恒量	$\nu C_V(T_2-T_1)$	$-\nu C_V(T_2-T_1)$或 $\frac{p_2V_2-p_1V_1}{\gamma-1}$	0	0

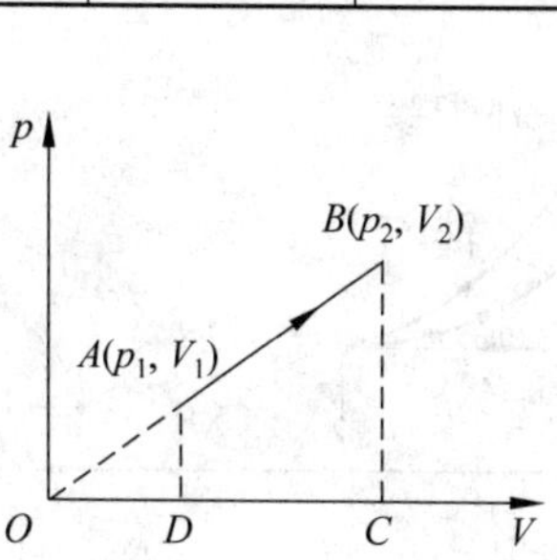

图 6-6　例 6-1 图

例 6-1　如图 6-6 所示，1mol 氦气，由状态 $A(p_1、V_1)$沿直线变到状态 $B(p_2、V_2)$。求这过程中内能的变化、吸收的热量、对外做的功。

解　氦气为单原子气体分子，自由度 $i=3$，1mol 氦气的内能为

$$E=\frac{3}{2}RT$$

由状态 A 变到状态 B 内能的增量为

$$\Delta E=\frac{3}{2}R\Delta T=\frac{3}{2}(p_2V_2-p_1V_1)$$

对外做功为梯形 $ABCD$ 的面积:

$$W=\frac{1}{2}(V_2-V_1)(p_2+p_1)$$

由热力学第一定律,此过程中吸收的热量为

$$Q=\Delta E+W=\frac{3}{2}(p_2V_2-p_1V_1)+\frac{1}{2}(V_2-V_1)(p_2+p_1)$$

$$=2(p_2V_2-p_1V_1)+\frac{1}{2}(p_1V_2-p_2V_1)$$

例 6-2 如图 6-7 所示,活塞将封闭的气缸平分为体积为 V_0 的左右两室,温度相同,压强均为 p_0,两室装有同种理想气体。现保持温度不变,用外力 $\boldsymbol{F}$ 缓慢推动活塞使 $V_{左}=2V_{右}$,在不计摩擦力时求外力所做的功 W。

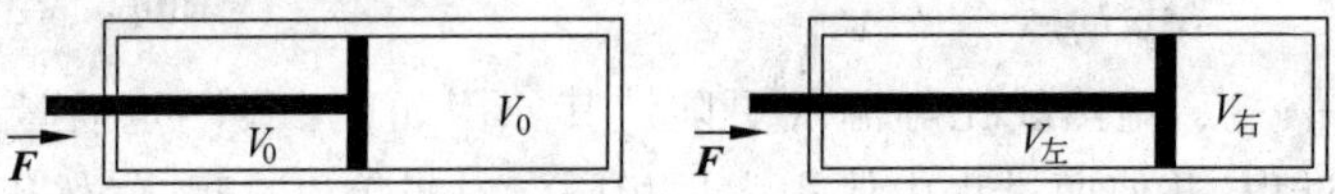

图 6-7 例 6-2 图

解 气缸总体积为 $2V_0$,由题意可得

$$V_{左}=\frac{4}{3}V_0,\quad V_{右}=\frac{2}{3}V_0$$

等温过程中外力对两室气体所做体积功分别为

$$W_{左}=-\nu RT\ln\frac{V_{左}}{V_0}=-p_0V_0\ln\frac{4}{3}$$

$$W_{右}=-\nu RT\ln\frac{V_{右}}{V_0}=-p_0V_0\ln\frac{2}{3}$$

外力所做总功

$$W=W_{左}+W_{右}=p_0V_0\ln\frac{9}{8}$$

例 6-3 氢气质量 $M=8\text{mol}$,初态时 $p_1=1.03\times10^5\,\text{Pa}$,$T_1=273\text{K}$,体积为 V_1,求把体积压缩至 $V_2=\dfrac{V_1}{10}$时需要做的功。

(1) 等温过程;

(2) 绝热过程;

(3) 等压过程。

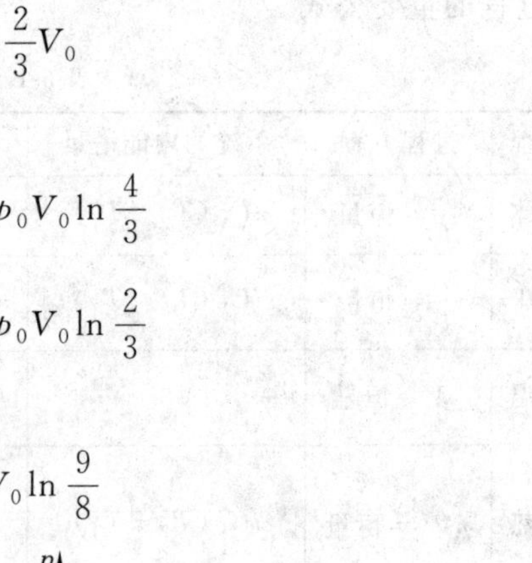

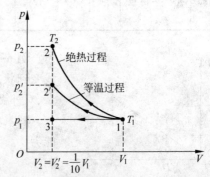

图 6-8 例 6-3 图

解 把上述三个过程示于图 6-8。

(1) 等温过程。从点 1 到点 $2'$外界做功为

$$W_T = \nu RT_1 \ln\frac{V_1}{V_2} = 8\times 8.31\times 273\times \ln 10 \mathrm{J} = 4.18\times 10^4 \mathrm{J}$$

(2) 绝热过程。因为氢是双原子气体，不计振动时，自由度数 $i=5$，故比热容比 $\gamma=\frac{i+2}{i}=\frac{5+7}{5}=1.4$。绝热过程中

$$T_1 V_1^{\gamma-1} = T_2 V_2^{\gamma-1}$$

$$T_2 = \left(\frac{V_1}{V_2}\right)^{\gamma-1} T_1 = 10^{0.4}\times 273\mathrm{K} = 700.7\mathrm{K}$$

在绝热过程中，系统与外界无热量交换，外界对系统做功 W_1 等于系统内能增量，故

$$W_1 = \Delta E = \nu\frac{i}{2}R\Delta T = 8\times\frac{5}{2}\times 8.31\times(700.7-273)\mathrm{J} = 7.11\times 10^4\mathrm{J}$$

(3) 等压过程。W_p 等于线段 $\overline{31}$ 下的面积

$$W_p = p_1(V_1 - V_2)$$

本例题初态为标准状态，1mol 理想气体所占体积为 $V_0=22.4\times 10^{-3}\mathrm{m}^3$，故 $V_1=8V_0$，$V_2=0.8V_0$，代入上式可得

$$W_p = 1.013\times 10^5\times(8-0.8)\times 22.4\times 10^{-3}\mathrm{J} = 1.63\times 10^4\mathrm{J}$$

6.3 循环过程与循环效率

6.3.1 循环过程

系统经过一系列状态变化之后又回到原来状态的过程称为循环过程，简称循环。参与循环的物质称为工质，如蒸汽机中的气体。在 p-V 图上，循环过程对应一条闭合曲线，如图 6-9 所示。如循环按顺时针方向(图 6-9(a)沿 $AaBbA$)进行，称为正循环；循环按逆时针方向($AbBaA$)进行，称为逆循环(图 6-9(b))。

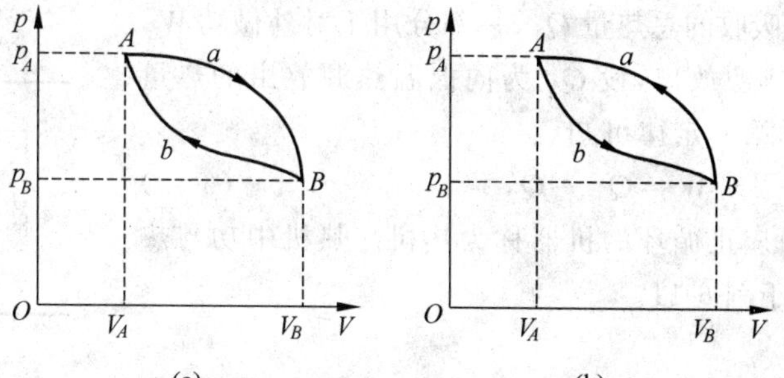

(a)　　(b)

图 6-9　循环过程

系统的内能是状态的单值函数，所以，经历一个循环又回到初始状态，$\Delta E=O$，这是循环过程的重要特征。

6.3.2 正循环 热机效率

1. 正循环过程中的功

对于如图 6-10 所示的正循环,可分为两部分:AaB 与 BbA,状态 A 体积最小,状态 B 体积最大。在过程 AaB 中,气体膨胀对外做功,其数值 W_a 为 AaB 过程曲线下的面积,如图 6-10(a)所示。在过程 BbA 中,外界压缩气体做功,其数值 W_b 为 BbA 过程曲线下的面积,如图 6-10(b)所示。从图中可知,W_a 的值大于 W_b 的值(这是正循环的一个特点)。所以,气体经过这样一个循环过程之后,对外做的总功为

$$W = W_a - W_b \tag{6-18}$$

显然,在 p-V 图上,总功等于循环过程曲线所包围的面积,如图 6-10(c)所示。

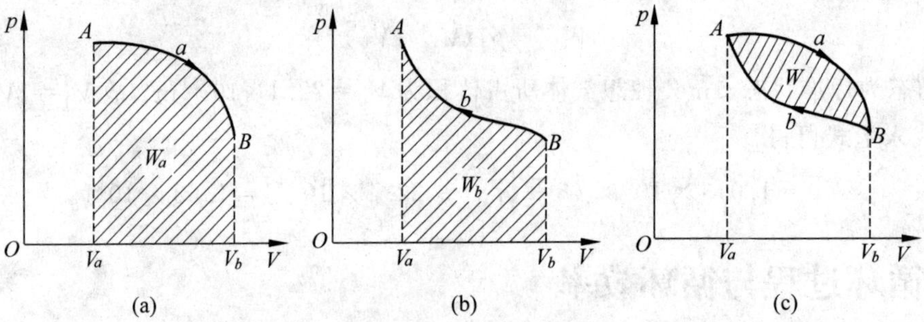

图 6-10 正循环过程中的功

2. 循环过程中的内能

前面曾经指出:内能是系统状态的函数,与过程无关。所以,系统经历一个循环过程之后,内能不变,即 $\Delta E = 0$。

3. 正循环过程中的热量与做功的关系

对于图 6-10(a)所示的正循环,在经历一个循环过程之后内能不变,因此,在这个循环过程中,系统从高温热源吸收的总热量 Q_1,一部分用于对外做功 W,另一部分则向低温热源放出,设 Q_2 为向低温热源放出的热量的绝对值,由热力学第一定律可知

$$W = Q_1 - Q_2 \tag{6-19}$$

正循环对外做功,对应正循环的机器称为热机。热机中功与热量的这种关系示意于图 6-11。

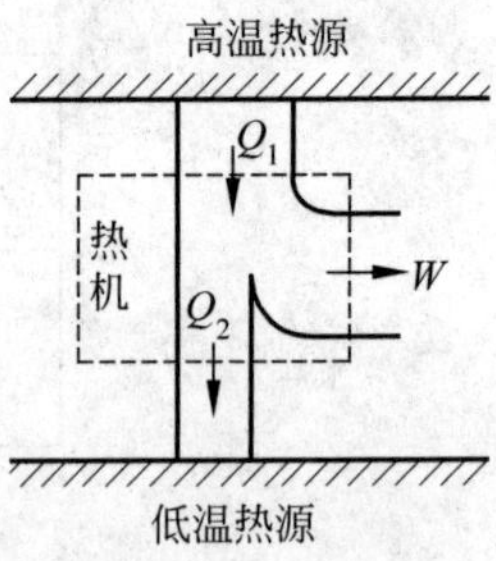

图 6-11 热机中功与热量的关系示意图

4. 热机效率

在正循环中,系统吸收的热量 Q_1 不能全部转换为系统对外所做的功 W,即 $W < Q_1$,两者之比定义为热机效率 η,即

$$\eta = \frac{W}{Q_1} = \frac{Q_1 - Q_2}{Q_1} = 1 - \frac{Q_2}{Q_1} \tag{6-20}$$

由上式可知，$\frac{Q_2}{Q_1}$越小，热机效率越高，这就要求热机应尽量多地从高温热源吸热，而尽量少地向低温热源放热。因为 Q_2 不能等于零，所以热机效率永远小于 1。

蒸汽机、内燃机以及喷气发动机，虽然它们的工作方式不同，但都是把热转变为功的热机。

6.3.3 逆循环 致冷系数

1. 逆循环中功与热量的关系

对于图 6-9(b)所示的逆循环，由于循环方向与正循环相反，所以在逆循环过程中，外界对系统做功 W 使工质从低温热源吸收热量 Q_2，而向高温热源放出热量 Q_1。根据热力学第一定律，在一个逆循环中，存在如下关系：

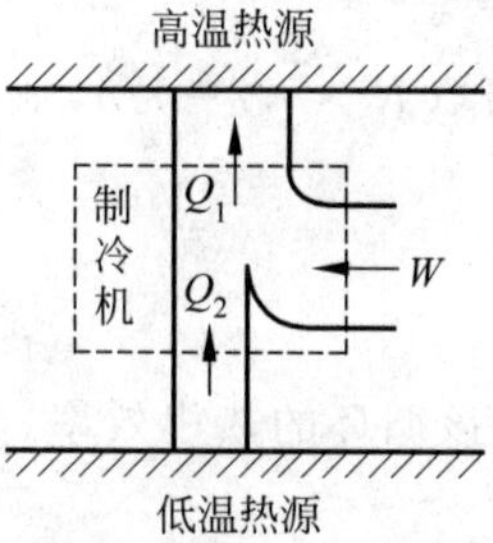

图 6-12 致冷机中功与热量的关系

$$\begin{cases} Q_1 = W + Q_2 \\ W = Q_1 - Q_2 \end{cases} \tag{6-21}$$

由于逆循环过程中工质从低温热源吸收热量，所以经一逆循环过程后，低温的温度更低，故对应逆循环的机器叫做致冷机，它靠外界对系统做功来工作。

式(6-21)表示的致冷机中功与热量的关系示于图 6-12 中。

2. 致冷系数

系统从低温热源中吸取的热量 Q_2 与所消耗的总功 W 之比定义为致冷机的制冷系数 e，即

$$e = \frac{Q_2}{W} = \frac{Q_2}{Q_1 - Q_2} \tag{6-22}$$

上式表明，如外界做功一定，致冷机从低温热源吸取的热量越多，致冷系数就越大。

例 6-4 如图 6-13 所示的正循环称为奥托循环。其中 $a \to b$ 与 $c \to d$ 是两个等体过程，$d \to a$ 与 $b \to c$ 是两个绝热过程，求此循环对应的热机效率 η。

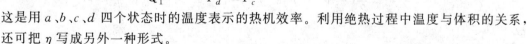

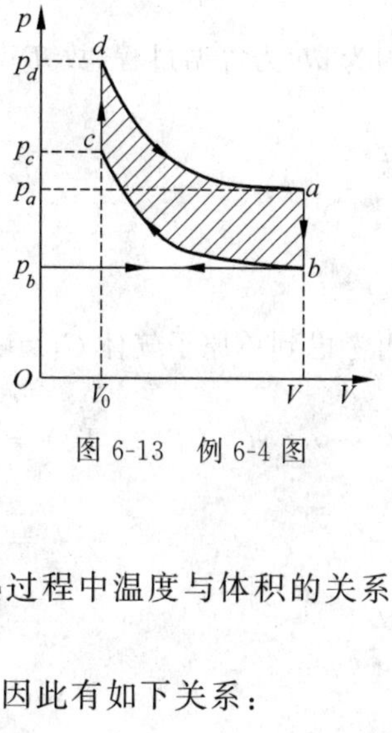

图 6-13 例 6-4 图

解 在此循环中，吸热与放热只在两个等体过程中进行，设过程 $c \to d$ 吸热为 Q_1，则

$$Q_1 = \nu C_V (T_d - T_c)$$

系统由 $a \to b$ 放热为

$$Q_2 = \nu C_V (T_a - T_b)$$

所以该循环效率为

$$\eta = 1 - \frac{Q_2}{Q_1} = 1 - \frac{T_a - T_b}{T_d - T_c}$$

这是用 a、b、c、d 四个状态时的温度表示的热机效率。利用绝热过程中温度与体积的关系，还可把 η 写成另外一种形式。

因为 $a \to b$ 与 $c \to d$ 是等体过程，$d \to a$ 与 $b \to c$ 是绝热过程，因此有如下关系：

$$V_d = V_c = V_0,\quad V_a = V_b = V$$
$$T_d V_d^{\gamma-1} = T_a V_a^{\gamma-1},\quad T_c V_c^{\gamma-1} = T_b V_b^{\gamma-1}$$
$$(T_a - T_b)V^{\gamma-1} = (T_d - T_c)V_0^{\gamma-1}$$

故

$$\frac{T_a - T_b}{T_d - T_c} = \left(\frac{V_0}{V}\right)^{\gamma-1}$$

将此式代入 η 表示式,得

$$\eta = 1 - \left(\frac{V_0}{V}\right)^{\gamma-1} = 1 - \frac{1}{\left(\frac{V_0}{V}\right)^{\gamma-1}} = 1 - \frac{1}{R^{\gamma-1}}$$

式中,$R=\dfrac{V}{V_0}$称为压缩比。上式表明,压缩比越大,效率越高。奥托循环可近似看作一种内燃机的理想循环。实际工作中,内燃机气缸压缩比不能取得太大,若取 $R=7$,$\gamma=1.4$,则

$$\eta = 1 - \frac{1}{7^{1.4-1}} = 55\%$$

由于各种原因,汽油机的效率只有 25%左右。

例 6-5 如图 6-14 所示循环中 $a\to b$ 为等温过程,$V_b=2V_a$,求该循环的热机效率。设工质为理想单原子气体。

解 过程 $a\to b$ 为等温膨胀,气体吸热 Q_{ab} 并对外做功。过程 $c\to a$ 为等体升压,温度升高吸热 Q_{ca} 对外不做功。系统经一个循环,吸收的总热量为

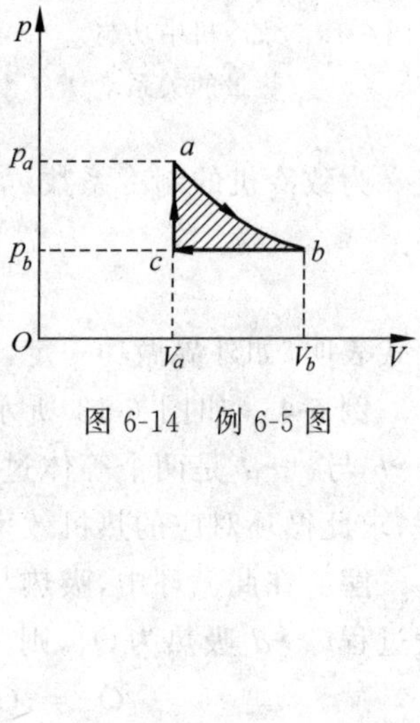

图 6-14 例 6-5 图

$$Q_1 = Q_{ab} + Q_{ca} = \nu R T_a \ln\frac{V_b}{V_a} + \nu C_V (T_a - T_c)$$

由理想气体状态方程 $pV=\nu RT$ 及 $V_b=2V_a$,可得

$$\nu R T_a \ln\frac{V_b}{V_a} = p_a V_a \ln 2$$

因为 ab 为等温过程,故 $T_a=T_b$,由理想气体状态方程可知

$$P_a V_a = P_b V_b$$

故

$$P_a = \frac{V_b}{V_a}P_b = 2P_b = 2P_c$$

再考虑到单原子气体 $C_V=\dfrac{i}{2}R=\dfrac{3}{2}R$,则

$$\nu C_V (T_a - T_c) = \frac{3}{2}\nu R (T_a - T_c)$$
$$= \frac{3}{2}(P_a V_a - P_c V_c) = \frac{3}{2}\left(P_a V_a - \frac{1}{2}P_a V_a\right) = \frac{3}{4}P_a V_a$$

故

$$Q_1 = p_a V_a \ln 2 + \frac{3}{4}p_a V_a = \left(\ln 2 + \frac{3}{4}\right)p_a V_a$$

整个循环中只有等压过程 bc 向外放热

$$Q_2=Q_{bc}=\nu C_p(T_b-T_c)=\nu\frac{5}{2}R(T_b-T_c)=\frac{5}{2}p_b(V_b-V_c)=\frac{5}{4}p_aV_a$$

故热机效率

$$\eta=1-\frac{Q_2}{Q_1}=1-\frac{\frac{5}{4}p_aV_a}{\left(\ln2+\frac{3}{4}\right)p_aV_a}=1-\frac{\frac{5}{4}}{\ln2+\frac{3}{4}}=13\%$$

6.4 卡诺循环与卡诺定理

6.4.1 卡诺循环

卡诺(Nicolas Léonard Sadi Carnot，1796—1832 年)循环是工作在两热源之间的理想循环，该循环给出了在两个恒温热源的条件下，热机效率所能达到的极限。

卡诺正循环由两个准静态等温过程和两个准静态绝热过程组成。如图 6-15(a)所示的卡诺循环 p-V 中，曲线 ab 和 cd 分别表示温度为 T_1 与温度为 T_2 的两条等温线，曲线 bc 与 da 表示两条绝热线。图 6-15(b)为卡诺循环的工作示意图。

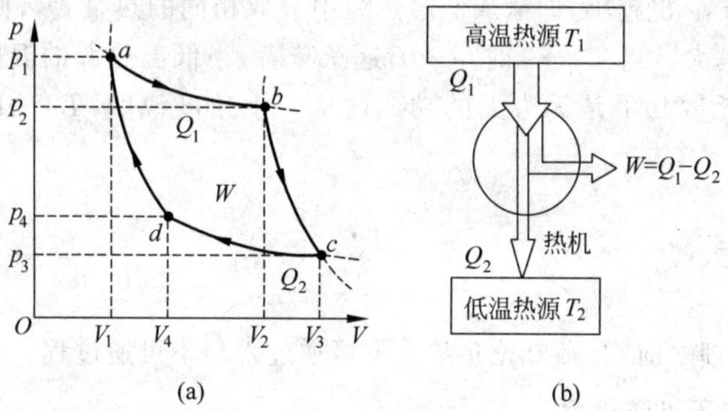

图 6-15　卡诺正循环

气体在等温膨胀过程 ab 中，从高温热源吸收的热量为

$$Q_1=\nu RT_1\ln\frac{V_2}{V_1}$$

气体在等温压缩过程 cd 中，向低温热源放出的热量大小为

$$Q_2=\nu RT_2\ln\frac{V_3}{V_4}$$

根据绝热方程，对 bc 和 da 两个绝热过程有

$$T_1V_2^{\gamma-1}=T_2V_3^{\gamma-1}$$

$$T_1V_1^{\gamma-1}=T_2V_4^{\gamma-1}$$

二式相除得

$$\frac{V_2}{V_1}=\frac{V_3}{V_4}$$

将此式代入 Q_1,可得

$$Q_1=\nu RT\ln\frac{V_3}{V_4}$$

于是

$$\frac{Q_1}{Q_2}=\frac{T_1}{T_2}$$

将此式代入式(6-20),可得卡诺循环的热机效率为

$$\eta=\frac{W}{Q_1}=\frac{Q_1-Q_2}{Q_1}=1-\frac{T_2}{T_1} \tag{6-23}$$

上述式子表明,卡诺循环的效率 η 仅取决于两恒温热源的温度,高温热源的温度 T_1 越高,低温热源的温度 T_2 越低,卡诺循环的效率 η 就越高。此外,由于低温热源温度 T_2 不可能为零,故卡诺循环的效率不可能等于 1。

如果循环方向相反,即按 $adcba$ 作逆时针循环,称为卡诺逆循环,是卡诺致冷机的循环过程。用与上面类似的方法,可求出致冷系数

$$e=\frac{Q_2}{W}=\frac{Q_2}{Q_1-Q_2}=\frac{T_2}{T_1-T_2} \tag{6-24}$$

上式表明: T_2 越低,e 也越小,即欲从低温热源中吸取相同的热量 Q_2,低温热源的温度 T_2 越低,所消耗的功越大。当 $T_2\to 0$ 时,$e\to 0$,这意味着,当低温热源的温度接近 0K 时,再想降低它的温度,需耗散几乎是无穷大的功。这从一个角度说明,$T=0$K 的状态是不能达到的。

6.4.2 卡诺定理

在介绍卡诺定理之前,有必要先介绍一下可逆过程与不可逆过程。

1. 可逆过程与不可逆过程

在系统状态变化过程中,如果逆过程能重复正过程的每一状态,而且不引起其他变化,这样的过程称为可逆过程;反之,在不引起其他变化的条件下,不能使逆过程重复正过程的每一状态,或者说虽然重复,但必然会引起其他变化,这样的过程都叫做不可逆过程。

下面通过活塞在气缸中的运动来说明可逆过程与不可逆过程。设气缸的运动无限缓慢,则气体在任意时刻都可看作处于准平衡状态,这时,如果再略去一切能引起能耗的效应(如摩擦、黏滞力等),那么,不仅气体的正逆两过程经历了相同的平衡态,正逆过程都是准静态过程,而且由于没有能量耗散,在正逆两过程终了时,外界不会发生任何变化,因此,这种状况下的气体状态变化过程才可称为可逆过程。

由上例可见,可逆过程的条件是:

(1) 过程要无限缓慢地进行,即此过程应是准静态过程;

(2) 系统不受摩擦力、黏滞力等可以耗散能量的力的作用。

理想的可逆过程并不存在,当考虑摩擦力和黏滞力时,活塞运动过程是不可逆过程,或

者当不考虑摩擦力等耗能因素，如果活塞不是无限缓慢地移动，以至气体不能看作平衡态时，也是不可逆过程。因此，对于可逆过程，上述两个条件缺一不可。

不可逆过程几乎随处可见，如气体的扩散、摩擦生热等都是不可逆过程，生命的进程也是不以人们意志为转移的不可逆过程。

2. 卡诺定理

卡诺定理内容如下：

(1) 在相同的高温热源(温度 T_1)与相同的低温热源(温度 T_2)之间工作的一切可逆机，其效率相等，且与工质无关，即

$$\eta = 1 - \frac{Q_2}{Q_1} = 1 - \frac{T_2}{T_1} \tag{6-25}$$

(2) 在相同的高温热源(T_1)与相同的低温热源(T_2)之间工作的一切不可逆机的效率 η' 不可能大于可逆机的效率 η，即

$$\eta' \leqslant 1 - \frac{T_2}{T_1} \tag{6-26}$$

例 6-6　设卡诺循环的工质为氮气，在绝热膨胀过程中气体的体积增大到原体积的两倍，求循环效率。

解　不计振动时，氮气的比热容比 $\gamma = 1.4$，由绝热过程可知

$$T_1 V_1^{\gamma-1} = T_2 V_2^{\gamma-1} = T_2 (2V_1)^{\gamma-1}$$

得

$$\frac{T_2}{T_1} = \frac{1}{2^{\gamma-1}} = \frac{1}{2^{1.4-1}} = \frac{1}{2^{0.4}} = 0.758$$

故此循环的热机效率

$$\eta = 1 - \frac{T_2}{T_1} = 1 - 0.758 = 24.2\%$$

例 6-7　某卡诺致冷机的高温热源 $T_1 = 310\text{K}$，低温热源 $T_2 = 260\text{K}$，欲从低温热源吸取 $Q_2 = 1.56 \times 10^5\text{J}$ 的热量。求：

(1) 该致冷机的致冷系数 e；

(2) 所需外力做的功 W。

解　(1) 卡诺机的致冷系数

$$e = \frac{T_2}{T_1 - T_2} = \frac{260}{310 - 260} = 5.2$$

(2) 外力做功

因为制冷系数

$$e = \frac{Q_2}{W}$$

故

$$W = \frac{Q_2}{e} = \frac{1.56 \times 10^5}{5.2}\text{J} = 3 \times 10^4\text{J}$$

6.5 热力学第二定律

6.5.1 自发过程的方向性

自发过程是指:在不受外界干预的情况下所发生的过程。日常生活中的自发过程有很多,如两不同温度的物体接触后,热量自发地从高温物体向低温物体转移,使两个物体的温度趋于相同而不是相反,这是热量过程的方向性;香水气体分子自瓶中向外扩散,却不能使扩散到周围的香水气体分子再重新回到瓶中,这是气体分子扩散的方向性;用摩擦(做机械功)生热却不能用热产生等量的机械功而不产生其他影响……这些现象就是由自发过程的方向性引起的。在热力学中,符合热力学第一定律的过程并不能发生,如上面所述的热量传递过程以及摩擦过程,尽管它们的逆过程符合热力等第一定律,却不可能发生。热力学第二定律就是揭示与热现象有关的宏观过程进行的方向性的定律,它向人们指出了实际宏观过程进行的方向和条件。

6.5.2 热力学第二定律的两种表述

由于热力学理论是在研究如何提高热机效率的基础上发展起来的,热力学第二定律的表述有很多种,最早提出并沿用至今的是1851年开尔文(Lord Kelvin,1824—1907年)提出与热机工作相关的开尔文表述和1850年克劳修斯(Rudolf Julius Emanuel Clausius,1822—1888年)提出的与制冷机相关的克劳修斯表述。

(1) 开尔文表述:不可能从单一热源吸收热量使之完全变为有用功而不引起其他变化;

(2) 克劳修斯表述:不可能把热量从低温物体传向高温物体而不引起其他变化。

结合热机的工作还可以进一步说明开尔文说法的意义。如果能制造一台热机,它只利用一个恒温热库工作,工作物质从它吸热,经过一个循环后,热量全部转换为功而未引起其他效果,这样我们就实现了一个"其唯一效果是热全部变为功"的过程。这是不可能的,因而只利用一个恒温热库进行工作的热机是不可能制成的。这种假想的热机叫做单热源热机。不需要能量输入而能持续做功的机器叫做第一类永动机,它的不可能是由于违反了热力学第一定律。有能量输入的单热源热机叫做第二类永动机,由于违反了热力学第二定律,它也是不可能的。

尽管热力学第二定律有很多种表述,但它们的实质是相同的,开尔文表述与克劳修斯表述也是完全等效的。我们无法举出一个例子违反上述两种表述,这个定律是热学中最基本的定律之一。

6.5.3 热力学第二定律的统计意义

热力学第二定律指出,一切与热现象有关的实际过程都是不可逆的。从分子动理论的观点看,这种不可逆性是由大量分子无规则热运动引起的,因此必然服从统计规律。下面从统计观点说明其微观本质,从而揭示热力学第二定律的统计意义。

首先，看热功转换问题。功转换为热的过程，从微观上看是大量分子（宏观物体的）的规则运动转换为大量分子的无规则运动。而前者的运动状态出现的概率小于后者的运动状态出现的概率，因此功转换为热的微观过程的进行方向，是由概率小的宏观状态向概率大的宏观状态方向进行。相反的过程，即热自动转换为功的问题，因概率极小，以致实际上无法发生。这就是热功转换不可逆性的微观解释。

下面从微观的角度出发，粗略地分析宏观态的进行方向。

设某长方形容器的中间有一隔板把它分成 A、B 两个相等的部分。如初态为 A 侧有四个相同的分子 a、b、c、d，而 B 侧没有，现打开隔板并分析分子的空间分布。

为简单计，只讨论这四个分子在 A、B 两侧的分布情况。见表 6-2，一共有 16(2^4)种不同的分布情况。这样的每一种分布称为一个微观态，本例共有 16 种微观态。从宏观上看，这四个分子没有什么不同，把分子仅按分子个数的每一种分布称为一个宏观态，本例共有 5 种宏观态。每一种宏观态中所包含的微观态的数目(W)不同。根据统计理论，在不受外界影响的系统中，所有的微观态以相同的机会出现。因此，某一宏观态出现的概率与它所对应的微观态数成正比。表 6-2 表明分子均匀分布($N_A=N_B$)的宏观态出现的概率最大$\left(\frac{6}{16}\right)$，分子全部集中在 A(或 B)的宏观态出现的概率最小$\left(\frac{1}{16}=\frac{1}{2^4}\right)$。当分子总数为 N 时，分子全部集中在 A 或 B 的宏观态出现的概率应为$\frac{1}{2^N}$。显然，N 越大，分子集中于一室的概率越小。这表明，一旦扩散出去的分子再让它回去，实际上已不可能，即使发生，宏观上也观察不到。实际观察到的，只能是气体分子基本均匀地分布在 A、B 两室，即出现概率最大的宏观状态。

表 6-2　四个分子在 A、B 两室的分布

微观状态	A 室	abcd	abc	abd	acd	bcd	ab	ac	ad	bc	bd	cd	a	b	c	d	0
	B 室	0	d	c	b	a	cd	bd	bc	ad	ac	ab	bcd	cda	dab	abd	abcd
宏观状态	N_A	4	3				2						1				0
	N_B	0	1				2						3				4
宏观态对应的微观态数 W		1	4				6						4				1
宏观态出现的概率		1/16	4/16				6/16						4/16				1/16

由以上分析可知，气体自由膨胀过程不可逆的实质是：该过程只能从概率较小的宏观态向概率较大的宏观态进行。自动地进行相反的过程并非原则上不可能，但因概率太小，几乎不能发生，即使发生实际上也观察不到。

对于和热现象有关的其他实际过程，也可得到相同的结论，即孤立系统内发生的一切实际过程，总是从概率小的宏观态向概率大的宏观态进行，也可以说成：从包含微观态少的宏观态向包含微观态多的宏观态进行，这就是热力学第二定律的统计意义。它指出了热力学实际过程的进行方向。孤立系统处于非平衡态时，它将以绝对优势向平衡态过渡，平衡态就是出现概率大的宏观态。

出现概率大的宏观态也称为无序性大的宏观态。有 N 个微观态的宏观态就比有一个微观态的宏观态的无序性大；气体膨胀后的无序性就比膨胀前的无序性大。功转变为热是大量分子的有序运动自动地转变为分子的无序运动，反映到宏观上是机械能转变为内能的过程。从这一角度看，可以得到如下结论：一切自然过程总是沿着向无序性增大的方向进行。这一结论也可作为热力学第二定律的一个表述。但这一结论的意义远不止于热学。

例 6-8 关于逆过程出现情况的讨论。

假设某封闭容器内有 1mol 气体分子，分子数目为 $N_0=6.02\times10^{23}$ 个，现将容器分为A、B体积相等的两部分，并讨论分子集中于 A 或 B 这种宏观态的出现概率。

$$\text{某宏观态出现概率}=\frac{\text{该宏观态对应的微观态数 }W}{\text{微观态总数}}$$

对于所有分子全部集中于 A 这种宏观态，它对应的微观态数为 1，微观态总数为 $2^{6.02\times10^{23}}$ 个，因此，其宏观态出现概率为 $\frac{1}{2^{6.02\times10^{23}}}$。

再假设每秒钟出现 10^8 个微观态，则上述宏观态出现的平均周期应为

$$T=\frac{2^{6.02\times10^{23}}}{10^8}\text{s}\approx10^{2\times10^{23}}\text{ s}$$

地球的年龄不过几十亿年，而上述宏观状态的平均出现周期远大于这个时间。可见这种状态多么难于出现，即使出现了也会稍纵即逝，人们根本无法察觉。

如果人的感知空间仅是整个空间体积的 $\frac{1}{M}$，那时如把空间分为体积相等的 M 个小空间，则微观态的总数要增至 M^N，所有 N 个分子全部分布于某一个小空间的概率将为 $\frac{1}{M^N}$，出现的可能性就更小了。

6.6 熵与熵增原理

6.6.1 玻尔兹曼公式

从 6.5 节可以知道，系统宏观态所含微观态数 W 增大的趋势，决定着孤立系统内实际过程的进行方向和不可逆性。为定量表示这一规律，需给出热力学第二定律的数学表示式。玻尔兹曼引入了称为熵的物理量(S)，并给出了如下公式：

$$S=k\ln W \tag{6-27}$$

上式称为玻尔兹曼公式。k 为玻尔兹曼常量，W 为某宏观态所含微观态数，称为热力学概率。对于系统的某一宏观态，有一个 W 值，因此也就有一个 S 值与之对应。因此，式(6-27)定义的熵 S 是系统状态的单值函数。熵的单位与 k 相同，为焦耳/开(J/K)。

由式(6-27)可知,系统宏观态的热力学概率越大,对应该状态的熵也越大,因此熵是系统无序性的量度。

现在对熵的认识,已远远超出分子运动领域。有些学者甚至认为熵是震撼世界的七大思想中的一个。

6.6.2　熵增原理

熵同内能相似,具有重要意义的并非某一平衡态的值,而是初、末状态的熵增量,或称熵变。显然,熵变仅由初、末状态决定,而与过程无关。指出这一点是非常重要的,它给计算有关熵变的问题提供了方便:只要保持初、末两状态不变,可以通过任意过程计算熵变。

用熵代替热力学概率 W 后,关于自然界自发过程进行方向的规律可表述为:在孤立系统中进行的自发过程,总是沿熵不减小的方向进行,这就是熵增加原理。用数学式表示为

$$\Delta S = k\ln\frac{W_2}{W_1} \geqslant 0 \tag{6-28}$$

式中,W_1 与 W_2 分别是过程始、末两状态的某宏观态所含的微观态数。上式适于孤立系统。对于非孤立系统,如对外放热的系统,在放热过程中熵是减小的。式(6-28)中的等号适于理想的可逆过程($W_2=W_1$),不等号适于一切孤立系统的实际过程。

6.6.3　克劳修斯熵公式

由卡诺定理出发,通过把任意可逆循环看作由许多小卡诺循环组成的方法,可以导出熵的计算公式。

对于无限小的可逆过程,有

$$\mathrm{d}S = \frac{\mathrm{d}Q}{T} \tag{6-29}$$

式中,$\mathrm{d}S$ 表示熵的元增量,$\mathrm{d}Q$ 为无限小可逆过程中系统从外界吸收的热量,T 是外界热源或环境的温度。因为过程是可逆的,T 也是系统的温度,$\frac{\mathrm{d}Q}{T}$常称为热温比。式(6-29)表明在无限小的可逆过程中,系统熵的元增量等于其热温比。

如以 S_1 和 S_2 表示状态 1 变到状态 2 时的熵,那么系统沿任何可逆过程从状态 1 变到状态 2 时熵的增量

$$\Delta S = S_2 - S_1 = \int_1^2 \left(\frac{\mathrm{d}Q}{T}\right)_{\text{可逆}} \tag{6-30}$$

式(6-29)和式(6-30)可以看成是熵的宏观定义。式(6-30)称为克劳修斯熵公式。

用克劳修斯熵公式计算系统的熵变时要注意两点:

(1) 由于熵是态函数,ΔS 只与初态和末态有关,与过程无关,因此无论是可逆或不可逆过程,当系统由状态 1 变化到状态 2 时,都可以任意设想一个可逆过程连接初态 1 和末态 2,并用式(6-30)进行计算。

(2) 系统总熵变等于各组成部分熵变之总和。

阅读材料 5 热力学第三定律

本章我们学习了热力学第一定律和热力学第二定律,有没有热力学第三定律(third law of thermodynamics)呢?答案是有,它与热力学第二定律一样有各种不同的表达方式,但德国物理化学家能斯特给出的能斯特定律和普朗克的绝对零度不能达到原理被普遍应用。

1. 能斯特定理

1906 年,能斯特(W. H. Nernst,1864—1941 年)在研究低温下各种化学反应的性质时,总结大量实验资料得出了一个普遍规则,即凝聚系统的熵在等温过程中的改变,随着绝对温度趋近于 0K 而趋于零,可表示为

$$\lim_{T\to 0\mathrm{K}}(\Delta S)_T=0 \tag{6-31}$$

这就是**能斯特定理**(Nernst theorem),一般情况下可作为**热力学第三定律**的一种表述。

若系统为一单元系,熵是温度 T 以及其他参量 y 的函数,则式(6-31)中的$(\Delta S)_T$ 可以是在保持温度不变的条件下,因 y 的改变而引起的熵的变化;若系统为一多元系,则$(\Delta S)_T$ 可以是因化学变化而引起的熵的变化。能斯特定理表明,无论是同一种物质不同态参量 y 的熵,还是不同物质的熵,在温度趋于**绝对零度**(absolute zero)时都趋于相同的值。1911 年普朗克提出,可以令 $T\to 0\mathrm{K}$ 时的零点熵 $S_0\to 0$,按此确定的熵称为**绝对熵**(absolute entropy)。这样,任意态的熵也就唯一地确定了。

根据热力学第三定律,当我们需要计算若干个状态的熵的绝对值时,只要将积分路径的起点(初态)选择在绝对零度,即取 $T=0\mathrm{K}$ 为基准温度,而令 $S_0=0$。若 C_V 表示系统在体积 V 保持不变情况下的热容,则绝对熵可表示为

$$S(V,T)=\int_0^T\frac{C_V}{T}\mathrm{d}T \tag{6-32}$$

由于熵值 $S(V,T)$应该是有限的,因此要求

$$\lim_{T\to 0\mathrm{K}}C_V=0 \tag{6-33}$$

否则式(6-32)中的被积函数在 T 趋于 0K 时要发散。应该注意到,式(6-33)是热力学第三定律所要求的,然而这并不要求在绝对温度趋于 0K 时体系的熵一定要趋于零。

在统计物理学中我们看到,经典统计法所给出的气体和固体的热容都与式(6-33)不符,所以经典统计法是不符合热力学第三定律的。然而,从量子统计的结果来看,不论是气体、固体还是自由电子气等,它们的热容都满足式(6-33),是与热力学第三定律符合的。总之,热力学第三定律是与量子力学规律相符的,是低温下实际系统量子性质的宏观表现。

应该注意到,能斯特定理不能应用于那些不处于统计平衡态的物质,例如有些无定形的材料或无序合金,它们在低温下能以很长的弛豫时间作为"冻结"的亚稳态存在,这时能斯特定理并不成立。因此,通常把绝对零度不能达到的原理作为热力学第三定律的标准说法,而把能斯特定理作为它的推论。

2. 绝对零度不能达到原理

普遍而言,热力学第三定律可以用热力学温度 0K 不能达到原理来表述,即不可能施行

有限的过程把一个物体冷却到热力学温度 0K。

1912 年，能斯特是根据他 6 年前提出的定理推出这一原理的，我们以顺磁盐系统为例，说明这一推理的过程。图 6-16 所示的是顺磁盐的温熵图，以磁场强度 H 为外参量 y。按照能斯特定理

$$\lim_{T\to 0K}(\Delta S)_T=0$$

故 $S(H,T)$ 和 $S(0,T)$ 两条曲线必相交于坐标原点；由于热容

$$C_H=T\left(\frac{\partial S}{\partial T}\right)_H>0$$

故曲线的斜率 $\left(\frac{\partial S}{\partial T}\right)_H$ 是正的；在绝热条件下可逆地退去磁场（这就是所谓的**绝热退磁**(adiabatic demagnetization)），将使物体温度降低，故相应于 $H=0$ 的曲线必定在相应于 $H>0$ 的曲线的左侧。

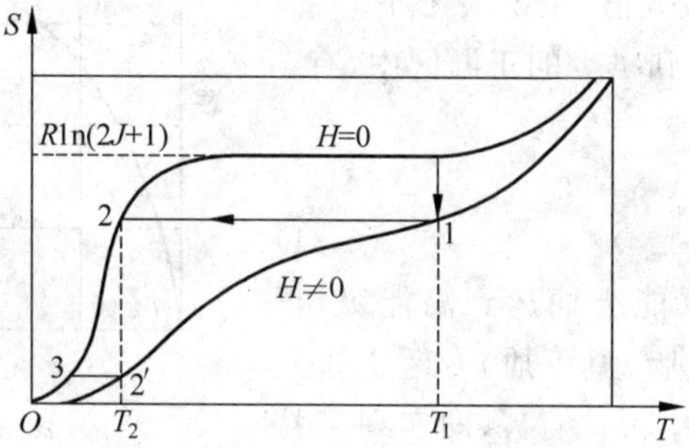

图 6-16　顺磁盐的温熵图

在图 6-16 上取 1、2 两点，温度分别为 T_1 和 T_2，按式(6-33)有

$$S_1(H,T_1)=\int_0^{T_1}\frac{C_H}{T}\mathrm{d}T$$

$$S_2(0,T_2)=\int_0^{T_2}\frac{C_0}{T}\mathrm{d}T$$

若在绝热条件下退去外磁场，则顺磁盐的状态从点 1 变到点 2；根据熵增加原理，在这一绝热退磁过程中熵的变化为

$$\Delta S=S_2(0,T_2)-S_1(H,T_1)=\int_0^{T_2}\frac{C_0}{T}\mathrm{d}T-\int_0^{T_1}\frac{C_H}{T}\mathrm{d}T\geqslant 0$$

为了保证上式中两积分项之差不小于零，由于 $T_1\neq 0$，所以 T_2 不可能等于零，即绝热退磁降温不可能达到绝对零度。

热力学温度 0K 虽然不可能达到，但可以无限趋近。核绝热退磁是目前达到最低温度的方法，其原理与顺磁盐绝热退磁类似，仍可用图 6-16 作为其原理性温熵图。如图 6-16 所示，在核系统的状态到达点 2 后，还可等温磁化到点 2′，然后再绝热退磁至点 3，可以无限趋近绝对零度。例如，芬兰赫尔辛基大学的科学家们，利用稀释制冷机(dilution refrigerator)先使核绝热去磁装置的温度降低到毫开温度，然后再利用二级铜核绝热退磁使核系统温度达到 50nK，使铜样品的自由电子和晶格温度达到 9μK。1990 年，他们使银的核自旋温度达到了 800pK。

3. 负温度

在日常生活中,只要一提起零下的温度,人们就会联想到凛冽寒风的冰雪世界,这是由于通常所用的摄氏温度的零点和水的冰点吻合。自从建立热力学温标以来,人们都习惯于只考虑正的温度,况且热力学第三定律又表明 $T=0\text{K}$ 是达不到的,就更不要说 $T<0$ 的负温度了。

然而,要求温度必须取正值的理由何在呢?我们不妨来考察一下简单的二能级系统,它有 ε_1 和 ε_2 两个能级,且 $\varepsilon_2>\varepsilon_1$。在热平衡时,在两个能级上分布的粒子数 N_1 和 N_2 应满足玻尔兹曼分布,即

$$N_2=N_1\mathrm{e}^{\frac{-(\varepsilon_2-\varepsilon_1)}{KT}}$$

随着温度的升高,N_2 逐渐增大,系统的内能和熵均随之增加,如图 6-17 所示。直到 $T\to+\infty$,$N_2=N_1$,系统的熵达到极大值,系统最无序。

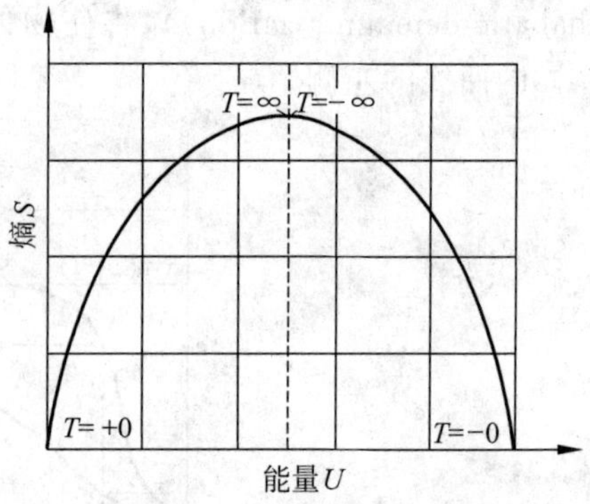

图 6-17 S-U 曲线

在温度 T 从 0K 升高到 $+\infty$ 的正温区中,有

$$\frac{1}{T}=\left(\frac{\partial S}{\partial U}\right)_{V,N}>0$$

$$T=(0,+\infty) \tag{6-34}$$

如果继续设法把粒子从低能级抽运到高能级,正如在《普通物理教程(第 3 版)》(下册)专题Ⅰ激光技术中所叙述的那样,则有 $N_2>N_1$,即实现了粒子数反转。这时,两个能级上的粒子数之比为

$$\frac{N_2}{N_1}=\mathrm{e}^{\frac{-(\varepsilon_2-\varepsilon_1)}{KT}}>1$$

由于 $\varepsilon_2-\varepsilon_1>0$,则当 $N_2>N_1$ 时就有 $T<0$。因此,**负温度**(negative temperature)指的是处在较高能级的粒子数大于处在较低能级的粒子数的情况,这相应于粒子数反转的情况。同时,从 $U=N_1\varepsilon_1+N_2\varepsilon_2$ 和 $S=k\ln W$ 两式我们还可以看出,在粒子数反转之后,随着 T 上升内能继续增加而熵却减小,即在温度 T 从 $-\infty$ 升高到 -0 的负温区中,有

$$\frac{1}{T}=\left(\frac{\partial S}{\partial U}\right)_{V,N}<0,\quad T=(-\infty,-0) \tag{6-35}$$

应该注意到,这样定义的负温区不处在 $T=0\text{K}$ 以下,而处在 $T=+\infty$ 以上,即负温度是比正无穷大温度还要高的温度。在负温区出现了粒子数反转,也就是说背离了平衡态的玻尔兹曼分布,这时系统实际上处于非平衡态。

概括而言,负温度的概念要有物理意义,必须满足下列条件。

(1) 系统的能谱必须有确定的上限,否则处在负温度的系统会有无限大的能量。有的系统是只能具有正温度的系统,例如只具有平动和振动自由度的系统,其能谱无上限。因此,只有粒子的一定的自由度才可能处在负温度,磁场中核自旋的取向是在负温度实验中最常考虑的一个自由度。

(2) 系统内部必须达到热平衡。这个条件意味着在负温度时,系统的状态必须具备按照玻尔兹曼因子来确定的占有数。

(3) 处于负温度状态的系统必须是孤立的。若把一个处于负温度的系统与一个处于正温度的系统热接触，则热量将从负温度系统传递向正温度系统，这表明负温度比正温度更热。而且，一个处于负温度的系统和一个只能具有正温度的系统之间的能量交换，总会导致出现一个使它们都具有正温度的平衡态。

1951 年，普赛尔(E. M. Purcell)和庞德(R. V. Pound)利用核磁共振技术观测 LiF 晶体中^{7}Li 核与^{19}F 核的磁化时发现：先加磁场使核自旋沿场强方向顺向排列，然后突然倒转磁场，在瞬间观测到了相应于粒子数反转的负温度现象，直到自旋晶格相互作用导致平衡态重新建立为止。

与负温度相对应的粒子数反转，在激光中得到了重要的实际应用。在实验中观测到负温度现象以后不久，汤斯(C. H. Townes，1915—2015 年)、普罗霍洛夫(A. H. Prokhorov)和巴索夫(N. G. Basov，1922—2001 年)相互独立地通过外加抽运，使粒子数发生反转，再用谐振选模，从而实现了微波的受激发射——微波激射(maser)。到 1958 年，汤斯与夏洛(A. L. Schawlow)又提出了在光波频段，采用两块反射镜作为谐振腔的激光器的设想。1960 年，梅曼制成了第一台红宝石激光器。

应该指出的是，尽管负热力学温度是存在的，而且负温度有许多引人入胜的地方，但实际应用中负温度现象及其应用是非常稀少的，目前几乎没有什么实用价值。现在实际上遇到的热力学系统，它们的能基都没有上限，因而它们也总处于正热力学温度区域。当然，科学发展是无止境的，也许有一天负温度区域能得到有效的开发。

本章要点

1. 体积功

$$W=\int_{V_1}^{V_2} p\,\mathrm{d}V$$

2. 热力学第一定律

$$Q=E_2-E_1+W=\Delta E+W,\quad \mathrm{d}Q=\mathrm{d}E+\mathrm{d}W$$

3. 气体的摩尔热容

定容摩尔热容　$C_V=\frac{i}{2}R$

定压摩尔热容　$C_p=\left(\frac{i}{2}+1\right)R$

迈耶公式　$C_p=R+C_V$

4. 循环过程

热机效率　$\eta=\frac{W}{Q_1}=1-\frac{Q_2}{Q_1}$

制冷系数　$e=\frac{Q_2}{W}=\frac{T_2}{T_1-T_2}$

5. 卡诺循环

卡诺热机效率 $\eta=\frac{W}{Q_1}=1-\frac{T_2}{T_1}$

卡诺制冷机制冷系数 $e=\frac{Q_2}{W}=\frac{T_2}{T_1-T_2}$

6. 热力学第二定律定性表述

开尔文表述、克劳修斯表述；热力学第二定律的统计意义。

7. 熵与熵增原理

$$S=k\ln W,\quad \Delta S=k\ln\frac{W_2}{W_1}\geqslant 0,\quad \Delta S=S_2-S_1=\int_1^2\left(\frac{\mathrm{d}Q}{T}\right)_{可逆}$$

习题 6

6-1 1mol 氧气和 1mol 水蒸气(均视为刚性分子理想气体),在体积不变的情况下吸收相等的热量,则它们的(　　)。

A. 温度升高相同,压强增加相同　　B. 温度升高不同,压强增加不同

C. 温度升高相同,压强增加不同　　D. 温度升高不同,压强增加相同

6-2 一定量理想气体,从状态 A 开始,分别经历等压、等温、绝热三种过程(AB、AC、AD),其容积由 V_1 都膨胀到 $2V_1$,其中(　　)。

A. 气体内能增加的是等压过程,气体内能减少的是等温过程

B. 气体内能增加的是绝热过程,气体内能减少的是等压过程

C. 气体内能增加的是等压过程,气体内能减少的是绝热过程

D. 气体内能增加的是绝热过程,气体内能减少的是等温过程

6-3 如图所示,一定量的理想气体,沿着图中直线从状态 a(压强 $p_1=4\mathrm{atm}$,体积 $V_1=2\mathrm{L}$)变到状态 b(压强 $p_2=2\mathrm{atm}$,体积 $V_2=4\mathrm{L}$),则在此过程中(　　)。

A. 气体对外做正功,向外界放出热量　　B. 气体对外做正功,从外界吸热

C. 气体对外做负功,向外界放出热量　　D. 气体对外做正功,内能减少

6-4 如图所示,若在某个过程中,一定量的理想气体的内能 E 随压强 p 的变化关系为一直线(其延长线过 E-p 图的原点),则该过程为(　　)。

A. 等温过程　　B. 等压过程　　C. 等体过程　　D. 绝热过程

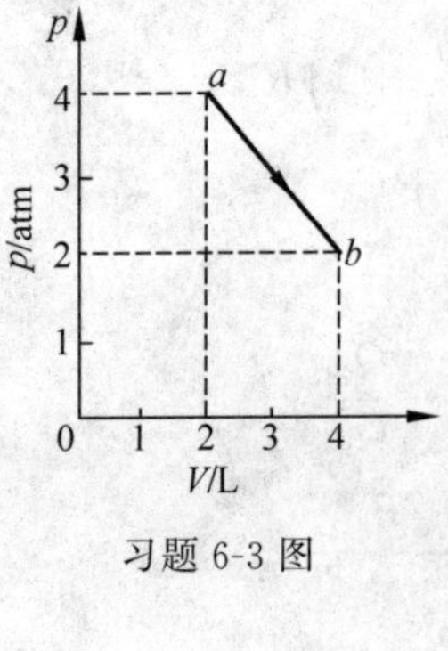

习题 6-3 图

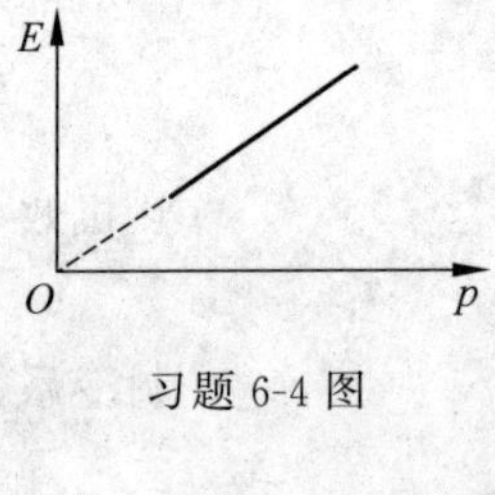

习题 6-4 图

6-5 在室温条件下，压强、温度、体积都相同的氮气和氦气在等压过程中吸收了相同的热量，则它们对外做功之比为 W(氮)/W(氦)=(　　)。

A. 5/9　　B. 5/7　　C. 1/1　　D. 9/5

6-6 一定量的理想气体，由初态 a 经历 acb 过程到达终态 b，如图所示，已知 a、b 两状态处于同一条绝热线上，则(　　)。

A. 内能增量为正，对外做功为正，系统吸热为正

B. 内能增量为负，对外做功为正，系统吸热为正

C. 内能增量为负，对外做功为正，系统吸热为负

D. 不能判断

6-7 理想气体卡诺循环过程的两条绝热线下的面积大小分别为 S_1 和 S_2，如图所示，则二者大小关系是(　　)。

A. $S_1 > S_2$　　B. $S_1 < S_2$　　C. $S_1 = S_2$　　D. 无法确定

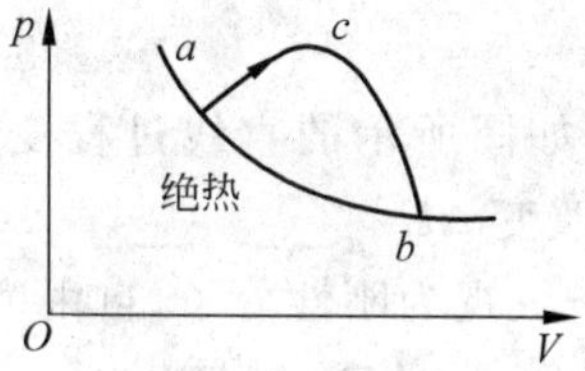

习题 6-6 图

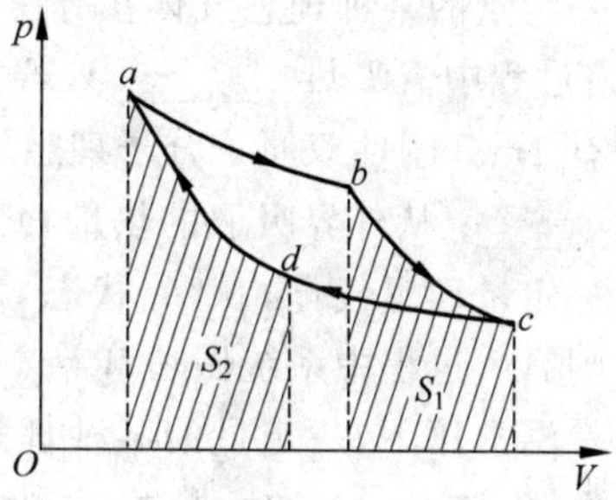

习题 6-7 图

6-8 在温度分别为 327℃和 27℃的高温热源和低温热源之间工作的热机，理论上的最大效率为(　　)。

A. 25%　　B. 50%　　C. 75%　　D. 91.74%

6-9 设高温热源的热力学温度是低温热源的热力学温度的 n 倍，则理想气体在一次卡诺循环中，传给低温热源的热量是从高温热源吸取的热量的(　　)。

A. n 倍　　B. $n-1$ 倍　　C. $\frac{1}{n}$倍　　D. $\frac{n+1}{n}$倍

6-10 关于热功转换和热量传递过程，有下面一些叙述：

(1) 功可以完全变为热量，而热量不能完全变为功；

(2) 一切热机的效率都不可能等于 1；

(3) 热量不能从低温物体向高温物体传递；

(4) 热量从高温物体向低温物体传递是不可逆的。

以上这些叙述(　　)。

A. 只有(2)、(4)正确　　B. 只有(2)、(3)、(4)正确

C. 只有(1)、(3)、(4)正确　　D. 全部正确

6-11 有两个相同的容器，一个盛有氦气，另一个盛有氧气(均视为刚性分子)。开始它们的压强和温度都相同，现将 9J 的热量传给氦气，使之升高一定温度，如果使氧气也升高同样的温度，则应向氧气传递热量为________。

6-12　对于室温条件下的单原子分子气体，在等压膨胀的情况下，系统对外所做之功与从外界吸收的热量之比 $W:Q$ 等于________。

6-13　如图所示，理想气体从状态 A 出发经 $ABCDA$ 循环过程回到初态 A，则在一循环中气体净吸收的热量为________。

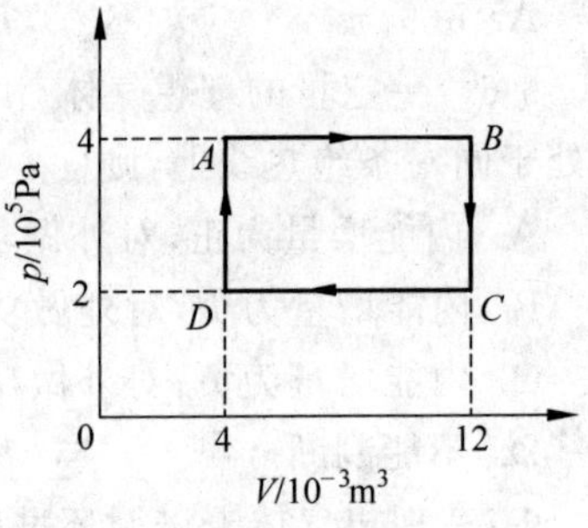

习题 6-13 图

6-14　某理想气体等温压缩到给定体积时外界对气体做功 $|W_1|$，又经绝热膨胀返回原来体积时气体对外做功 $|W_2|$，则整个过程中气体从外界吸收的热量 $Q=$________，内能增加了 $\Delta E=$________。

6-15　一气缸内贮有 10mol 的单原子分子理想气体，在压缩过程中外界做功 209J，气体升温 1K，此过程中气体内能增量为________，外界传给气体的热量为________。(摩尔气体常量 $R=8.31$(J/(mol·K))

6-16　一定量的某种理想气体在等压过程中对外做功为 200J。若此种气体为单原子分子气体，则该过程中需吸热________J，若为双原子分子气体，则需吸热________J。

6-17　有 1mol 刚性双原子分子理想气体，在等压膨胀过程中对外做功 W，则其温度变化 $\Delta T=$________；从外界吸取的热量 $Q_p=$________。

6-18　一定量理想气体，从 A 状态 $(2p_1, V_1)$ 经历如图所示的直线过程变到 B 状态 $(2p_1, V_2)$，则 AB 过程中系统做功 $W=$________，内能改变 $\Delta E=$________。

6-19　常温常压下，一定量的某种理想气体(其分子可视为刚性分子，自由度为 i)，在等压过程中吸热为 Q，对外做功为 W，内能增加为 ΔE，则 $W/Q=$________，$\Delta E/Q=$________。

6-20　已知 1mol 的某种理想气体(其分子可视为刚性分子)，在等压过程中温度上升 1K，内能增加了 20.78J，则气体对外做功为________，气体吸收热量为________。

6-21　如图所示，一定量的理想气体经历 $a\ c\ b$ 过程时吸热 500J，则经历 $acbda$ 过程时，吸热为多少？

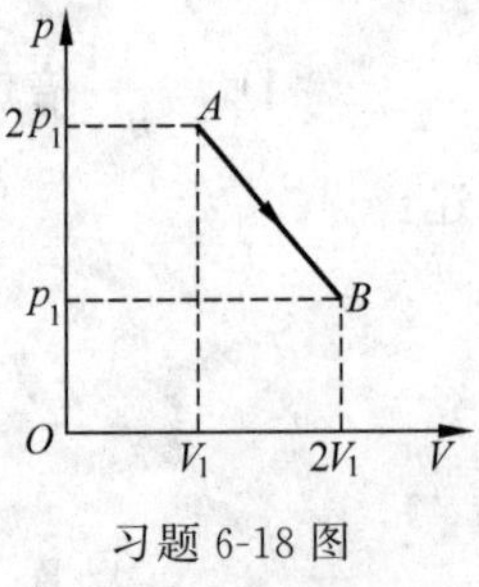

习题 6-18 图

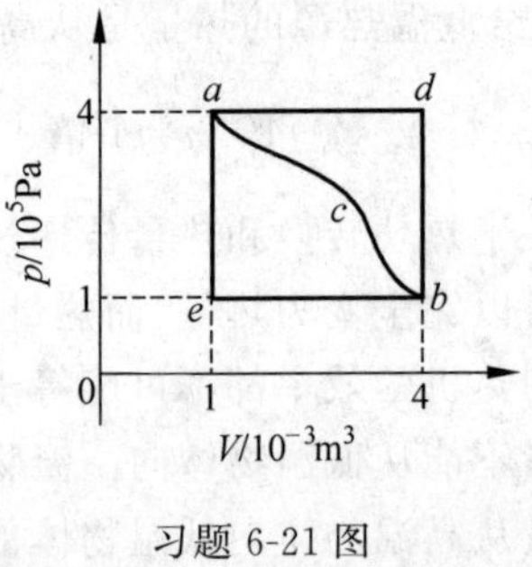

习题 6-21 图

6-22　如图所示，1mol 氢气在温度为 300K，体积为 0.025m^3 的状态下，经过(1)等压膨胀；(2)等温膨胀；(3)绝热膨胀。气体的体积都变为原来的两倍。试分别计算这三种过程中氢气对外做的功以及吸收的热量。

6-23　如图所示，一定量的某种理想气体进行如图所示的循环过程。已知气体在状态 A 的温度为 $T_A=300$K，求：

（1）气体在状态 B、C 的温度；

（2）各过程中气体对外所做的功；

（3）经过整个循环过程，气体从外界吸收的总热量（各过程吸热的代数和）。

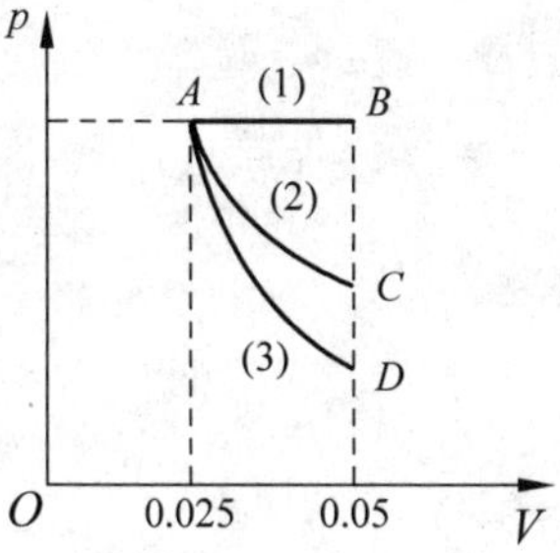

习题 6-22 图

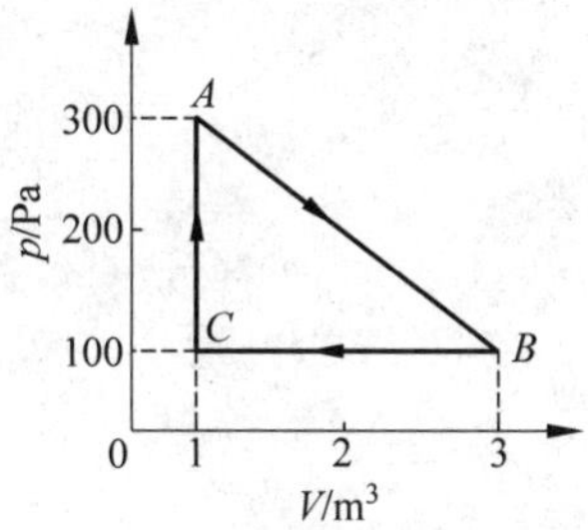

习题 6-23 图

6-24　气缸内贮有 36g 水蒸气（视为刚性分子理想气体），经 $abcda$ 循环过程，如图所示。其中 ab、cd 为等体过程，bc 为等温过程，da 为等压过程。试求：

（1）da 过程中水蒸气做的功 W_{da}；

（2）ab 过程中水蒸气内能的增量 ΔE_{ab}；

（3）循环一周水蒸气做的净功 W；

（4）循环效率 η。

6-25　一定量双原子分子理想气体，经历如图所示循环，ab 为等压过程，经此过程系统内能变化 $E_b - E_a = 3\times10^4\,\text{J}$，$bc$ 为绝热过程，气体经 ca 等温过程时，外界对系统做功 $3.78\times10^4\,\text{J}$。求：

（1）此循环的效率；

（2）bc 过程中系统做功多少？

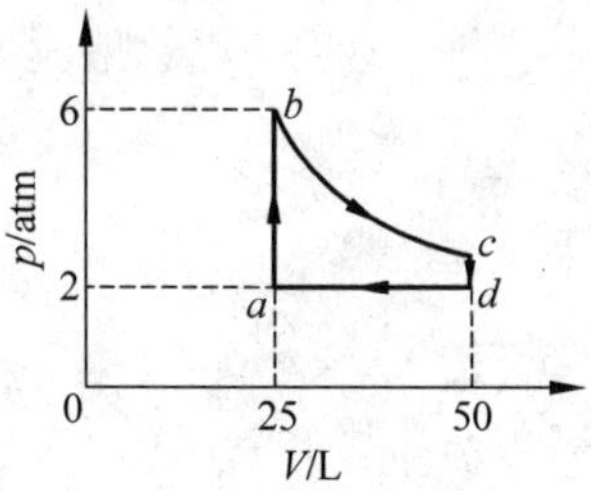

习题 6-24 图

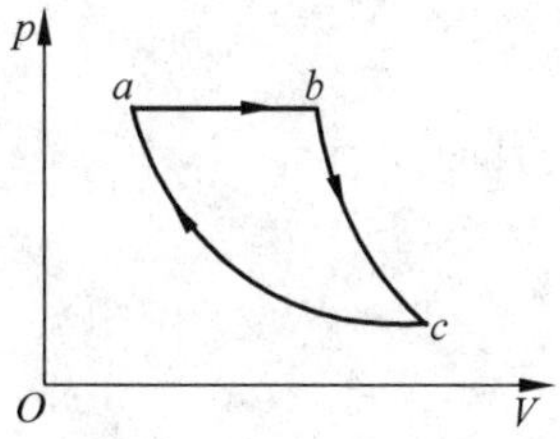

习题 6-25 图

自测题和能力提高题　　自测题和能力提高题答案

第 3 篇

振动与波动

第7章

机 械 振 动

机械振动是指物体在一定的位置附近所作的往复运动，这是自然界中一种很普遍的运动形式。钟摆的摆动、心脏的跳动、气缸中活塞的运动、琴弦的颤动等都是机械振动。在力学中，研究振动的规律具有重要意义，这是进一步研究地震学、建筑学、声学甚至生物学的基础。另外，在物理学领域中振动具有更为广泛的含义。当一个系统的状态发生变化时，若某个物理量围绕在某一定值附近反复变化，则此量也可看作是在振动。因此掌握机械振动的规律也是进一步学习物理学其他分支的基础。振动在空间的传播过程称为波；机械振动的传播过程就形成了机械波。掌握振动的理论就为进一步学习波动理论打下了基础。

就形式而言，机械振动是多种多样的。它们可以是周期性的，也可以是非周期性的（广义地说，任何机械运动都可以看作是振动）。但在各种机械振动中，最简单、最基本的形式是简谐振动。说其简单是因为它的动力学方程及其解有着最简单的形式；说其基本是因为任何复杂的振动都可以分解为若干不同频率、不同振幅的简谐振动。本章将主要介绍简谐振动。

7.1 简谐振动的基本概念和规律

7.1.1 简谐振动的动力学方程及其解——运动方程

为了说明简谐振动的基本特征，首先看两个具体的例子。

例 7-1 水平弹簧振子的运动。

将劲度系数为 k 的轻弹簧一端固定，另一端接一个质量为 m 的物体（振子），水平放置在光滑平面上（图 7-1），就形成了水平的弹簧振子系统。当振子被拉（或压）离平衡位置（即振子受弹力为零的位置）时，由于弹力的作用，振子将会在平衡位置附近作往复运动。设 x 轴原点与平衡位置重合，运动中振子位于任意位置 x 时，所受的弹力为

$$f = -kx \tag{7-1}$$

即弹力的大小与振子相对平衡位置的位移成正比；弹力的方向与位移的方向相反。根据牛顿第二定律，对弹簧振子，可列出动力学方程

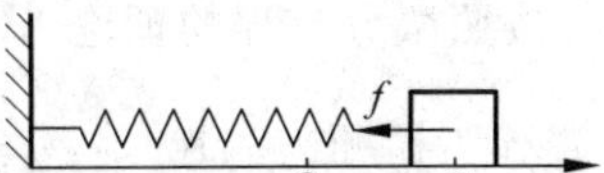

图 7-1 弹簧振子的简谐振动

$$-kx = m\frac{d^2x}{dt^2}$$

或

$$\frac{d^2x}{dt^2}+\frac{k}{m}x=0 \tag{7-2}$$

这说明振子加速度的大小与位移成正比,方向与位移方向相反。

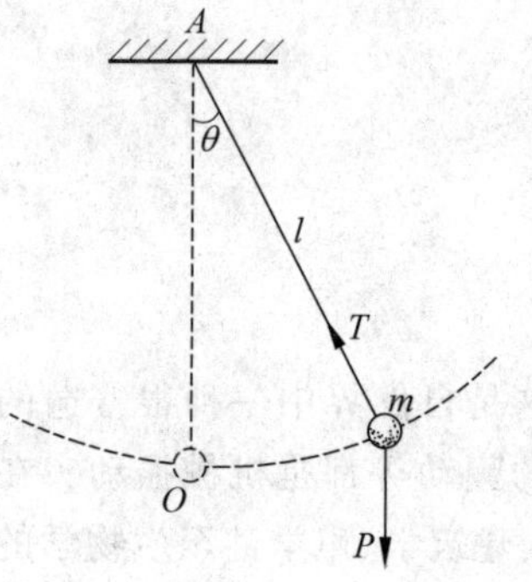

图 7-2 单摆

例 7-2 单摆小角度摆动。

在一根不会伸缩的轻线下端系一个可看作质点的小球,上端点 A 固定,这就形成了一个单摆(图 7-2)。摆球被拉离平衡位置点 O 后,在重力的作用下会返回点 O,到达 O 时,由于具有动能会继续摆动。若忽略空气阻力,这种摆动可以一直持续下去。这里单摆可以看作是定轴转动的刚体,根据转动定理可列出其动力学方程。设摆球偏离点 O 时摆线与铅直方向的夹角为 θ,并以点 O 为基准取逆时针方向的角位移 θ 为正。由于摆球只受到重力矩的作用,且由于小角度摆动,故重力矩可写为

$$-mgl\sin\theta \approx -mgl\theta$$

其中负号表示力矩的方向与角位移的方向相反,m、l 分别表示摆球的质量和摆线的长度。根据转动定理,应有

$$-mgl\theta = ml^2\alpha$$

其中 ml^2 为摆球的转动惯量,α 为角加速度。整理上式可得

$$\frac{d^2\theta}{dt^2}+\frac{g}{l}\theta=0 \tag{7-3}$$

与式(7-2)比较可知,两式在数学上是完全等价的。

分析以上两例可知,当分别以变量 x 代替例 7-2 中的 θ,以 ω^2 代替式(7-2)、式(7-3)两式中的 k/m 和 g/l 时,式(7-2)、式(7-3)两式将化为相同的表达式

$$\frac{d^2x}{dt^2}+\omega^2x=0 \tag{7-4}$$

这是一个二阶线性齐次常微分方程。式中的 ω 是一个仅由振动系统本身性质决定的常数,至于它的物理意义文中后续将讨论。类似的例子还可以举出很多。于是有定义,凡动力学方程的形式满足式(7-4)的物体的运动称为简谐振动。

分析简谐振动的特点可知,振动物体的加速度(或角加速度)总是与位移(或角位移)大小成正比,方向相反。从受力的角度看,它们不是受到弹力(即力与位移的大小成正比,方向相反)就是受到与弹力的规律完全类似的力矩(即力矩与角位移的大小成正比,方向相反),将后者称为准弹性力。因此它们具有相同的动力学方程形式就是必然的了。

按照微分方程的理论,式(7-4)有标准的解法,其解——运动方程的形式为

$$x = A\sin(\omega t+\alpha)$$

或

$$x = A\cos(\omega t+\alpha) \tag{7-5}$$

或正、余弦函数的线性组合。为了便于教学，以下仅取式(7-5)的余弦函数形式。式中 A、α 是由初始条件来确定的积分常数，且 A 恒为正数。由式(7-5)也可以得到广义的速度 v(可以是速度，也可以是角速度)、广义的加速度 a(可以是加速度，也可以是角加速度)的表达式

$$v=\frac{\mathrm{d}x}{\mathrm{d}t}=-A\omega\sin(\omega t+\alpha) \tag{7-6}$$

$$a=\frac{\mathrm{d}^2x}{\mathrm{d}t^2}=-A\omega^2\cos(\omega t+\alpha)=-\omega^2x \tag{7-7}$$

可见简谐振动的位移、速度、加速度都是随时间周期性变化的简谐函数，不过它们变化的步调是不一致的。如图 7-3 所示为 $\alpha=0$ 时弹簧振子的位移、速度、加速度随时间的变化情况。式(7-5)、式(7-6)、式(7-7)同样可以成为判断简谐振动的依据。

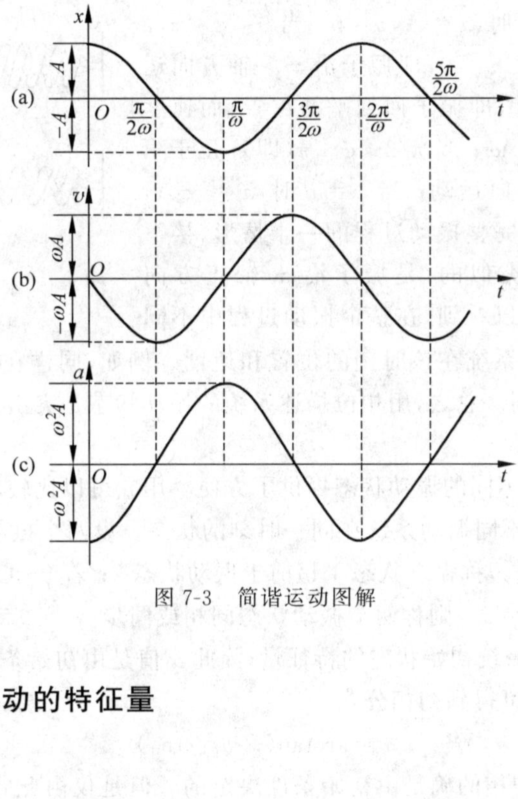

图 7-3 简谐运动图解

7.1.2 描述简谐振动的特征量

1. 振幅

振幅是指简谐振动的物体偏离平衡位置最大位移的绝对值。在运动方程(7-5)中，A 即为振幅，

$$A=|x_{\max}|$$

振幅的大小取决于振动系统的初始状态。下面还将看到振幅的大小将直接关系着振动系统的能量。设 $t=0$ 时振动物体的位置和速度分别为 x_0、v_0，由式(7-5)、式(7-6)，可得

$$x_0=A\cos\alpha \tag{7-8}$$

$$v_0=-A\omega\sin\alpha \tag{7-9}$$

$$A=\sqrt{x_0^2+(v_0/\omega)^2} \tag{7-10}$$

由此式可见振幅 A 是由振动系统的初始状态决定的，而且在一般情况下，$A\neq x_0$，只有在

$v_0=0$ 时才有 $A=x_0$。

2. 相位与初相位

在运动方程(7-5)中,括号内的 $\omega t+\alpha=\varphi$ 称为系统的相位,显然 φ 是时间 t 的函数。当 $t=0$ 时,$\varphi=\alpha$,因此 α 又称为初相。

相位是表示系统振动状态的重要特征量。可以认为系统在任意时刻的位置、速度等都是由相位决定的。下面以水平弹簧振子的振动过程(图 7-4)为例说明这一点。

设水平弹簧振子的运动方程为

$$x=A\cos(\omega t+\alpha)$$

当相位 $\varphi=(\omega t+\alpha)=0$ 时,$x=A$,$v=0$;当 $0<\varphi<\pi/2$(即 φ 处于第一象限)时,$v<0$,即振子沿 $-x$ 轴方向运动;当 $\varphi=\pi/2$ 时,$x=0$,即振子回到平衡位置,而速度达到反向最大值,$v=-A\omega$;当 $\pi/2<\varphi<\pi$(即 φ 位于第二象限)时,振子继续反向运动;当 $\varphi=\pi$ 时,$x=-A$,$v=0$。以上是振子一个完整振动过程的一半情形,接下去的一半过程是完全类似的,是振子沿 x 轴正方向($v>0$)的运动过程。可以看到,在整个振动过程中不同时刻的相位 φ 就决定了系统在该时刻的位置和速度。例如,同样在平衡位置,当振子的相位不同时,速度也不相同。总之,用相位描述系统的振动状态是突出了振动具有周期性这样一个重要的特点。

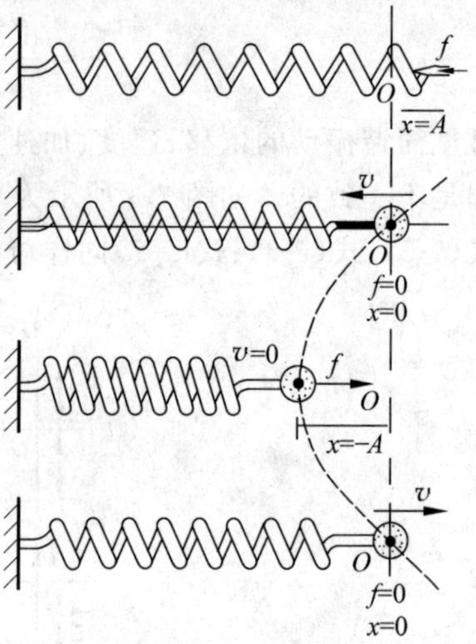

图 7-4 水平弹簧振子的振动过程

另外相位还为比较不同的振动状态提供了方便。用它可以比较同一振动系统在不同时刻的状态;也可以比较不同振动系统在同一时刻的状态。设两个振动状态所对应的相位分别为 φ_1 和 φ_2,若 $\varphi_1>\varphi_2$,称振动状态 1 超前于振动状态 2;若 $\varphi_1<\varphi_2$,则称振动状态 1 滞后于振动状态 2;若 $\varphi_1=\varphi_2$,则称两个振动状态同相或同步。

初相 α 是表征振动系统初始状态的特征量,因此 α 值是由初始条件决定的。由式(7-8)、式(7-9)联立消去 A,即可得到初相公式

$$\alpha=\arctan(-v_0/\omega x_0) \tag{7-11}$$

由这个公式可以看到,初相的确是由初始条件决定的。但是仅由此式往往还不能将 α 值唯一确定下来,一般要在式(7-9)、式(7-10)、式(7-11)中任取两式才能在 $(-\pi,\pi)$ 区间内唯一确定下来。这在处理具体问题时需要充分注意。

3. 周期和频率

简谐振动是具有周期性的运动。所谓周期是指振动物体作一次完全振动所需要的时间。而一次完全振动是指物体由某一状态(位置、速度)出发,经过一段时间后第一次完全恢复到原有状态的过程。根据以上的定义,不难看出,若以 T 表示周期,则物体在任意时刻 t 的位置(或速度)应与物体在时刻 $t+T$ 的位置(或速度)完全相同。代入运动方程(7-5)后有

$$\cos(\omega t+\alpha)=\cos[\omega(t+T)+\alpha]$$

再考虑余弦函数的周期性有

$$\cos(\omega t+\alpha)=\cos(\omega t+\alpha+2\pi)$$

于是不难看出

$$T=2\pi/\omega \tag{7-12}$$

联系前面提到的作简谐振动的两个例子可知，对弹簧振子 $\omega=\sqrt{k/m}$，振动周期为

$$T=2\pi\sqrt{m/k} \tag{7-13}$$

对单摆，$\omega=\sqrt{g/l}$，振动周期为

$$T=2\pi\sqrt{l/g} \tag{7-14}$$

这是两个非常有用的公式。

周期的倒数称为频率，以下用 ν 表示。它的物理意义是表示在单位时间内物体所作的完全振动的次数。频率的单位为 s^{-1}，即赫兹(Hz)。由式(7-12)可得

$$\nu=1/T=\omega/2\pi$$

或

$$\omega=2\pi\nu \tag{7-15}$$

可见 ω 与 ν 只差常数倍 2π，因此 ω 被称为圆频率。

由以上介绍不难看出，简谐振动的周期和频率完全是由振动系统自身的性质决定的，与系统的振动状态无关。即当振动系统自身的性质(如弹簧振子的 m、k，单摆的 l、g)一经确定，则无论它们振动与否，它们的振动周期和频率就已经完全确定下来了。因此，可将它们称为固有周期、固有频率和固有圆频率。对于一个作简谐振动的系统，要确定其振动周期和频率，只需根据有关的力学规律，列出动力学方程，再与简谐振动动力学方程的标准形式式(7-4)对比，就会很容易找出 ω，从而求出 T 或 ν。

例 7-3 质量为 m 的质点在水平光滑面上，两侧各接一个弹性系数为 k 的弹簧，如图 7-5 所示，弹簧另一端被固定于壁上，L 为两弹簧自然长度，如使 m 向右有一小位移后，静止释放，则质点每秒通过原点的次数为多少？

解 当质点离开其平衡位置位移为 x 时，所受合力为 $-2kx$。由牛顿定律，其自由振动方程为

$$m\frac{d^2x}{dt^2}=-2kx$$

即

$$\frac{d^2x}{dt^2}+\frac{2k}{m}x=0$$

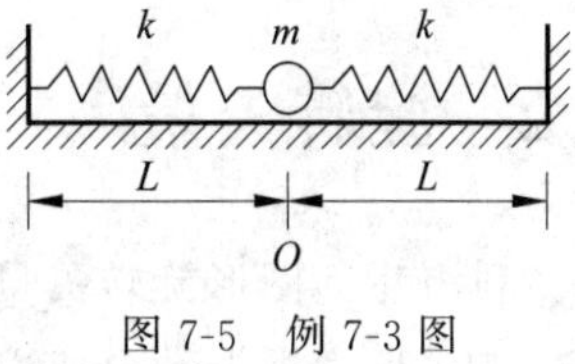

图 7-5 例 7-3 图

所以其自由振动频率为 $\frac{1}{2\pi}\sqrt{\frac{2k}{m}}$。

在振动中，质点每运动一个周期，通过原点 2 次，所以质点每秒通过原点为 $\frac{1}{\pi}\sqrt{\frac{2k}{m}}$ 次。

此题也可将 2 个弹簧折合成 1 个弹簧考虑，也可以从能量角度考虑，即找出其势能，再与标准形式对比得到振动频率。

例 7-4 原长为 0.50m 的弹簧上端固定，下端挂一质量为 0.1kg 的砝码。当砝码静止

时,弹簧的长度为0.60m,若将砝码向上推,使弹簧回到原长,然后放手,则砝码作上下振动。

(1) 证明砝码上下运动为简谐振动;

(2) 求此简谐振动的振幅、角频率和频率;

(3) 若从放手时开始计时,求此简谐振动的振动方程(取正向向下)。

解 (1) 选如图7-6所示的坐标系,以振动物体的平衡位置为坐标原点。设 t 时刻砝码位于 x 处,根据受力分析有

$$mg - k(x + x_0) = m\frac{\mathrm{d}^2 x}{\mathrm{d}t^2} \tag{1}$$

式中 x_0 为砝码处于平衡时弹簧的伸长量,因而有

$$mg = kx_0$$

将此式代入到式(1)中,化简后有

$$\frac{\mathrm{d}^2 x}{\mathrm{d}t^2} + \frac{k}{m}x = 0$$

因此,砝码的运动为简谐振动。

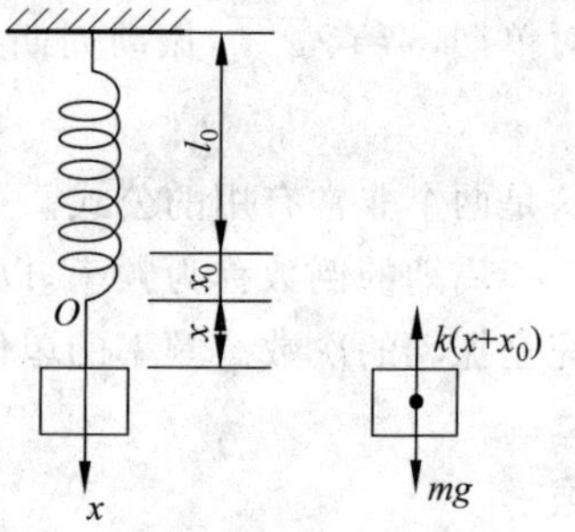

图7-6 例7-4图

(2) 砝码振动的角频率和频率分别为

$$\omega = \sqrt{\frac{k}{m}} = \sqrt{\frac{g}{x_0}} = \sqrt{\frac{9.8}{0.1}}\,\mathrm{rad/s} = 9.9\,\mathrm{rad/s}$$

$$\nu = \frac{\omega}{2\pi} = 1.58\,\mathrm{Hz}$$

设砝码的简谐振动方程为

$$x = A\cos(\omega t + \alpha) \tag{2}$$

由初始条件,$t=0$ 时,$x=-x_0=-0.1$,$v=0$,得

$$A = 0.1\mathrm{m},\quad \alpha = \pi$$

(3) 将以上讨论的结果代入式(2)得简谐振动的振动方程

$$x = 0.1\cos(9.9t + \pi)\mathrm{m}$$

7.2 旋转矢量

利用几何图形旋转矢量可以更为形象、直观地描述简谐运动的规律。掌握这种方法对今后进一步学习振动合成以及电学、光学课程极为有用。

简谐运动和匀速圆周运动有一个很简单的关系。如图7-7所示,设一质点沿圆心在 O 点而半径为 A 的圆周作匀速运动,其角速度为 ω。以圆心 O 为原点。设质点的径矢经过与 x 轴夹角为 α 的位置时开始计时,则在任意时刻 t,此径矢与 x 轴的夹角为$(\omega t+\alpha)$,而质点在 x 轴上的投影的坐标为

$$x = A\cos(\omega t + \alpha)$$

这正与式(7-5)所表示的简谐运动定义公式相同。由此可知,作匀速圆周运动的质点在某一直径(取作 x 轴)上的投影的运动就是简谐运动。圆周运动的角速度(或周期)就等于振动的角频率(或周期),圆周的半径就等于振动的振幅。初始时刻作圆周运动的质点的径矢与

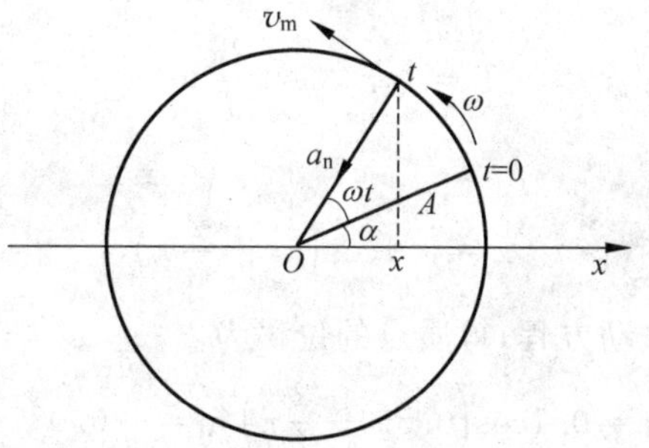

图 7-7　匀速圆周运动与简谐运动

x 轴的夹角就是振动的初相。

不但可以借助于匀速圆周运动来表示简谐运动的位置变化，也可以从它求出简谐运动的速度和加速度。由于作匀速圆周运动的质点的速率是 $v_m=\omega A$，在时刻 t 它在 x 轴上的投影是 $v=-v_m\sin(\omega t+\alpha)=-\omega A\sin(\omega t+\alpha)$。这正是式(7-6)给出的简谐运动的速度公式。作匀速圆周运动的质点的向心加速度是 $a_n=\omega^2 A$。在时刻 t 它在 x 轴上的投影是 $a=-a_n\cos(\omega t+\alpha)=-\omega^2 A\cos(\omega t+\alpha)$，这正是式(7-7)给出的简谐运动的加速度公式。

正是由于匀速圆周运动与简谐运动的上述关系，所以常常借助于匀速圆周运动来研究简谐运动，对应的圆周叫做参考圆。

如果画一个图表示出作匀速圆周运动的质点的初始径矢的位置，并标以 ω(图 7-8)，则相应的简谐运动的三个特征量都表示出来了，因此可以用这样一个图表示一个确定的简谐运动。简谐运动的这种表示法叫做旋转矢量法。

例 7-5　物体沿 x 轴作简谐振动，其振幅为 $A=10.0\text{cm}$，周期为 $T=2.0\text{s}$，$t=0$ 时物体的位移为 $x_0=-5\text{cm}$。且向 x 轴负方向运动。试求：

(1) $t=0.5\text{s}$ 时物体的位移；

(2) 何时物体第一次运动到 $x=5\text{cm}$ 处？

(3) 再经过多少时间物体第二次运动到 $x=5\text{cm}$ 处？

解　由已知条件，简谐振动在 $t=0$ 时刻的旋转矢量位置，如图 7-9 所示。由图及初始条件可知

$$\alpha=\pi-\frac{\pi}{3}=\frac{2}{3}\pi$$

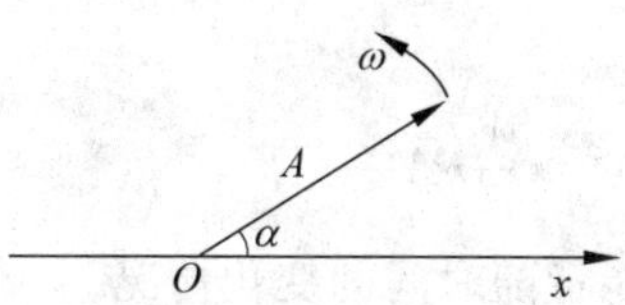

图 7-8　旋转矢量图

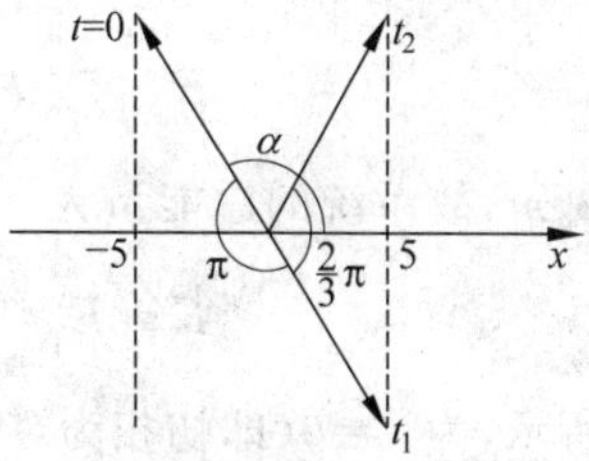

图 7-9　例 7-5 图

由于

$$T=2\mathrm{s},\quad \omega=\frac{2\pi}{T}=\pi$$

所以,该物体的振动方程为

$$x=0.1\cos\left(\pi t+\frac{2}{3}\pi\right)$$

(1) 将 $t=0.5\mathrm{s}$ 代入振动方程,得质点的位移为

$$x=0.1\cos\left(0.5\pi+\frac{2}{3}\pi\right)\mathrm{m}=-0.087\mathrm{m}$$

(2) 当物体第一次运动到 $x=5\mathrm{cm}$ 处时,旋转矢量转过的角度为 π,如图 7-9 所示,所以有

$$\omega t_1=\pi$$

即

$$t_1=\frac{t}{\omega}=\frac{T}{2}=1\mathrm{s}$$

(3) 当物体第二次运动到 $x=5\mathrm{cm}$ 处时,旋转矢量又转过$\frac{2}{3}\pi$,如图 7-9 所示,所以有

$$\omega\Delta t=\omega(t_2-t_1)=\frac{2}{3}\pi$$

即

$$\Delta t=\frac{2\pi}{3\omega}=\frac{1}{3}T=\frac{2}{3}\mathrm{s}$$

7.3 简谐振动的能量

在简谐振动过程中,振动物体的速度是不断改变的,因而动能也在不断变化。由于物体所受的弹力(或准弹性力)是保守力,因而随着物体位置的变动势能也在不断变化。下面仍以水平弹簧振子(图 7-1)为例,分析一下系统的能量关系和变化情况。

因为弹簧振子在任一时刻的位置和速度分别为

$$x=A\cos(\omega t+\alpha)$$
$$v=-A\omega\sin(\omega t+\alpha)$$

于是相应的动能为

$$E_\mathrm{k}=\frac{1}{2}mv^2=\frac{1}{2}m\left[A\omega\sin(\omega t+\alpha)\right]^2$$

势能为

$$E_\mathrm{p}=\frac{1}{2}kx^2=\frac{1}{2}k\left[A\cos(\omega t+\alpha)\right]^2$$

由于 $\omega^2=k/m$,故系统的总能量为

$$E=E_\mathrm{p}+E_\mathrm{k}=\frac{1}{2}m(A\omega)^2=\frac{1}{2}kA^2 \tag{7-16}$$

如图 7-10 所示,为 $\alpha=0$(即初相为零)时弹簧振子的能量随时间的变化情况。

可见,系统的动能和势能都是随时间周期性变化的,而且最大值、最小值乃至对时间的平均值都相同,只是变化的步调(相)不同。当动能达到最大(小)值时,势能最小(大)。另

外，由于简谐振动系统只有保守内力做功，因而系统的总能量不随时间变化，即系统的总机械能守恒。由以上公式可见，系统的总能量与振幅的平方成正比，这是一个很重要的结论，说明系统的总能量由初始状态决定。

以上对弹簧振子系统能量的分析具有普遍意义，简谐振动系统能量的变化情况可参看图 7-11。

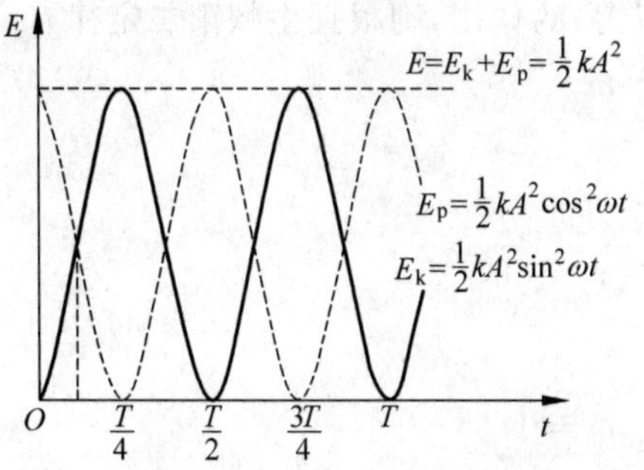

图 7-10 弹簧振子的能量和时间关系曲线

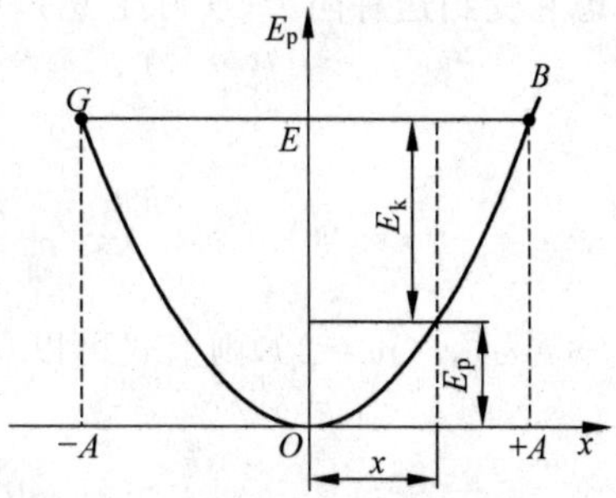

图 7-11 弹簧振子的势能曲线

例 7-6 一弹簧振子作简谐振动，(1)当其偏离平衡位置的位移的大小为振幅的1/2时，其动能为振动总能量的多少？(2)当物体的动能和势能相等的瞬时，物体的速率为多少？(已知 A、ω)

解 (1) 已知

$$E = E_k + E_p = \frac{1}{2}kA^2$$

因为

$$E_p = \frac{1}{2}kx^2 = \frac{1}{2}k\left(\frac{A}{2}\right)^2 = \frac{1}{4}\cdot\frac{1}{2}kA^2 = \frac{E}{4}$$

$$E_k = E - E_p = \frac{3}{4}E$$

(2) 已知

$$E_k = E_p$$

$$E_k + E_p = E$$

$$E_k = \frac{1}{2}E = \frac{1}{2}mv^2$$

所以

$$v = \sqrt{\frac{E}{m}} = \sqrt{\frac{kA^2}{2m}} = \frac{\sqrt{2}}{2}\sqrt{\frac{k}{m}}A = \frac{\sqrt{2}}{2}\omega A$$

7.4 阻尼振动 受迫振动和共振

7.4.1 阻尼振动

任何实际的振动，总要受到阻力的影响。由于克服阻力做功，振动系统的能量不断减少,因而振幅也逐渐减小。这种振幅随时间而减小的振动称为阻尼振动。

实验指出,当物体以不太大的速度在流体中运动时,流体对物体的阻力与物体运动的速度成正比,即

$$F_r = -cv$$

式中比例系数 c 称为阻力系数,负号表示阻力的方向与速度方向相反。对弹簧振子来说,如果考虑它受到这种阻力(实际上总是要受到空气阻力)的作用,则根据牛顿第二定律有

$$-kx - cv = ma$$

或

$$m\frac{\mathrm{d}^2x}{\mathrm{d}t^2} + c\frac{\mathrm{d}x}{\mathrm{d}t} + kx = 0$$

令 $k/m = \omega_0^2$,$c/m = 2\beta$,则上式可以写成

$$\frac{\mathrm{d}^2x}{\mathrm{d}t^2} + 2\beta\frac{\mathrm{d}x}{\mathrm{d}t} + \omega_0^2 = 0$$

式中 ω_0 就是振动系统的固有角频率,它由系统本身性质决定;β 叫做阻尼因数,对于一个给定的振动系统来说,它由阻力系数决定。当阻尼较小时,即 $\beta < \omega_0$ 时,方程的解为

$$x = A\mathrm{e}^{-\beta t}\cos(\omega t + \alpha) \tag{7-17}$$

上式中角频率 $\omega = \sqrt{\omega_0^2 - \beta^2}$,$A$、$\alpha$ 是由初始条件决定的常量。如图 7-12 所示,是阻尼振动的位移-时间曲线。阻尼振动的振幅 $A\mathrm{e}^{-\beta t}$ 是随时间衰减的,阻尼越大,振幅衰减得越快。阻尼振动不是简谐振动,但是在阻尼不大时,可以近似看成简谐振动,它的周期

$$T = 2\pi/\omega = \frac{2\pi}{\sqrt{\omega_0^2 - \beta^2}}$$

可见,对一定的振动系统,有阻尼时的振动周期要比无阻尼时大。当阻尼大到使 $\beta = \omega_0$,这时振动的特征消失了,物体从最大位移处逐渐向平衡位置靠近,称为临界阻尼振动。若阻尼很大,即 $\beta > \omega_0$,此时物体以非周期运动的方式慢慢回到平衡位置,而且速度很慢,称为过阻尼振动。如图 7-13 所示是三种阻尼情况的比较。

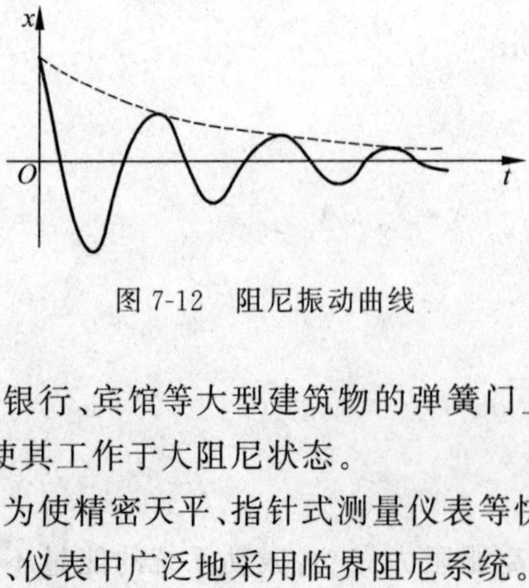

图 7-12　阻尼振动曲线

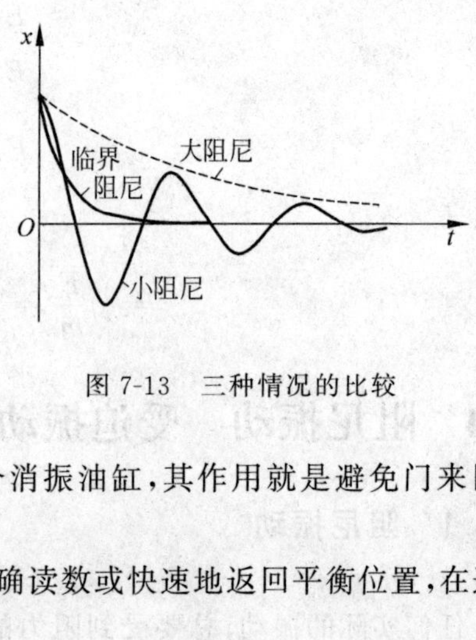

图 7-13　三种情况的比较

银行、宾馆等大型建筑物的弹簧门上常装有一个消振油缸,其作用就是避免门来回振动,使其工作于大阻尼状态。

为使精密天平、指针式测量仪表等快速地逼近正确读数或快速地返回平衡位置,在这类仪器、仪表中广泛地采用临界阻尼系统。

7.4.2 受迫振动

系统在周期性外力作用下发生的振动，叫做受迫振动。例如，扬声器中纸盒的振动，机器运转时所引起的基础的振动等都是受迫振动。

设一系统在弹力 $F=-kx$、阻力 $F_r=-cv$ 以及周期性外力 $H\cos pt$ 的作用下作受迫振动。这个周期性外力称为强迫力，H 为其最大值，称为力幅，p 为其角频率。

根据牛顿第二定律有

$$\frac{d^2x}{dt^2}+2\beta\frac{dx}{2dt}+\omega_0^2x=h\cos pt$$

令 $k/m=\omega_0^2$，$c/m=2\beta$，$H/m=h$，得方程的解为

$$x=A_0e^{-\beta t}\cos(\sqrt{\omega_0^2-\beta^2}\,t+\alpha_0)+A\cos(pt+\alpha) \tag{7-18}$$

受迫振动是由阻尼振动 $A_0e^{-\beta t}\cos(\sqrt{\omega_0^2-\beta^2}\,t+\alpha_0)$ 和简谐振动 $A\cos(pt+\alpha)$ 合成的。

实际上，从受迫振动开始经过不太长的时间之后，阻尼振动就衰减到可以忽略不计，受迫振动达到稳定状态。这时受迫振动为一个简谐振动，其振动方程为

$$x=A\cos(pt+\alpha)$$

其中振动的角频率 p 就是强迫力的角频率，而振幅 A 和初相 α 不仅与振动系统的性质有关，还与强迫力的频率和力幅有关。

受迫振动在稳定状态时的振幅和初相分别为

$$A=\frac{h}{\sqrt{(\omega_0^2-p^2)^2+4\beta^2p^2}}$$

$$\alpha=\arctan\frac{-2\beta p}{\omega_0^2-p^2}$$

受迫振动的振幅与强迫力的频率有关。当强迫力的频率为某一值时，振幅达到极大值。使振幅达到极大值时强迫力的角频率，用求极值的方法可得

$$p=\omega_r=\sqrt{\omega_0^2-2\beta^2} \tag{7-19}$$

相应的最大振幅为

$$A_r=\frac{h}{2\beta\sqrt{\omega_0^2-2\beta^2}}$$

把强迫力的角频率满足式(7-19)而使受迫振动产生最大振幅的现象称为振幅共振，一般简称为共振，把 ω_r 称为共振角频率，它是由系统本身性质及阻力决定的。由上文可知，若阻尼因数 β 值越小，则共振角频率 ω_r 越接近系统的固有角频率 ω_0，同时共振的振幅 A 越大。若阻尼因数趋近于零，则 ω_r 趋近于 ω_0，此时共振振幅趋于无穷大，如图 7-14 所示。

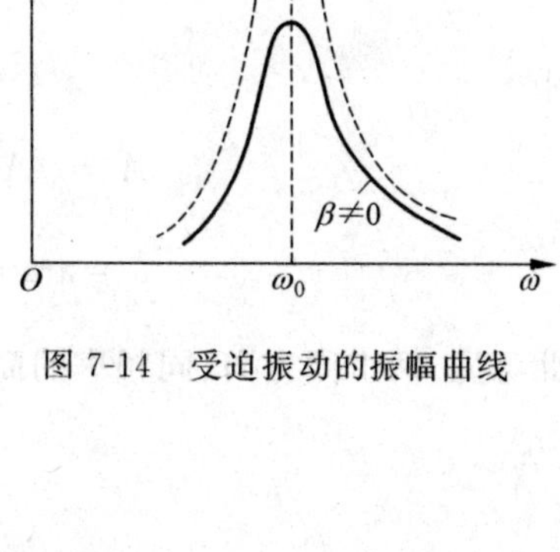

图 7-14 受迫振动的振幅曲线

另外一种共振是速度共振，当发生速度共振时受迫振动的物体的速度振幅取极大值。速度共振的条

件是外力的频率等于系统的固有频率。

共振是日常生活中常见的物理现象,我国早在公元前3世纪就有了乐器相互共鸣的文字记载。利用声波共振可提高乐器的音响效果,利用核磁共振可研究物质结构以及进行医疗诊断,收音机中的调谐回路是利用电磁共振来选台,等等。然而,共振除了可利用的一面外,还会给我们带来不利的一面。机器在工作过程中由于共振会使某些零部件损坏。1940年7月1日,美国的塔克玛(Tacome Narrows)斜拉大桥在启用后仅4个多月,就在大风下因共振而坍塌。

历史小故事:“舞动的格蒂”——塔科马海峡吊桥

例 7-7 固有频率为 ν_0 的弹簧振子,在阻尼很小的情况下,受到频率为 $2\nu_0$ 的余弦策动力作用作受迫振动并达到稳定状态,振幅为 A。若在振子经平衡位置时撤去策动力,则自由振动的振幅 A' 与 A 的关系是什么?

解 稳态振动时振子频率即策动力频率,圆频率为 $\omega=2\pi(2\nu_0)$,经平衡位置时速度最大为 $v=\omega A$。撤去策动力后,速度仍为 v,作自由振动,其圆频率为固有圆频率 $\omega'=2\pi\nu_0$,仍有关系 $v=\omega' A'$,所以

$$\omega A=\omega' A',\quad A'=\frac{\omega}{\omega'}A=2A$$

7.5 简谐振动的合成

在实际问题中,一个质点往往同时参与两个以上的振动过程。例如两列声波同时传播到某点时,该点的空气质点就会同时参与这两列声波在该点引起的振动,这就是所谓振动的合成问题。讨论这个问题往往比较复杂,以下我们将讨论几种基本的简谐振动的合成问题。

7.5.1 同方向、同频率简谐振动的合成

设某质点在同一直线上同时参与两个同频率的简谐振动,它们的运动方程分别为

$$x_1=A_1\cos(\omega t+\alpha_1)$$
$$x_2=A_2\cos(\omega t+\alpha_2)$$

因而质点在任意时刻的合振动应为

$$\begin{aligned}x&=x_1+x_2\\&=A_1\cos(\omega t+\alpha_1)+A_2\cos(\omega t+\alpha_2)\end{aligned}$$

利用三角函数公式将上式展开、合并后可得

$$x=A\cos(\omega t+\alpha)$$

式中,

$$A=\sqrt{A_1^2+A_2^2+2A_1A_2\cos(\alpha_2-\alpha_1)} \tag{7-20}$$

$$\alpha=\arctan\left(\frac{A_1\sin\alpha_1+A_2\sin\alpha_2}{A_1\cos\alpha_1+A_2\cos\alpha_2}\right) \tag{7-21}$$

由此可见,两个同方向、同频率的简谐振动合成后仍为同方向、同频率的简谐振动。这个结

论仍然可以推广到多个同方向、同频率简谐振动合成的情形。

根据式(7-20)可以看出,合振动的振幅不仅与分振动的振幅有关,而且更重要的是与分振动的相差 $\alpha_2-\alpha_1$ 有关,对此以下作简单的讨论。

(1) 当 $\alpha_2-\alpha_1=\pm 2k\pi$,$k$ 为零或任意整数时,两个分振动步调相同,按式(7-20),振幅 $A=A_1+A_2$。这是 A 所能达到的最大值。此时振动得到最大的加强。

(2) 当 $\alpha_2-\alpha_1=\pm(2k+1)\pi$,$k$ 为零或任意整数时,两个分振动步调正好相反,按式(7-20),振幅 $A=|A_1-A_2|$。这是 A 所能达到的最小值。此时振动受到最大的消弱。

(3) 以上是两种极端的情形。在一般情况下,$\alpha_2-\alpha_1$ 可取任意值,A 也将介于以上两种情况之间,即有

$$|A_1-A_2|<A<(A_1+A_2)$$

以上这些讨论结果是很重要的,它们将在波的干涉问题中有重要的应用。

对以上的振动合成问题也可以采用旋转矢量法求解。如图 7-15 所示,用角速度都为 ω 的旋转矢量 $\boldsymbol{A}_1$、$\boldsymbol{A}_2$ 分别代表简谐振动 x_1、x_2,因而按照矢量合成的平行四边形法则可得到合矢量 $\boldsymbol{A}$,而且 $\boldsymbol{A}$ 也将以相同的角速度旋转,所以 $\boldsymbol{A}$ 所代表的必然仍是简谐振动。参照图 7-15,利用余弦定理以及直角三角形边角关系,可求得 A 和 α,其结果与式(7-20)、式(7-21)完全相同,但计算方法要简单得多。

例 7-8　如图所示,一质点同时参与三个简谐振动,它们的振动方程分别为 $x_1=A\cos\left(\omega t+\frac{\pi}{3}\right)$,$x_2=A\cos\left(\omega t+\frac{5\pi}{3}\right)$,$x_3=A\cos(\omega t+\pi)$,求合成的运动方程。

解　用旋转矢量法最简洁,如图 7-16 所示,已知

$$A_1=A_2=A_3=A$$

且

$$A'=|\boldsymbol{A}_1+\boldsymbol{A}_2|=A$$

所以

$$\boldsymbol{A}_{合}=(\boldsymbol{A}_1+\boldsymbol{A}_2)+\boldsymbol{A}_3=\boldsymbol{0}$$

$$A_{合}=0$$

所以合成的运动方程 $x=0$。

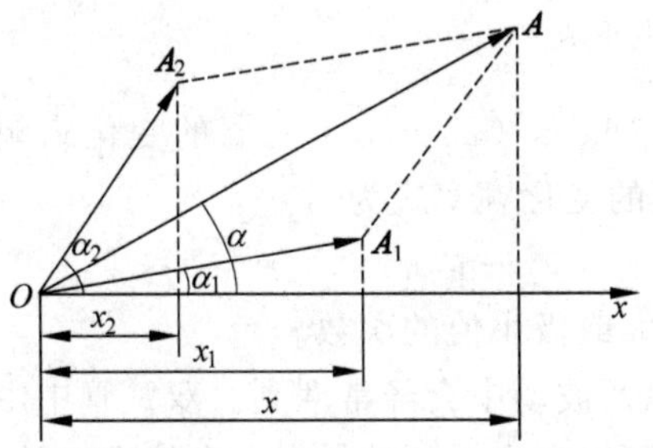

图 7-15　x 轴上两个同频率的简谐振动合成

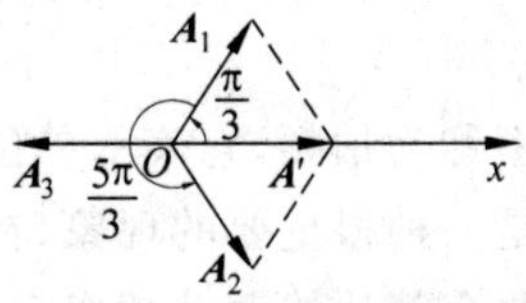

图 7-16　例 7-8 图

7.5.2　同方向、不同频率简谐振动的合成拍

在讨论了同方向、同频率简谐振动合成问题的基础上,为突出不同频率这一主要矛盾,为

简单起见,可设质点所参与的两个同方向、不同频率的简谐振动振幅相等,初相相同,分别为

$$x_1 = A\cos(\omega_1 t + \alpha)$$

$$x_2 = A\cos(\omega_2 t + \alpha)$$

按照旋转矢量法可知,代表以上两个简谐振动的旋转矢量 $\boldsymbol{A}_1$、$\boldsymbol{A}_2$ 的角速度是不相同的,因而由此所得到的合矢量 $\boldsymbol{A}$ 的角速度 ω 也必定不同于 ω_1、ω_2。又由于 $\boldsymbol{A}_1$、$\boldsymbol{A}_2$ 的相对方位会随时间不断变化,因而 ω 也会不断改变。因此合矢量 $\boldsymbol{A}$ 所代表的不再是简谐振动。

根据三角函数公式可求出合振动为

$$\begin{aligned} x &= x_1 + x_2 \\ &= A\cos(\omega_1 t + \alpha) + A\cos(\omega_2 t + \alpha) \\ &= 2A\cos\left[\frac{1}{2}(\omega_2 - \omega_1)t\right]\cos\left[\frac{1}{2}(\omega_2 + \omega_1)t + \alpha\right] \end{aligned}$$

很明显,在一般情况下,合振动的位移变化已看不出有严格的周期性。但当两个分振动的圆频率 ω_1、ω_2 都很大,而相差很小时,会有 $\omega_2 - \omega_1 \ll \omega_2 + \omega_1$,在此条件下,我们可以近似地将合振动看作是振幅为 $|2A\cos[(\omega_2 - \omega_1)t/2]|$、圆频率为 $(\omega_2 + \omega_1)/2$ 的简谐振动。由于振幅随时间作缓慢变化,并有周期性,因而会出现振幅时大时小,振动时强时弱的现象,如图 7-17 所示。这种频率都很大但相差很小的两个同方向振动合成时,所产生的合振动时强时弱的现象称为拍。

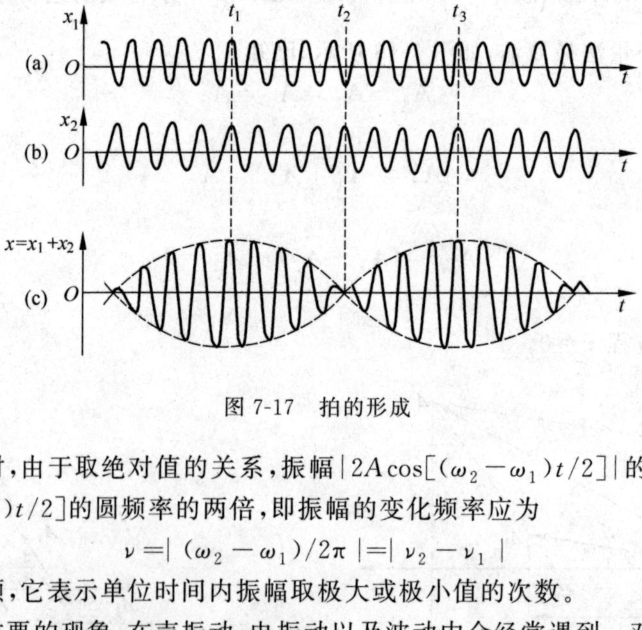

图 7-17 拍的形成

拍现象发生时,由于取绝对值的关系,振幅 $|2A\cos[(\omega_2 - \omega_1)t/2]|$ 的变化圆频率应为函数 $\cos[(\omega_2 - \omega_1)t/2]$ 的圆频率的两倍,即振幅的变化频率应为

$$\nu = |(\omega_2 - \omega_1)/2\pi| = |\nu_2 - \nu_1| \tag{7-22}$$

这个频率称为拍频,它表示单位时间内振幅取极大或极小值的次数。

拍是一种很重要的现象,在声振动、电振动以及波动中会经常遇到。双簧管中由于发同一音的两个簧片的振动频率有微小的差别,因而可以发出悦耳的拍音。在校准钢琴、测定超声波频率时也要利用拍的规律。

7.5.3 相互垂直的同频率简谐振动的合成

这是一个二维问题。设质点所参与的两个振动分别沿 x、y 轴方向,有

$$x = A_1\cos(\omega t + \alpha_1)$$
$$y = A_2\cos(\omega t + \alpha_2)$$

消去上述两式中的 t，可得到质点运动的轨迹方程为

$$\left(\frac{x}{A_1}\right)^2 + \left(\frac{y}{A_2}\right)^2 - \frac{2xy}{A_1A_2}\cos(\alpha_2 - \alpha_1) = \sin^2(\alpha_2 - \alpha_1) \tag{7-23}$$

一般地说，这是一个椭圆方程式。考虑下述几种特殊情况：

(1) $\alpha_2 - \alpha_1 = 0$，即两振动同相，上式变为 $\frac{x}{A_1} - \frac{y}{A_2} = 0$，表明物体轨迹为一过坐标原点，斜率为 $\frac{A_2}{A_1}$ 的直线。在 t 时刻物体离开原点的位移是 $s = \sqrt{A_1^2 + A_2^2}\cos(\omega t + \alpha)$。可见合振动也是简谐振动，频率与分振动相同，振幅等于 $\sqrt{A_1^2 + A_2^2}$。

(2) $\alpha_2 - \alpha_1 = \pi$，即两振动反相。这时有 $\frac{x}{A_1} + \frac{y}{A_2} = 0$，物体轨迹仍为一条直线，但斜率为 $-\frac{A_2}{A_1}$，合振动仍为简谐振动，频率为 ω，振幅也等于 $\sqrt{A_1^2 + A_2^2}$。

(3) $\alpha_2 - \alpha_1 = \frac{\pi}{2}$，此时 $\frac{x^2}{A_1^2} + \frac{y^2}{A_2^2} = 1$，这表示物体运动轨迹是以坐标轴为主轴的椭圆。

(4) $\alpha_2 - \alpha_1$ 等于其他值时，合振动轨迹一般为椭圆，其具体形式由两个分振动振幅及相位差决定。

一般来说，两个相互垂直、具有不同频率的振动，它们的合振动比较复杂，运动轨迹往往不稳定。当两振动的频率为简单整数比时，合振动的轨迹是稳定而封闭的。这样的轨道图形称为李萨如图形。

李萨如图形是频率为简单整数比、相互垂直的两个简谐振动的合成的结果。如图 7-18 所示为沿 x 方向、振动周期为 T_x 的振动，与沿 y 方向振动周期为 T_y 的振动的合振动轨迹。

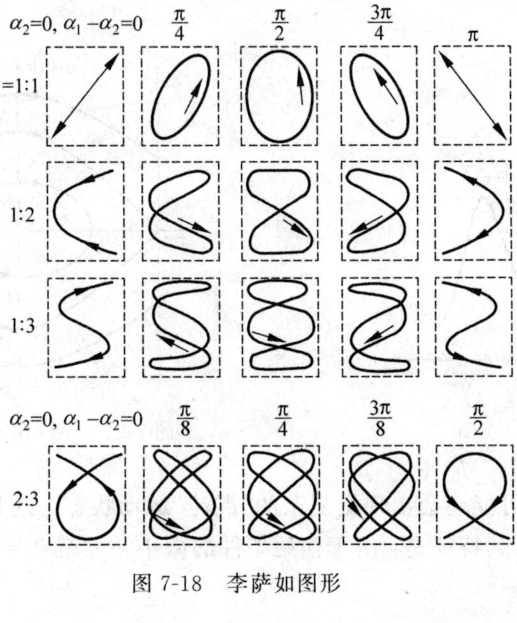

图 7-18　李萨如图形

阅读材料 6　非线性振动简介

前面介绍的振动的叠加,都属于线性系统的叠加,它们都有如下特点:动力学行为可由线性微分方程表示,其解满足叠加原理,有确定的初始条件或边界条件,其解为精确解。

但是,线性系统只是理想情况或者是近似情况,如小角度近似,它是真实系统在特定状态附近的线性化结果。而绝大多数情况是非线性的,如大角度摆。这种情况下叠加原理不再成立,且初始条件不同,会导致不相同的运动形式,轨迹可能出现完全随机的“混沌”行为。

图 7-19 表示了大角度摆在三种不同的起始能量导致的摆的三种不同运动。图 7-19(a)是起始能量较小的情况,摆在偏离一定角度后,摆锤将沿原路摆回作往复性运动;图 7-19(b)所示的起始能量较大,摆锤将不再沿原路返回,运动将不再具有往复性;图 7-19(c)表示起始能量更大时,摆锤将在竖直平面内作圆周运动,而这已不是通常意义上的摆动了。

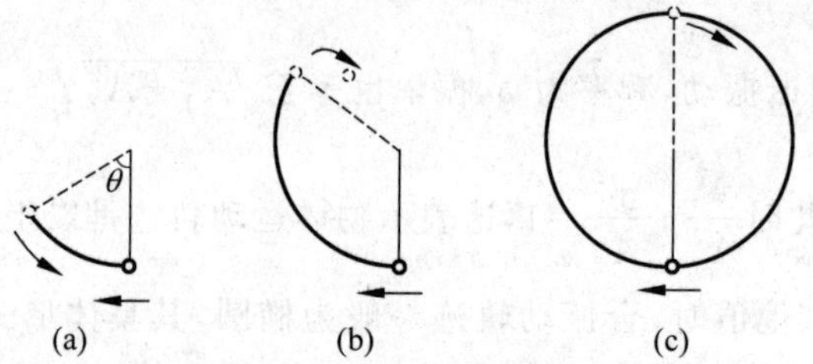

图 7-19　起始能量不同导致大角度摆的三种不同运动

为了对非线性运动的特征作出定性描述,法国数学家、物理学家庞加莱(H. Poinca,1854—1912 年)在 19 世纪提出“相图法”,即运用一种几何的方法来讨论非线性问题,如图 7-20 所示。通过对相图的研究,可以了解系统的稳定性、运动趋势等特性。相图的描述方法已成为非线性力学中最基本的方法。例如,可用相图 7-21 中的(a)、(c)来表示图 7-19 中的(a)、(c)两种运动(振动和转动),而轨迹(b)是振动(a)和转动(c)两种运动形式的分界线。

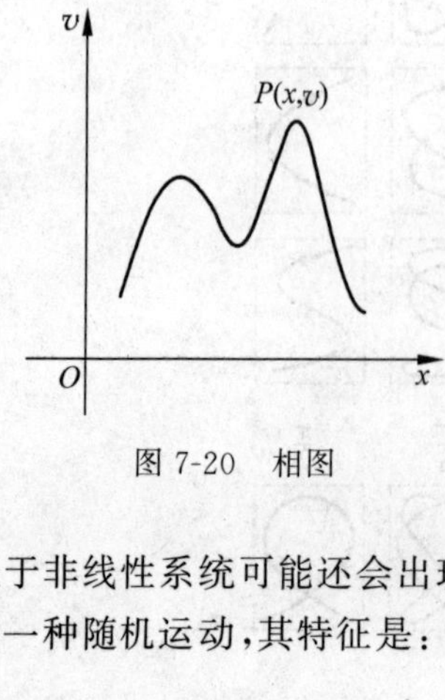

图 7-20　相图

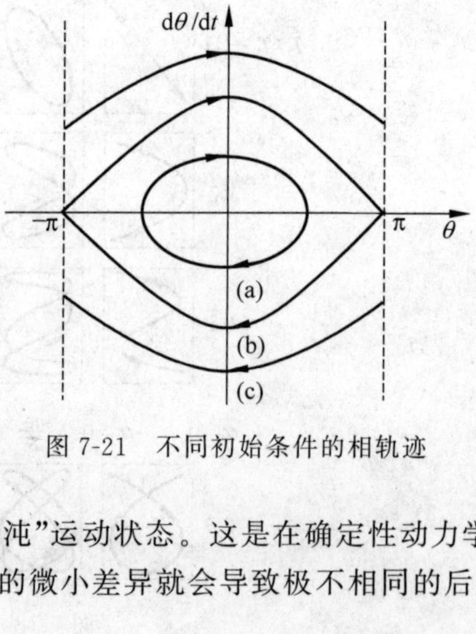

图 7-21　不同初始条件的相轨迹

关于非线性系统可能还会出现更复杂的“混沌”运动状态。这是在确定性动力学系统中存在的一种随机运动,其特征是:由于初始条件的微小差异就会导致极不相同的后果,使系统的未来运动状态无法预料而呈现为随机的行为。

对于多数显示出混沌的非线性系统来说,要给它精确选定初始条件并确定其结果,在实际中是办不到的,因为这种系统的运动具有显著的随机性。例如地球表面附近的大气层就是个相当复杂的非线性系统,而大气环流、海洋潮汐、太阳活动等因素的某些偶然变化,都会使仅仅靠求解气象方程来精确预报天气成为不可能和不现实的事。

本章要点

1. 动力学方程的基本形式

$$\frac{d^2x}{dt^2}+\omega^2x=0$$

2. 运动方程

$$x=A\cos(\omega t+\alpha)$$

3. 描述简谐振动的特征量

(1) 振幅 A

振动物体偏离平衡位置最大位移的绝对值。

振幅由系统的初始条件决定,其公式为

$$A=\sqrt{x_0^2+(v_0/\omega)^2}$$

(2) 相 $\varphi=\omega t+\alpha$ 与初相 α

相是决定振动系统在 t 时刻状态的物理量;初相则由系统的初始条件决定,有公式

$$\alpha=\arctan(-v_0/\omega x_0)$$

(3) 周期 T 和频率 ν

T 表示系统作一次完全振动所需要的时间;ν 表示单位时间内系统所作的完全振动的次数。因而 $T=1/\nu$。

T 和 ν 是由系统本身的性质决定的。可由列出的动力学方程中的圆频率 ω 求出,有 $T=2\pi/\omega$ 和 $\nu=\omega/2\pi$。

单摆的周期为

$$T=2\pi\sqrt{l/g}$$

弹簧振子的周期为

$$T=2\pi\sqrt{m/k}$$

4. 几何描述法——旋转矢量

5. 能量

简谐振动系统的总机械能守恒。对于水平弹簧振子,动能为

$$E_k=\frac{1}{2}m\omega^2A^2\sin^2(\omega t+\alpha)$$

势能为

$$E_p=\frac{1}{2}m\omega^2A^2\cos^2(\omega t+\alpha)$$

总机械能为

$$E=\frac{1}{2}m\omega^2A^2=\frac{1}{2}kA^2$$

6. 阻尼振动、受迫振动

(1) 阻尼振动

小阻尼情况($\beta<\omega_0$)下,弹簧振子作衰减振动,衰减振动的周期 T' 比自由振动周期要长;大阻尼($\beta>\omega_0$)和临界阻尼($\beta=\omega_0$)情况下,弹簧振子的运动都是非周期性的,即振子开始运动后,振子随着时间逐渐返回平衡位置。临界阻尼与大阻尼情况相比,振子将更快地返回平衡位置。

(2) 受迫振动

在周期性变化力作用下的振动。稳态时振动的角频率与驱动力的角频率相同;当驱动力角频率 $\omega_r=\sqrt{\omega_0^2-2\beta^2}$ 时,振子的振幅具有最大值,发生位移共振;当驱动力角频率 $\omega_r=\omega_0$ 时,速度振幅具有极大值,系统发生速度共振,亦称能量共振。

7. 简谐振动的合成

(1) 振动方向相同、频率相同

合成仍为同方向、同频率的简谐振动。以两振动合成为例,合成后有 $x=A\cos(\omega t+\alpha)$。式中,

$$A=\sqrt{A_1^2+A_2^2+2A_1A_2\cos(\alpha_1-\alpha_2)},\quad \alpha=\arctan\left(\frac{A_1\sin\alpha_1+A_2\sin\alpha_2}{A_1\cos\alpha_1+A_2\cos\alpha_2}\right)$$

且当 $\alpha_1-\alpha_2=2k\pi, k=0,\pm1,\pm2,\cdots$ 时,$A=A_1+A_2$,即振动得到最大的加强;而当 $\alpha_1-\alpha_2=(2k+1)\pi, k=0,\pm1,\pm2,\cdots$ 时,$A=|A_1-A_2|$,即振动受到最大削弱。

(2) 振动方向相同、频率不同

合成后不再为简谐振动,只是在 ω_1、ω_2 都很大,且相差很小时会出现振幅时大时小的拍现象,拍频率为 $\nu=|\nu_1-\nu_2|$,表示单位时间内振幅变化的次数。

(3) 振动方向垂直、频率相同

合成后振动的物体的轨迹一般为椭圆,特殊情况下为圆或直线。

习题 7

7-1 一物体作简谐振动,振动方程为 $x=A\cos\left(\omega t+\frac{\pi}{4}\right)$。在 $t=T/4$(T 为周期)时刻,物体的加速度为(　　)。

A. $-\frac{1}{2}\sqrt{2}A\omega^2$　　B. $\frac{1}{2}\sqrt{2}A\omega^2$

C. $-\frac{1}{2}\sqrt{3}A\omega^2$　　D. $\frac{1}{2}\sqrt{3}A\omega^2$

7-2 一质点作简谐振动,振动方程为 $x=A\cos(\omega t+\alpha)$,当时间 $t=T/2$(T 为周期)时,质点的速度为(　　)。

A. $A\omega\sin\alpha$ B. $-A\omega\sin\alpha$ C. $A\omega\cos\alpha$ D. $-A\omega\cos\alpha$

7-3 用余弦函数描述一简谐振子的振动。若其速度-时间(v-t)关系曲线如图所示,则振动的初相位为( )。

A. $\pi/6$ B. $\pi/3$

C. $\pi/2$ D. $2\pi/3$

E. $5\pi/6$

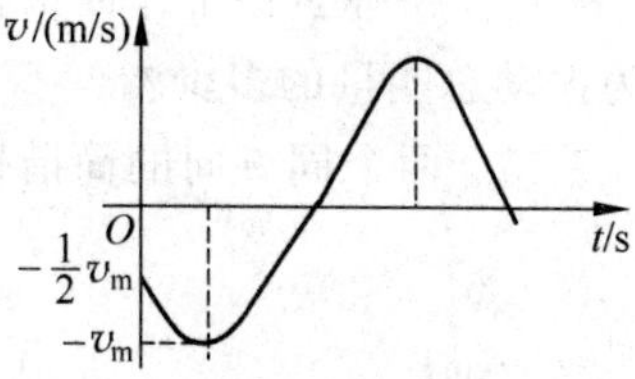

习题 7-3 图

7-4 两个不同的轻质弹簧分别挂上质量相同的物体 1 和 2,若它们的振幅之比 $A_2/A_1=2$,周期之比 $T_2/T_1=2$,则它们的总振动能量之比 E_2/E_1 是( )。

A. 1 B. 1/4 C. 4/1 D. 2/1

7-5 一弹簧振子作简谐振动,振幅为 A,周期为 T,其运动方程用余弦函数表示。若 $t=0$ 时,(1) 振子在负的最大位移处,则初相为________;

(2) 振子在平衡位置向正方向运动,则初相为________;

(3) 振子在位移为 $A/2$ 处,且向负方向运动,则初相为________。

7-6 两个同方向、同频率的简谐振动,其合振动的振幅为 20cm,与第一个简谐振动的相位差为 $\alpha-\alpha_1=\pi/6$。若第一个简谐振动的振幅为 $10\sqrt{3}$ cm,则:

(1) 第二个简谐振动的振幅为________;

(2) 第一、二两个简谐振动的相位差为________。

7-7 两个同方向、同频率的简谐振动,振幅均为 A,若合成振动的振幅仍为 A,则两分振动的初相位差为________。

7-8 两个简谐振动合成为一个圆运动的条件是(1)________,(2)________,(3)________,(4)________。

7-9 一物体作简谐振动,其振动方程为

$$x=0.04\cos\left(\frac{5}{3}\pi t-\frac{1}{2}\pi\right)\quad(\text{SI})$$

求:

(1) 此简谐振动的周期;

(2) 当 $t=0.6$s 时,物体的速度。

7-10 已知某简谐振动的振动曲线如图所示,位移的单位为 cm,时间单位为 s。求此简谐振动的振动方程。

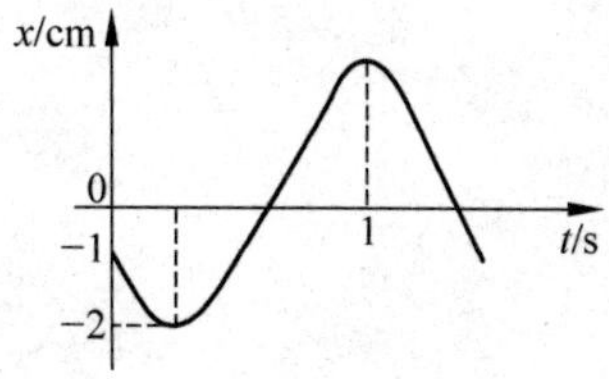

习题 7-10 图

7-11 一质点作简谐振动,速度最大值 $v_m=5$cm/s,振幅 $A=2$cm。若令速度具有正最大值的那一时刻为 $t=0$,求振动表达式。

7-12 一质点在 x 轴上作简谐振动,振幅 $A=4$cm,周期 $T=2$s,其平衡位置取作坐标原点。若 $t=0$ 时刻质点第一次通过 $x=-2$cm 处,且向 x 轴负方向运动,则质点第二次通过 $x=-2$cm 处的时刻为多少?

7-13　用余弦函数描述一简谐振子的振动。若其振动曲线如图所示，求振动的初相位和周期。

7-14　一弹簧振子作简谐振动，当其偏离平衡位置的位移的大小为振幅的 1/4 时，其动能为振动总能量的多少？

7-15　两个同方向的简谐振动曲线如图所示，求合振动的振幅和合振动的振动方程。

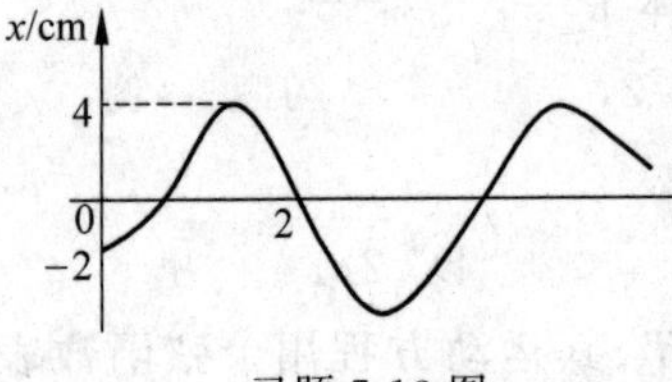

习题 7-13 图

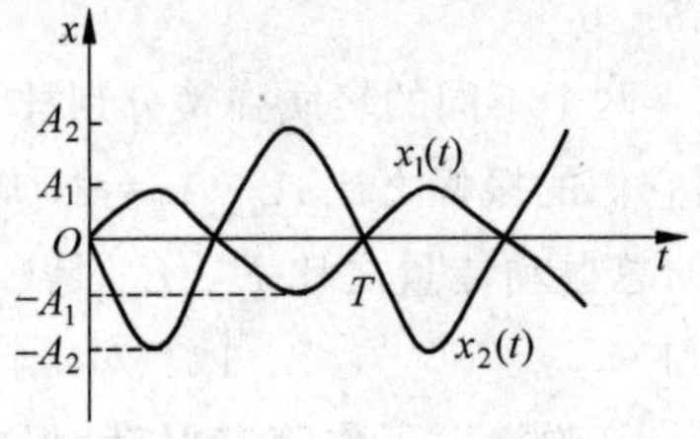

习题 7-15 图

7-16　一个质点同时参与两个在同一直线上的简谐振动，其表达式分别为

$$x_1=4\times10^{-2}\cos\left(2t+\frac{\pi}{6}\right),\quad x_2=3\times10^{-2}\cos\left(2t-\frac{5}{6}\pi\right)\quad \text{(SI)}$$

则其合成振动的振幅为多少？初相为什么？

自测题和能力提高题　　自测题和能力提高题答案

第8章

机　械　波

振动在空间的传播过程称为波，机械振动的传播过程就形成了机械波。研究机械波的规律意义很大，不仅具有直接的应用价值（如对声波、地震波等机械波的研究、利用和改造等），而且对于自然界中存在的所有波动过程（如电磁波、物质波等）都有重要的借鉴作用。尽管各种波动的物理意义、产生的条件不同，但很多规律是完全相同的。本章将主要介绍机械波。

8.1　机械波的产生及其特征量

8.1.1　机械波形成的条件

前文已提到，物体在振动时要与周围的物质发生相互作用，因而能量要向四周传递。换句话说，周围的物体也将随之振动起来。这样就形成了一个机械振动的传播过程，这个过程称为机械波。例如，投石子于水面，该点处的小水团就振动起来，于是周围的一圈圈水团也将在重力和水的表面张力的作用下，被带动着振动起来。圈圈涟漪，荡漾成为水面波。再比如，扬声器的纸盆在空气中振动时，将会使周围的空气质点发生振动，进而使这些质点附近的空气层产生压缩和舒张。由于空气质点间存在着弹力作用，这种过程将不断持续下去，这样就自然造成了空间各处空气层的压缩和舒张，此起彼伏，伸展延续，即形成了声波。

由以上两例可知，机械波的形成需要有两个基本的条件。一是要有波源，即引起波动的初始振动物体。波源可根据研究问题的需要而看作质点（如上例中水面波的中心水团）、直线（如琴弦）、平面（如鼓膜）等，于是波源也可分为点波源、线波源、面波源等。二是要有传播振动的物质，即如以上各例所提到的，由无穷多的、相互间以弹力连接在一起的质点所构成的连续分布的物质。这种物质通常称为弹性介质。弹性介质的形态可以是多种多样的，可以是固体，也可以是液体或气体。由于不同弹性介质内发生的形变以及由此产生的相应弹力的类型不同，因而传播的机械波类型也将不同。

机械波基本的类型有两种：一种叫做横波；另一种叫做纵波。当波介质中各个质点的振动方向与波的传播方向相互垂直时，这种波就是横波。例如使一条拉紧的绳子的一端作垂直于绳的振动。则将发现这振动会沿绳传到另一端，形成绳子上的横波。这种波看上去是波峰、波谷(即绳子的最凸、凹处)相连,如图 8-1 所示。当传波介质中各个质点的振动方向与波的传播方向平行时,这种波就是纵波。例如空气中传播的声波就是纵波。我们还可以用水平悬挂的弹簧传递纵波(图 8-2)。当反复沿水平方向推拉弹簧的一端时,弹簧的各处就出现了疏、密相间的情形,并且这些疏、密部位也将沿水平方向向另一端运动。

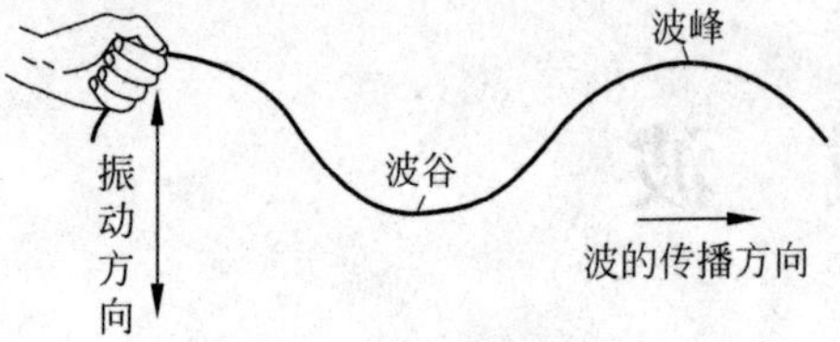

图 8-1 横波

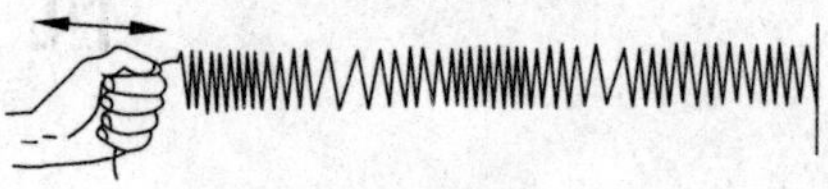

图 8-2 纵波

横波和纵波是波动的两种最简单的基本类型。但在实际问题中,传波介质中质点的振动情况是很复杂的,由此产生的波动过程也很复杂。波动可能既不是横波也不是纵波,或者说既有横波成分又有纵波成分。例如地震波的横波与纵波成分可以通过传播速度的显著差别而区分出来。

这里尤其值得强调指出的是,机械波是振动状态(或相)的传播过程,至于波动传播过程中介质中的各个质点则并未随机械波的传播而迁移。可以作这样的观察,当水面上的圈圈涟漪四散扩展时,漂浮在水面上的小木块只作上下浮动,而不会随波前进。这说明机械波的传播方向、传播速度与传波介质中各个质点的振动方向、振动速度是完全不同的概念,务必不要混淆。

8.1.2 描述波动的特征量

为了描述波动的整体性质,引入波速 u、波长 λ、周期 T 和频率 ν 四个物理量。

波的传播是介质中质元振动状态的传播。单位时间内一定振动状态所传播的距离就是波速(u)。同一波射线上两个相邻的振动状态相同(相位差为 2π)的质元之间的距离称为波长(λ)。波前进一个波长的距离所需要的时间叫做波的周期(T)。因为振源完成一次全振动,相位就向前传播一个波长,所以波的周期在数值上等于质元的振动周期。单位时间内,波前进距离中完整波的数目,叫做波的频率(ν)。波长、波速和频率的关系如图 8-3 所示。

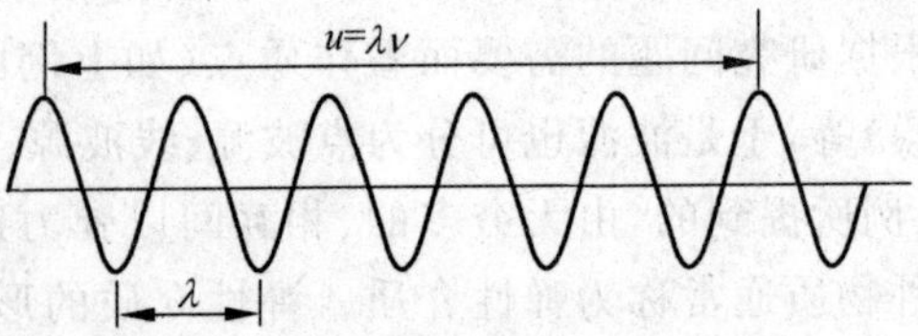

图 8-3 波长、波速和频率的关系

由上述定义得出:

$$u = \frac{\lambda}{T} \tag{8-1}$$

因为 $\nu=\dfrac{1}{T}$，所以

$$u=\nu\lambda \tag{8-2}$$

波速由介质决定，在弹性固体中，横波与纵波的速度分别是

$$u=\sqrt{G/\rho}\text{（横波）}$$

$$u=\sqrt{Y/\rho}\text{（纵波）}$$

式中，G、Y 分别为介质的切变弹性模量和杨氏弹性模量；ρ 为介质密度。

在气体和液体中，不能传播横波，因为它们的切变弹性模量为零。而纵波在气体和液体中的传播速度为

$$u=\sqrt{B/\rho}\text{（纵波）}$$

式中，B 为介质容变弹性模量。

8.1.3　波动的几何描述

为了形象地利用几何图形描述波动过程，我们用波振面和波射线来描述波。在波的传播过程中，任一时刻介质中各振动相位相同的点连接成的面叫做波振面(也称为波面或同相面)。波传播到达的最前面的波振面称为波前。

波振面为球面的波叫做球面波，波振面为平面的波叫做平面波。点波源在各向同性均匀介质中向各个方向发出的波就是球面波，其波面是以点波源为球心的球面，在离点波源很远的小区域内，球面波可近似看成平面波。

沿波的传播方向作一些带箭头的线，称为波射线。射线的指向表示波的传播方向。在各向同性均匀介质中，波射线恒与波振面垂直。平面波的波射线是垂直于波振面的平行直线。球面波的波射线是沿半径方向的直线。平面波和球面波的波振面和波射线如图 8-4 所示。

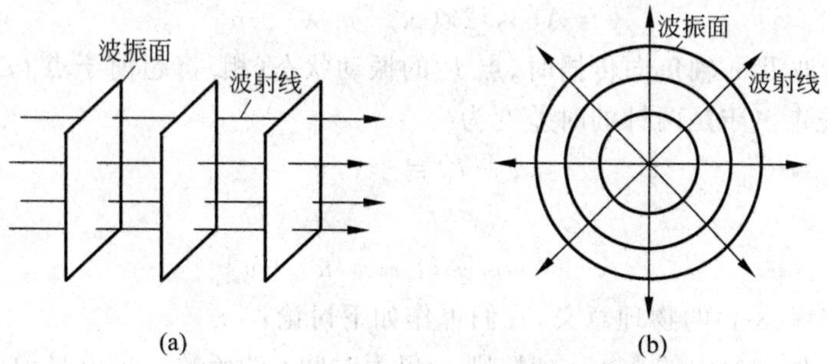

图 8-4　平面波和球面波的波振面和波射线

（a）平面波；（b）球面波

8.2　平面简谐波

在波动过程中，当波源简谐振动时，传播波介质中的各质点也在简谐振动，且振动的频率与波源相同。这种波称为简谐波。它是一种最简单、最基本的波。任何复杂的波都可以

看作是由若干简谐波叠加的结果。本节将以平面简谐波为主,讨论有关波动过程的基本规律。

在波动过程中,确定任一传波质点在任意时刻偏离平衡位置的位移是分析波动规律的首要任务,也是波动方程所要解决的问题。我们采用运动学的方法推出平面简谐波的波动方程。

设一列沿 x 轴正向传播的平面简谐波波速为 u,并设想在坐标原点 O 以及坐标为 x 的任意一点 P 各放置一个经严格校准的、完全相同的钟(图 8-5)。当波传到哪点时,哪个位置的钟开始计时,于是我们将点 O、P 所在的钟所计时间分别称为标准时 t 和地方时 t_P。

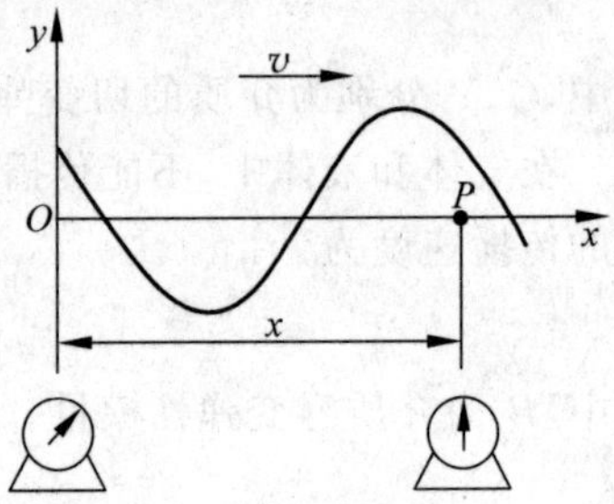

图 8-5 波的传播

设点 O 处的传播质点在某时刻 t_0 的振动状态为

$$y = A\cos(\omega t_0 + \alpha)$$

则在介质不吸收能量(即各点振幅相同)的情况下,此状态沿 x 轴正向传至点 P 时,点 P 的状态也应如上式所示,并且点 P 的钟所计时间也应为 $t_P = t_0$。但是由于点 O 的钟比点 P 的钟先走,故此时点 O 的钟所示时间已变为 t,根据波速可以算出两钟的时差为

$$t - t_0 = x/u \tag{8-3}$$

或 $t_0 = t - x/v$。于是当我们统一用标准时表示坐标为 x 的任一质点 P 在任一时刻偏离平衡位置的位移 y 时,就有

$$y = A\cos[\omega(t - x/u) + \alpha] \tag{8-4}$$

此式即平面简谐波的运动方程。显然,这表示一种包含时、空变量并具有周期性的函数关系。考虑到式(8-2)、式(7-12),上式还可写为

$$y = A\cos[2\pi(t/T - x/\lambda) + \alpha]$$

或

$$y = A\cos[2\pi(vt - x/\lambda) + \alpha]$$

当平面简谐波沿 x 轴负向传播时,点 P 的振动状态(相)将超前于点 O,或者说点 P 的钟比点 O 的钟先走。于是两钟的时差变为

$$t - t_0 = -x/u$$

从而波动方程变为

$$y = A\cos[\omega(t + x/u) + \alpha] \tag{8-5}$$

对于波动方程(8-4)的物理意义,我们可作如下讨论:

(1) 当固定式(8-4)中的 $x = x_0$ 时,则 y 仅为时间 t 的函数。也就是说此时波动方程给出的是坐标为 x_0 的指定质点的振动方程,有

$$y = A\cos[\omega(t - x_0/u) + \alpha]$$

这个方程说明了每个质点振动的同期性,即波动的时间周期性。据此我们可以作出该质点的 $y-t$ 振动曲线,如图 8-6 所示。

另外还可以看出,坐标为 x 的质点的振动初相为$(-\omega x/u)+\alpha$。因此在同一时刻 t,同一波线上坐标为 x_1、x_2 的任意两点间的相差 $\varphi_1 - \varphi_2$ 即为其初位相差,有

$$\varphi_1 - \varphi_2 = \omega(x_2 - x_1)/u = 2\pi(x_2 - x_1)/\lambda \tag{8-6}$$

式中，(x_2-x_1)称为波程差。

(2) 当固定式(8-4)中的 $t=t_0$ 时，则 y 仅为坐标 x 的函数，也就是说此时波动方程给出了 t_0 时刻各传播质点偏离平衡位置位移 y 的空间分布，即 t_0 时刻的波形，有

$$y=A\cos\left[\omega(t_0-x/u)+\alpha\right]$$

可见，此刻质点在空间的位置分布具有周期性，即波动的空间周期性。据此我们可以作出 t_0 时刻的波形曲线，如图 8-7 所示。

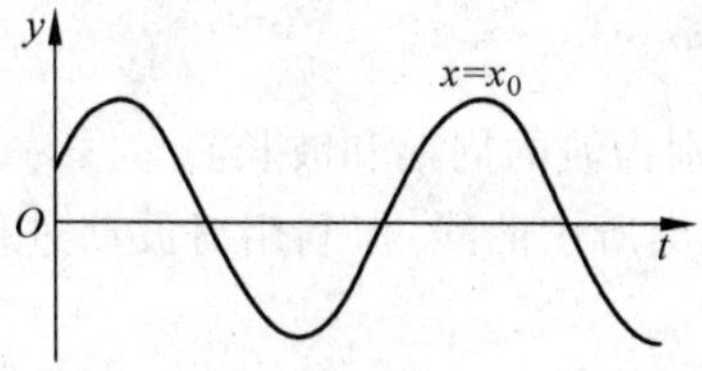

图 8-6　质点的振动曲线

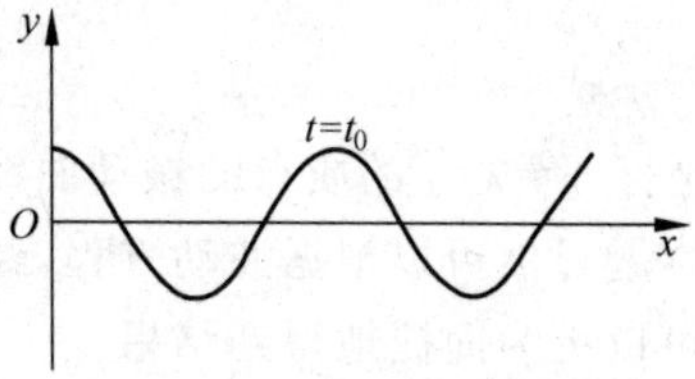

图 8-7　波动曲线

例 8-1　已知一列平面简谐波沿 x 轴正向传播，波速 $u=3\text{m/s}$，圆频率 $\omega=\dfrac{\pi}{2}\text{Hz}$，振幅 $A=5\text{m}$，依次通过 A、B 两点，并有 $x_B-x_A=3\text{m}$。当 $t=0$ 时，A 处的质点位于平衡位置并向振动正方向运动。(1)分别以 A、B 为坐标原点写出波动方程；(2)问点 B 在 t 时刻的状态相当于点 A 何时的状态？

解　(1) 以 A 为坐标原点时，可先求出点 A 的振动初相为 $\alpha_A=-\pi/2$，于是根据式(8-6)可写出波动方程

$$y=5\cos\left[\frac{\pi}{2}\left(t-\frac{x}{3}\right)-\frac{\pi}{2}\right]\quad(\text{m})$$

以 B 为坐标原点时，根据式(8-6)可算出 B 与 A 的初相差

$$\alpha_B-\alpha_A=-\omega(x_B-x_A)/u=-\frac{\pi}{2}$$

故

$$\alpha_B=-\frac{\pi}{2}+\alpha_A=-\pi$$

由此可写出波动方程

$$y=5\cos\left[\frac{\pi}{2}\left(t-\frac{x}{3}\right)-\pi\right]\quad(\text{m})$$

(2) 由于点 B 在 t 时刻应与点 A 在 t'时刻的状态(相)相同，故根据式(8-4)，应有

$$\omega(t-x_B/u)+\alpha=\omega(t'-x_A/u)+\alpha$$

代入数据后可解出

$$t'=t-1\text{s}$$

即点 B 在 t 时刻的状态相当于点 A 在 $t-1$ 时的状态。这实际上是点 A 的振动超前于点 B 的结果。

例 8-2　已知一列平面简谐波沿 x 轴正向传播，$t=0$ 时刻的波形如图 8-8 中的实线所示。求：

(1) $t=T/4$ 时的波形曲线；

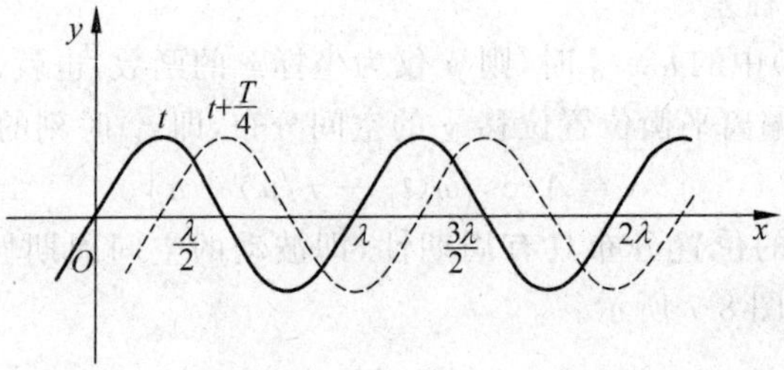

图 8-8 例 8-2 图(一)

(2) 坐标 $x=\lambda/4$ 的质点的振动曲线(T、λ 分别为波的周期和波长)。

解 本题显然可以根据波动方程,经过计算作出所求曲线.但利用对波动过程时空周期性的理解可以更为简捷地得到结果。

(1) 前面曾经讨论过,按照波动过程的空间周期性,沿着波的传播方向每个质点在 $t+\Delta t$ 时刻都在重现它前面的质点在 t 时刻的状态,因而整个波形应沿传播方向平移 $v\Delta t$ 的距离。故当 $\Delta t=T/4$ 时,整个波形应沿传播方向平移 $\lambda/4$ 的距离。于是可容易地作出 $t=T/4$ 时的波形曲线,如图 8-8 中的虚线所示。

(2) 由图 8-8 中的两条曲线可得到坐标 $x=\lambda/4$ 的质点在 $t=0$、$T/4$ 时的 y 值,按照这样的思路,只要平移波形曲线,就可以得到在同时刻质点更多的 y 值。于是就可以做出这个质点的振动曲线,如图 8-9 所示。

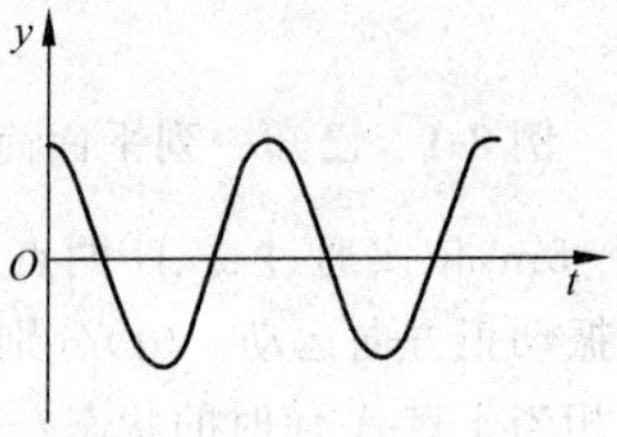

图 8-9 例 8-2 图(二)

例 8-3 一平面简谐波沿 x 轴正向传播,已知 $x=L\,(L<\lambda)$ 处质点的振动方程为 $y=A\cos\omega t$,波速为 u,则波动方程为( )。

A. $y=A\cos\omega[t-(x-L)/u]$　　B. $y=A\cos\omega[t-(x+L)/u]$

C. $y=A\cos[\omega t+(x+L)/u]$　　D. $y=A\cos[\omega t+(x-L)/u]$

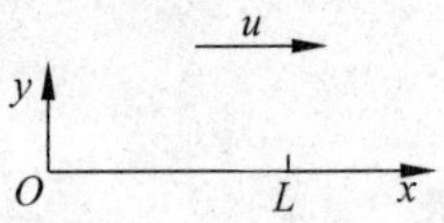

图 8-10 例 8-3 图

解法一 设 $x=0$ 处质点的振动方程为 $y=A\cos(\omega t+\alpha)$,t 时刻,$x=0$ 处质点的振动相位比 $x=L$ 处超前$\frac{\omega L}{u}$,即

$$(\omega t+\alpha)-\omega t=\frac{\omega L}{u}$$

故

$$\omega t+\alpha=\omega\left[t+\frac{L}{u}\right]$$

$x=0$ 处质点的振动方程为

$$y=A\cos\left(\omega t+\frac{\omega L}{u}\right)$$

由此写出波动方程

$$y=A\cos\left[\omega\left(t-\frac{x}{u}\right)+\frac{\omega L}{u}\right]$$

故正确答案是 A。

解法二 以 $x=L$ 处为原点，写出波动方程

$$y=A\cos\omega(t-x/u)$$

再令 $x=-L$ 代入波动方程，即得 $x=0$ 处质点的振动方程

$$y=A\cos\omega(t+L/u)$$

由此写出波动方程

$$y=A\cos\omega[t-(x-L)/u]$$

8.3 波的能量和能流

8.3.1 波的能量

波动在弹性介质内传播时，波所达到的质元要发生振动，因而有动能，质元还要发生形变，因而有弹性势能。动能与弹性势能的总和即该质元含有的波的能量。

设平面简谐波为

$$y=A\cos\left[\omega\left(t-\frac{x}{u}\right)\right]$$

质元体积 ΔV，介质体密度为 ρ，则质元的振动动能为

$$\Delta W_{\mathrm{k}}=\frac{1}{2}\rho\Delta V\omega^2A^2\sin^2\left[\omega\left(t-\frac{x}{u}\right)\right]$$

可以证明，ΔV 体元的弹性势能也为

$$\Delta W_{\mathrm{p}}=\frac{1}{2}\rho\Delta V\omega^2A^2\sin^2\left[\omega\left(t-\frac{x}{u}\right)\right]$$

ΔV 体元的机械能为

$$\Delta W=\Delta W_{\mathrm{k}}+\Delta W_{\mathrm{p}}=\rho\Delta V\omega^2A^2\sin^2\left[\omega\left(t-\frac{x}{u}\right)\right] \tag{8-7}$$

由于 $\sin^2\left[\omega\left(t-\frac{x}{u}\right)\right]=\sin^2\left[\frac{2\pi}{T}\left(t-\frac{x}{u}\right)\right]$ 随时间 t 在 0 到 1 之间变化。当 ΔV 中机械能增加时，说明上一个邻近体积元传给它能量；当 ΔV 中机械能减少时，说明它的能量传给下一个邻近体积元，这正符合能量传播图景。

质元的动能、弹性势能、机械能都是时间 t 的周期性函数，其中能量的周期为波方程周期的一半，并且三者变化情况相同，它们同时达到最大值，同时达到最小值(即为零)。当质元到达振动平衡位置时，其位移为零，振动速度最大，因而动能最大，此时质元形变最大，因而弹性势能也最大，机械能取最大值；当质元位移最大时，振动速度为零，动能为零，此时形变最小，因而弹性势能为零，机械能等于零。

总之，波动的能量与简谐振动的能量有显著的不同，在简谐振动系统中，动能和势能互相转化，系统的总机械能守恒；但在波动中，动能和势能是同相位的，同时达到最大值，又同时达到最小值，对任意体积元来说，机械能不守恒，沿着波传播方向，该体积元不断地从后面的介质获得能量，又不断地把能量传给前面的介质，能量随着波动行进，从介质的这一部分传向另一部分。所以，波动是能量传递的一种形式。

单位体积的介质中波所具有的能量称为能量密度

$$w=\frac{\Delta W}{\Delta V}=\rho\omega^2A^2\sin^2\left[\omega\left(t-\frac{x}{u}\right)\right] \tag{8-8}$$

能量密度在一个周期内的平均值称为平均能量密度,用 $\bar{w}$ 表示。对于无吸收介质中的平面简谐波,它也是任一时刻沿波线方向在一个波长 λ 范围内的空间能量的平均值。

例 8-4 一平面简谐波在 $t=0$ 时的波形图如图 8-11 实线所示,若此时 A 点处介质质元的动能在减小,则( )。

A. A 点处质元的弹性势能在增大　　B. B 点处质元的弹性势能在增大

C. C 点处质元的弹性势能在增大　　D. 波沿 x 轴负向传播

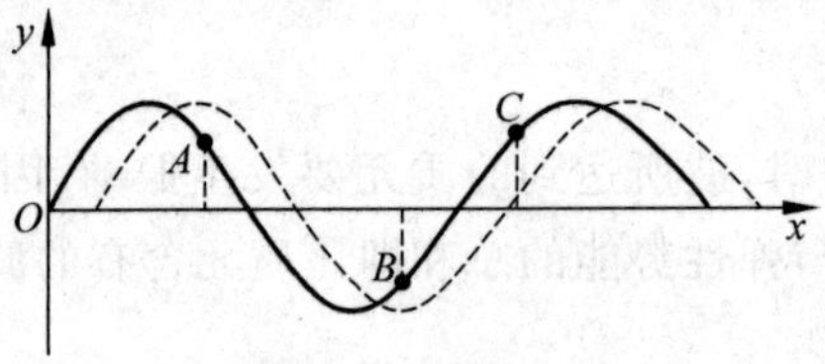

图 8-11　例 8-4 图

解 根据"A 点处介质质元的动能在减小"判断：t 时刻 A 处质元正向上移动。因而在 $t+\Delta t$ 时刻波形曲线向右移动(虚线所示)。又在波动中,质元的弹性势能与动能时时相等,即 $\mathrm{d}E_k=\mathrm{d}E_p$。故"$C$ 点处质元的弹性势能在增大"(即动能增大)是正确的。因此本题选 C。

8.3.2 波的能流

波动传播中,单位时间内通过某一面积的波的能量称为能流,以 P 表示,有

$$P=wS_{\perp}u$$

通常讨论单位时间通过与波速方向垂直的单位面积的波的能量,即波的能流密度

$$\frac{P}{S_{\perp}}=wu \tag{8-9}$$

对能流密度取时间的平均值,称为平均能流密度,又称为波的强度,常用 I 表示

$$I=\frac{\bar{P}}{S_{\perp}}=\frac{1}{2}\rho A^2\omega^2u \tag{8-10}$$

8.3.3 波的振幅

在波动过程中,如果各处传波质点的振动状况不随时间改变,并且振动能量也不为介质吸收,那么单位时间内通过不同波面的总能量就相等,这是能量守恒定律要求的。

对平面波,可任取两个面积为 S_1、S_2 的波面,相应的强度分别为 $\bar{I}_1$ 和 $\bar{I}_2$。由于 $S_1=S_2$(图 8-12),且根据能量守恒,在单位时间内有

$$\bar{I}_1S_1=\bar{I}_2S_2 \tag{8-11}$$

所以

$$\bar{I}_1 = \bar{I}_2$$

从而

$$A_1 = A_2$$

前面在讨论平面简谐波的波动方程时，以上结论实际上已经用到了。

对球面波，式(8-11)仍然成立，但由于球面半径不同，$S_1 \neq S_2$(图 8-13)，因而有 $S_2/S_1 = r_2^2/r_1^2$。因此，

$$A_1/A_2 = r_2/r_1$$

即振幅与半径成反比。令 $A_2 = A, r_2 = r, r_1 = 1$(单位)。则有

$$A = A_1/r$$

由此可写出球面简谐波的波动方程

$$y = (A_1/r)\cos[\omega(t \pm r/u) + \alpha]$$

式中“±”号表示了波的传播方向。

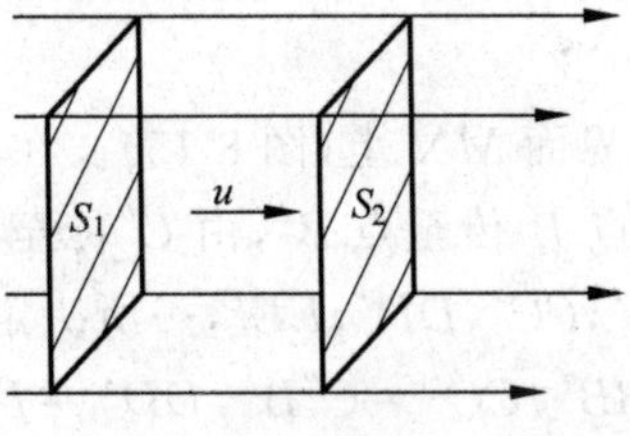

图 8-12 平面波

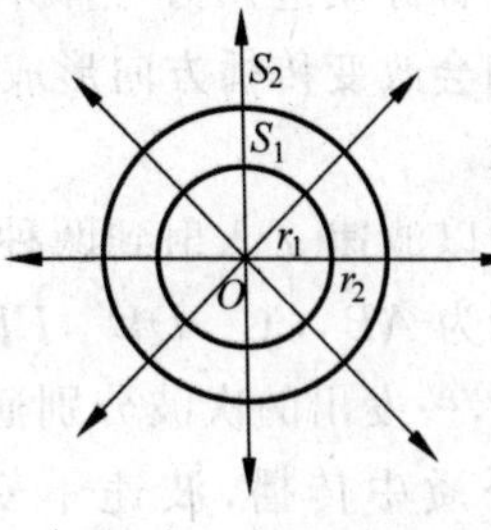

图 8-13 球面波

8.4 波的传播

本节旨在讨论有关机械波传播过程中的现象和规律，这些规律对于各种波动过程(如光波)都有重要意义。

8.4.1 惠更斯原理

科学家简介：惠更斯

为了解释光遇到障碍物或两种介质的界面时传播情况所发生的变化，荷兰物理学家惠更斯(C. Huygens)于 1690 年提出：在波的传播过程中，波前上的每一点都可看成是发射子波的波源，在 t 时刻这些子波源发出的子波，经 Δt 时间后形成半径为 $u\Delta t$(u 为波速)的球形波面，在波的前进方向上这些子波波面的包迹就是 $t+\Delta t$ 时刻的新波面。这就是惠更斯原理。

惠更斯原理也适用于机械波。对任何波动过程。只要知道某一时刻的波前就可以用几何作图确定下一时刻的波前，从而决定波的传播方向。按照惠更斯原理容易理解平面波和球面波的传播(图 8-14)，也容易解释波在衍射、反射和折射现象中传播方向的变化。

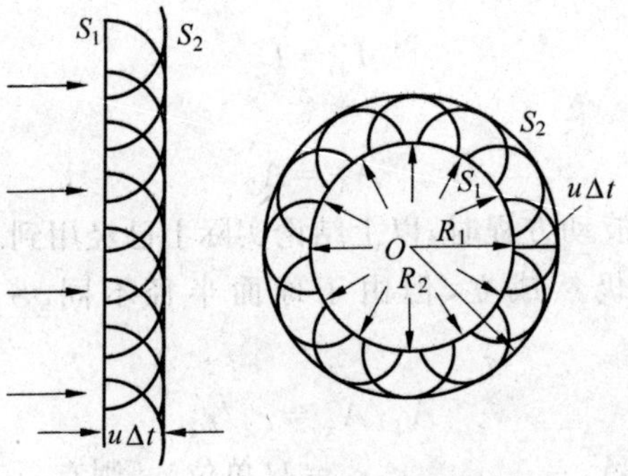

图 8-14　平面波和球面波

8.4.2　波的反射与折射

当波从一种介质进入另一种介质时,一部分要从界面返回,形成反射波;而进入另一种介质的部分则会改变传播方向形成折射波。根据惠更斯原理,可以说明波在反射与折射时所遵从的规律。

设平面波以波速 u 入射到两种介质 1 和 2 的分界面 MN 上(图 8-15)。在不同时刻,波前的位置分别为 $AB, CC'', DD'', EE'', \cdots$,当振动由点 B 传至点 B',由 C'' 传至 B',…时,在点 $A, C, D, E, \cdots$ 发出的次波分别通过了由半径 $AA', CC', DD', EE', \cdots$ 所决定的距离。由于是在同种介质中传播,波速不变,因而 $AA'=BB', CC'=C''B', DD'=D''B', EE'=E''B', \cdots$ 中在 $A, C, D, E, \cdots$ 的一组圆柱面的包迹 $A'B'$ 就是反射波的波前。由图 8-15 可见,反射线 AR 与入射线 IA 和界面法线位于同一平面内,并且入射线与法线的夹角(入射角)等于反射线与法线的夹角(反射角)。这就是波的反射定律。

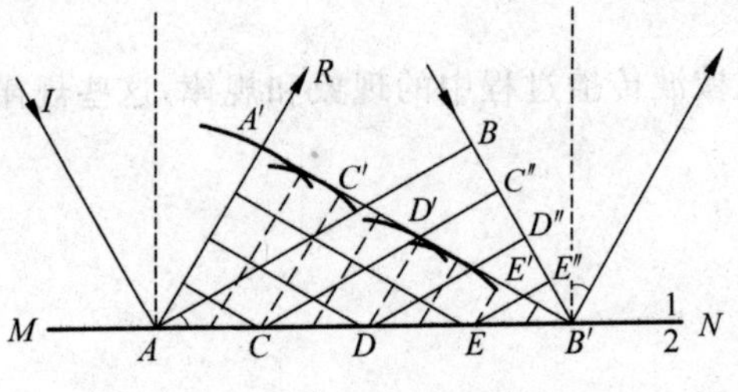

图 8-15　波的反射

对波的折射也可作类似的讨论。由图 8-16 可见,当波在第一种介质中通过距离 BB' 时,波在同一时间内将在另一种介质中通过距离 AA'。二者之比应等于波在两种介质中的波速 u_1, u_2 之比,即有

$$BB'/AA'=u_1/u_2$$

因为

$$BB'=AB'\sin i,\quad AA'=AB'\sin r$$

所以

$$\sin i/\sin r=BB'/AA'=u_1/u_2 \tag{8-12}$$

式中，i、r 分别为入射角、折射角。上式说明入射角的正弦与折射角的正弦之比等于波在两种介质中的速度之比。这就是波的折射定律。其中比值 $n_{21}=u_1/u_2$，称为第二种介质相对于第一种介质的相对折射率。

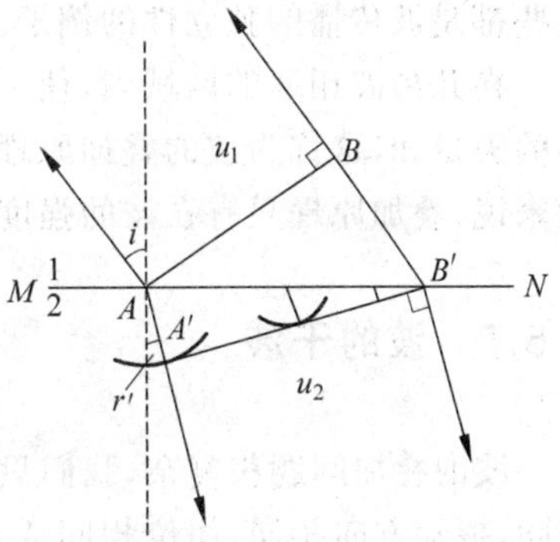

图 8-16 波的折射

8.4.3 波的衍射

波的衍射是指波在传播过程中遇到障碍物时，传播方向发生改变，能绕过障碍物的现象。如图 8-17 所示，当平面波 AB 通过一宽度为 d（$d>$波长 λ）的狭缝时，缝上各点将成为新的次波源，发出半球面形的次波。根据惠更斯原理，可知狭缝处的波前已不再是平面，在靠近边缘处，波前进入了被障碍物挡住的阴影区域，波线发生了弯曲，已不再是直线，即波能绕过障碍物的边缘传播了。缝宽 d 越窄，这种衍射效应越明显，波线弯曲越厉害。图 8-18 是水波通过狭缝后的衍射现象。不仅如此，更进一步的研究表明，波的衍射现象发生时，波场中的强度分布也将发生变化。

惠更斯原理虽然可以定性地说明波的衍射现象，但还不能作出定量的分析。另外它也不能解释为什么次波只能向前传而不能向后传。后来法国物理学家菲涅耳补充和发展了惠更斯原理，对探索波的衍射规律作出了重大的贡献。关于这些，我们将在光学部分加以介绍。

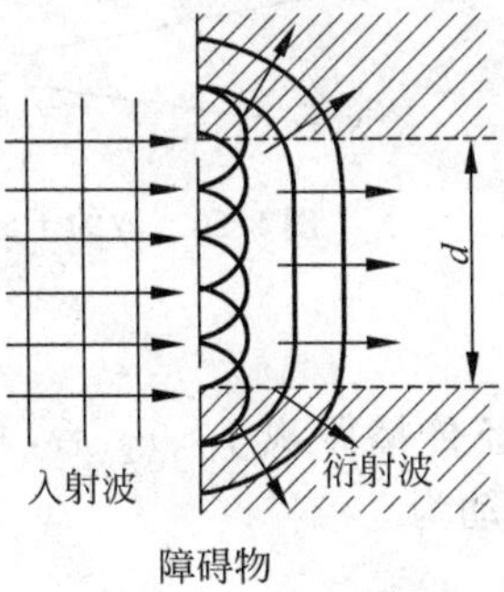

图 8-17 波的衍射

图 8-18 水波通过狭缝后的衍射现象

8.5 波的叠加 驻波

前面我们只讨论了一列波单独传播的情形。当几列波同时传播时情形又如何呢？为此，本节我们介绍一些有关波的叠加的知识。

8.5.1 波的叠加原理

实验表明，几列波同时通过同一介质时，它们各自保持自己的频率、波长、振幅和振动方向等特点不变，彼此互不影响，这称为波传播的独立性。管弦乐队合奏时，我们能辨别出各种乐器的声音；天线上有各种无线电信号和电视信号，但我们仍能接收到任一频率的信号。

这些都是波传播的独立性的例子。

在几列波相遇的区域内,任一质元的位移等于各列波单独传播时所引起的该质元的位移的矢量和,这称为波的叠加原理。波的叠加原理是波的干涉和衍射现象的基本依据。一般来说,叠加原理只有在波的强度比较小的情况下才成立。

8.5.2 波的干涉

波的叠加问题很复杂,我们只讨论一种最简单也是最重要的波的叠加情况,即两列频率相同,振动方向相同,相位相同或相位差恒定的波的叠加。满足这三个条件的波称为相干波,能产生相干波的波源称为相干波源。

当两波传播时,若相遇处的各点引起了频率相同、振动方向相同、相差固定的振动合成,其结果必然是在两波相遇的空间各点,有的振动始终加强,有的振动始终减弱,即在整个传播空间造成一种各质点振动强弱稳定分布的图像。这种现象就称为波的干涉。

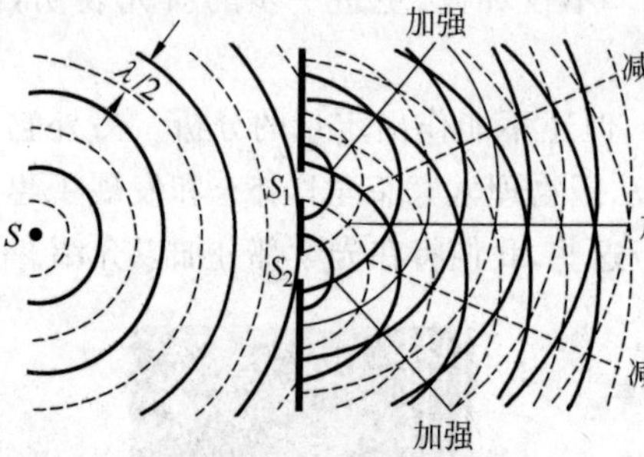

图 8-19　波的干涉(一)

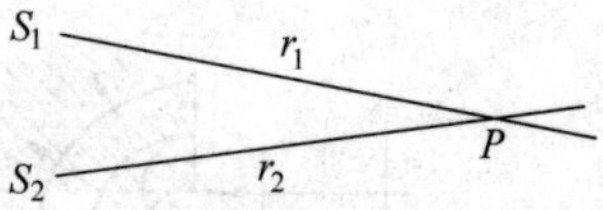

图 8-20　波的干涉(二)

以下我们以简谐波为例说明波的干涉现象。

设两个相干点波源 S_1、S_2 所发出的平面简谐波经传播距离 r_1、r_2 后,相遇于点 P(图 8-19 和图 8-20)。因而这两列波在点 P 所引起的振动为

$$y_1 = A_1\cos[\omega t + \alpha_1 - 2\pi r_1/\lambda]$$

$$y_2 = A_2\cos[\omega t + \alpha_2 - 2\pi r_2/\lambda]$$

显然点 P 所参与的是两个同频率、同振动方向的简谐振动的合振动。根据式(10-20)、式(10-21)可以得到合振动的结果,即点 P 的振动方程为

$$y = y_1 + y_2 = A\cos(\omega t + \alpha)$$

式中

$$A = \sqrt{A_1^2 + A_2^2 + 2A_1A_2\cos\Delta\varphi} \tag{8-13}$$

这两个分振动的相位差为

$$\Delta\varphi = (\alpha_1 - \alpha_2) + 2\pi(r_2 - r_1)/\lambda \tag{8-14}$$

由于 $\alpha_1 - \alpha_2$ 的值是由波源决定的,且对空间各点此值都相同,可令其为零,从而有

$$\Delta\varphi = 2\pi(r_2 - r_1)/\lambda \tag{8-15}$$

将此式代入式(8-13)时,可知当

$$\Delta\varphi = 2\pi(r_2 - r_1)/\lambda = \pm 2k\pi$$

或$(r_2-r_1)=\pm k\lambda, k=0,1,2,\cdots$时振幅最大，$A=A_1+A_2$，即此点的振动始终得到最大的加强。当

$$\Delta\varphi=2\pi(r_2-r_1)/\lambda=\pm(2k+1)\pi$$

或

$$(r_2-r_1)=\pm(2k+1)\lambda/2,\quad k=0,1,2,\cdots$$

时振幅最小，$A=|A_1-A_2|$，即此点的振动始终受到最大的减弱。至于其他各点，$\Delta\varphi$位于上述两种情况之间，因而振幅即为A_1+A_2与$|A_1-A_2|$之间。由以上的分析可知，空间各点的振动是加强还是减弱，主要取决于该点至两相干波源的波程差r_2-r_1。图8-21给出了两列水面波发生干涉的情形。

例 8-5　两振幅均为A的相干波源S_1和S_2相距$3\lambda/4$（λ为波长），如图8-22所示，若在S_1、S_2的连线上，S_1外侧的各点合振幅均为$2A$，则两波的初相位差$\alpha_2-\alpha_1$是(　　)。

A. 0　　B. $\frac{1}{2}\pi$　　C. π　　D. $\frac{3}{2}\pi$

解　因为$\Delta\varphi=(\alpha_1-\alpha_2)+2\pi(r_2-r_1)/\lambda=2k\pi$时，振幅最大为$A=A_1+A_2=2A$

$$\Delta\varphi=\alpha_2-\alpha_1-\frac{2\pi(r_2-r_1)}{\lambda}=0(k=0)$$

$$r_2-r_1=\frac{3\lambda}{4}$$

$$\alpha_2-\alpha_1=\frac{2\pi\left(\frac{3\lambda}{4}\right)}{\lambda}=\frac{3}{2}\pi$$

故本题应选D。

图8-21　水波的干涉

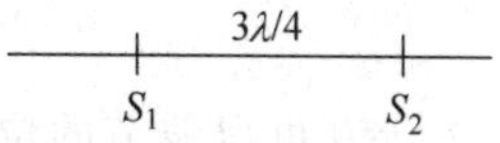

图8-22　例8-5图

8.5.3　驻波

驻波是一种特殊的波的干涉现象。顾名思义，它在每时刻都有一定的波形，而这波形是驻定不传播的，只是各点的位移时大时小而已。

驻波是由频率、振动方向和振幅都相同，而传播方向相反的两列简谐波叠加形成的。图8-23是演示驻波的实验，电动音叉与水平拉紧的细橡皮绳AB相连，移动B处的尖劈可调节AB间的距离。橡皮绳末端悬一重物m，以拉紧绳并产生张力。音叉振动时在绳上形成向右传播的波，通过尖劈的反射又形成向左传播的反射波，这两个波的频率、振动方向和

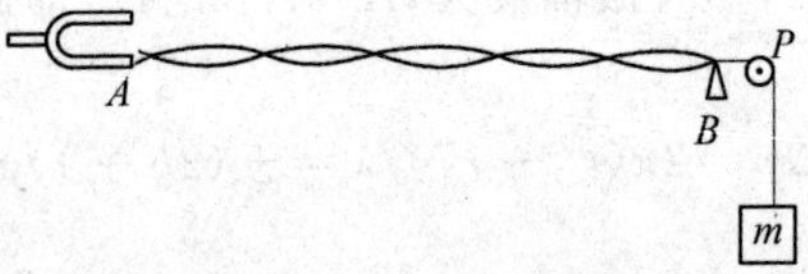

图 8-23　驻波实验

振幅相同。适当调节 AB 距离,这两列波就会叠加形成驻波。

实验发现,驻波波形不移动,绳中各点都以相同的频率振动,但各点的振幅随位置的不同而不同。有些点的振幅最大,这些点称为波腹;有些点始终静止不动,这些点称为波节。如果按相邻两个波节之间的距离分段的话,那么驻波是一种分段振动。在同一分段上的各点,或者同时向上运动,或者同时向下运动,它们具有相同的振动位相。下面,通过波的叠加来说明驻波的这些特性。

设一列波沿 x 轴的正方向传播,另一列波沿 x 轴的负方向传播。选取共同的坐标原点和时间零点,它们的波函数为

$$y_1 = A\cos(\omega t - kx)$$
$$y_2 = A\cos(\omega t + kx)$$

在两波相遇处,各质元的合位移应为

$$y = y_1 + y_2 = A\cos(\omega t - kx) + A\cos(\omega t + kx)$$

利用三角函数的和差化积公式,得

$$y = 2A\cos kx\cos\omega t = 2A\cos\frac{2\pi x}{\lambda}\cos\omega t \tag{8-16}$$

上式就是驻波的波函数。可以看出,驻波波函数不是 $(t - x/u)$ 的函数,所以驻波不是行波,它的位相和能量都不传播。

驻波波函数式(8-16)由两个因子组成,其中 $\cos\omega t$ 只与时间有关,代表简谐振动;而 $|2A\cos 2\pi x/\lambda|$ 只与位置有关,它代表处于 x 点的质元振动的振幅。图 8-24 给出了 $t=0$, $T/8$, $T/4$, $T/2$ 各时刻的驻波波形曲线。由 $|\cos 2\pi x/\lambda| = 1$ 可知,波腹的位置为

$$x = \frac{\lambda}{2}k, \quad k = 0, \pm 1, \pm 2, \cdots \tag{8-17}$$

而由 $|\cos 2\pi x/\lambda| = 0$ 可得波节的位置为

$$x = \frac{\lambda}{2}\left(k + \frac{1}{2}\right), \quad k = 0, \pm 1, \pm 2, \cdots \tag{8-18}$$

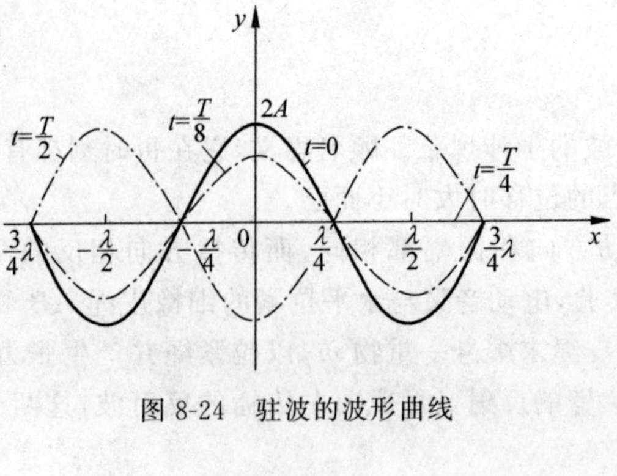

图 8-24　驻波的波形曲线

可见相邻两波腹之间，或相邻两波节之间的距离都是 $\lambda/2$，而相邻波节和波腹之间的距离为 $\lambda/4$。

由图 8-24 还可以看出驻波分段振动的特点。设在某一时刻 $\cos\omega t$ 为正，由于在相邻波节 $x=-\lambda/4$ 和 $x=\lambda/4$ 之间 $\cos2\pi x/\lambda$ 取正值，所以这一分段中的各点都处于平衡位置的上方；而在相邻波节 $x=\lambda/4$ 和 $x=3\lambda/4$ 之间 $\cos2\pi x/\lambda$ 取负值，各点都处于平衡位置的下方。这说明驻波是以波节划分的分段振动，在相邻波节之间，各点的振动相位相同；在波节两边，各点振动反相。驻波是分段振动，因此相位不传播。

在整体上，驻波的能量是不传播的，但这并不意味驻波中各质元的能量不发生变化。由图 8-24 可以看出，全部质元的位移达到最大值时，各质元的速度为零，能量全部为势能，并主要集中在波节附近；当全部质元都通过平衡位置时，各质元恢复到自然状态，且速度最大，能量全部变成动能，并主要集中在波腹附近。虽然各点的能量发生变化，但由于波节静止而波腹附近不形变，所以在波节或波腹的两边始终不发生能量交换。驻波相邻的波节和波腹之间的 $\lambda/4$ 区域实际上构成一个独立的振动体系，它与外界不交换能量，能量只在相邻波节和波腹之间流动。

例 8-6 在 x 轴上传播的三条纵波 $y_1=A_0\cos\left(\omega t-\frac{2\pi}{\lambda}x\right)$，$y_2=A_0\cos\left(\omega t-\frac{2\pi}{\lambda}x+\frac{\pi}{2}\right)$ 和 $y_3=\sqrt{2}A_0\cos\left(\omega t+\frac{2\pi}{\lambda}x+\frac{\pi}{4}\right)$，求：

(1) 合成的驻波表述式；

(2) x 为何值时均为驻波的波腹点。

解 (1) 合成驻波的表达式为

$$\cos\alpha+\cos\beta=2\cos\frac{\alpha+\beta}{2}\cos\frac{\alpha-\beta}{2}$$

$$\begin{aligned}y&=y_1+y_2+y_3\\&=A_0\cos\left(\omega t-\frac{2\pi}{\lambda}x\right)+A_0\cos\left(\omega t-\frac{2\pi}{\lambda}x+\frac{\pi}{2}\right)+\sqrt{2}A_0\cos\left(\omega t+\frac{2\pi}{\lambda}x+\frac{\pi}{4}\right)\\&=2A_0\cos\left(\omega t-\frac{2\pi}{\lambda}x+\frac{\pi}{4}\right)\cos\left(-\frac{\pi}{4}\right)+\sqrt{2}A_0\cos\left(\omega t+\frac{2\pi}{\lambda}x+\frac{\pi}{4}\right)\\&=\sqrt{2}A_0\cos\left(\omega t-\frac{2\pi}{\lambda}x+\frac{\pi}{4}\right)+\sqrt{2}A_0\cos\left(\omega t+\frac{2\pi}{\lambda}x+\frac{\pi}{4}\right)\\&=\sqrt{2}A_0\cos\left(\omega t+\frac{\pi}{4}\right)\cos\left(-\frac{2\pi}{\lambda}x\right)\\&=\sqrt{2}A_0\cos\left(\frac{2\pi}{\lambda}x\right)\cos\left(\omega t+\frac{\pi}{4}\right)\end{aligned}$$

(2) 驻波的振幅为

$$A(x)=\sqrt{2}A_0\cos\left(\frac{2\pi}{\lambda}x\right)$$

波腹处坐标

$$\cos\left(\frac{2\pi}{\lambda}x\right)=\pm1\Rightarrow\frac{2\pi}{\lambda}x=k\pi\Rightarrow x=\frac{k}{2}\lambda,\quad k=0,\pm1,\pm2,\cdots$$

8.5.4 半波损失

在图 8-23 表示的驻波实验中,反射点 B 处橡皮绳的质元固定不动,因此形成驻波的波节。这说明,反射波所引起的 B 点振动的相位与入射波的相反,或者说反射使 B 点振动的相位突变 π,这相当于入射波多走了半个波后再反射,因此称为半波损失。如果反射点是自由的,则反射波与入射波在反射点同相,形成驻波的波腹,这时反射波没有半波损失。

反射波在界面处能否发生半波损失,取决于这两种介质的密度和波速的乘积 ρu,相比之下 ρu 较大的介质称为波密介质,ρu 较小的介质称为波疏介质。实验和理论都表明,在与界面垂直入射情况下,如果波从波疏介质入射到波密介质,则在界面处的反射波有半波损失,反射点是驻波的波节(图 8-25(a));如果从波密介质入射到波疏介质,则没有半波损失,反射点是波腹(图 8-25(b))。反射点固定和反射点自由,则是两种极端情况。

驻波的规律在声学(包括音乐)、无线电学、光学(包括激光)等学科中都有着重要的应用,往往可以利用驻波测量波长或系统的振动频率。

例 8-7 如图 8-26 所示,在 坐标原点 O 处有一波源,它所激发的振动表达式为 $y_0=A\cos 2\pi\nu t$。该振动以平面波的形式沿 x 轴正方向传播,在距波源 d 处有一平面将波全反射回来(反射时无半波损失),则在坐标 x 处反射波的表达式为________。

A. $y=A\cos 2\pi\left(\nu t-\dfrac{d-x}{\lambda}\right)$　　B. $y=A\cos 2\pi\left(\nu t+\dfrac{d-x}{\lambda}\right)$

C. $y=A\cos 2\pi\left(\nu t-\dfrac{2d-x}{\lambda}\right)$　　D. $y=A\cos 2\pi\left(\nu t+\dfrac{2d-x}{\lambda}\right)$

答案:C

说明:

在波源即坐标原点 O 处的振动方程为 $y_0=A\cos 2\pi\nu t$

反射波使 P 点振动的振动方程为

$$y=A\cos 2\pi\left(\nu t-\frac{d}{\lambda}-\frac{l}{\lambda}\right)$$

式中 l 是反射波传播的距离,即从 B 点起向 x 轴负方向传播的距离,结合已选好的坐标,则有 $l=d-x$,将它代入上式可得

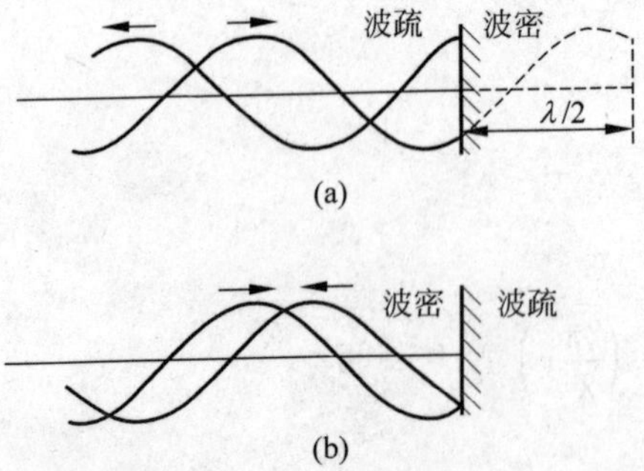

图 8-25　波的反射

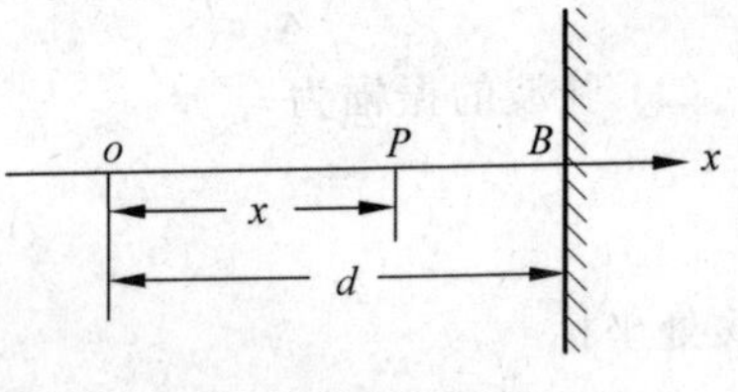

图 8-26　例 8-7 图

$$y = A\cos 2\pi\left(\nu t - \frac{d}{\lambda} - \frac{d-x}{\lambda}\right) = A\cos 2\pi\left(\nu t - \frac{2d-x}{\lambda}\right)$$

故答案为C。

8.6 多普勒效应

在生活中，我们常有这样的经验，当一列火车在我们面前飞驰而过时，我们听到的火车汽笛声调有一个由高到低的变化。火车迎面驶来，汽笛声调较火车静止时为高；火车驶离而去，汽笛声调较火车静止时为低。这种在波源与观察者有相对运动时，观察者接收到的声波频率 ν' 与波源频率 ν 存在差异的现象就称为声波的多普勒效应。

科学家简介：多普勒

为简单起见，我们首先讨论波源与观察者在同一直线上运动的情形。设波源、观察者相对于传波介质的速度分别为 $u, v_人$，且二者接近时 $u, v_人 > 0$，反之 $u, v_人 < 0$。另外设介质中的波速为 $v_波$，对机械波而言，$v_波$ 与 u、$v_人$ 无关。

(1) 波源与观察者相对于传波介质静止（即 $u = v_人 = 0$），观察者在单位时间内接收到的振动数 ν' 应等于单位时间内通过观察者所在处的波数。由于单位时间内波的传播距离为波速 $v_波$，波长为 λ，故单位时间内通过的波数为

$$\nu' = v_波 / \lambda = v_波 / (v_波 T) = 1/T = \nu$$

即观察者接收到的频率 ν' 与波源频率 ν 相同。

(2) 波源静止，观察者相对于传波介质运动（即 $u=0$，且可假定 $v_人 > 0$），此时因为观察者以速度 $v_人$ 迎向波源运动，这相当于波以速度 $v_波 + v_人$ 通过观察者，因此单位时间内通过观察者的波数为

$$\begin{aligned}\nu' &= (v_波 + v_人)/\lambda = (v_波 + v_人)/(v_波 T) \\ &= [(v_波 + v_人)/v_波]\nu \\ &= (1 + v_人 / v_波)\nu \end{aligned} \tag{8-19}$$

即观察者接收到的频率 ν' 为波源频率 ν 的 $(1 + v_人/v_波)$ 倍。当观察者迎向波源运动时，$v_人 > 0$，观察者接收到的频率 ν' 大于波源频率 ν；而当观察者背离波源运动时，$v_人 < 0$，观察者接收到的频率 ν' 就小于波源频率 ν 了。特别是当 $v = -v_波$ 时，观察者与波相对静止，$\nu' = 0$，即观察者接收不到波动了。

(3) 观察者静止，波源相对于传波介质运动（即 $v_人 = 0$，且可假定 $u > 0$），此时位于点 B 的波源所发出的波在一个振动周期内所传播的距离总等于波长 λ（图 8-27）。但在此周期内，由于波源在波的传播方向上移动了一段距离距 uT 而到达点 B'，使整个波形被挤在 $B'A$ 之间，因此波长缩短为 $\lambda' = \lambda - uT$，从而观察者在单位时间内接收到的振动数 ν' 由于波长缩短而增大为

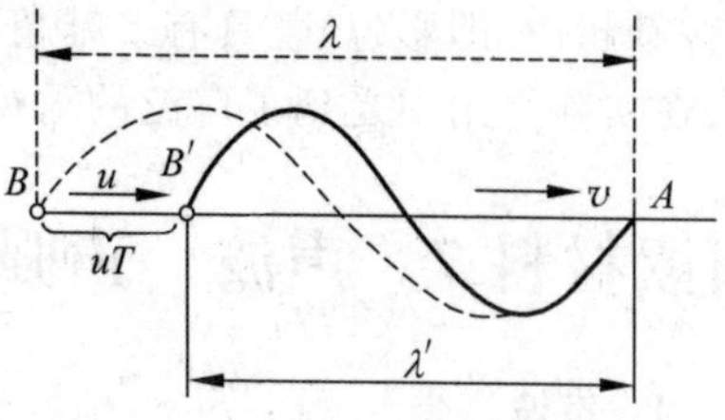

图 8-27　波源运动时的多普勒效应

$$\begin{aligned}\nu' &= v_波 / (\lambda - uT) \\ &= v_波 / [(v_波 - u)T] \\ &= \frac{v_波}{v_波 - u} \cdot \nu \end{aligned} \tag{8-20}$$

即 $\nu'>\nu$。若波源背离观察者运动,$u<0$,则观察者接收到的频率 ν' 就会因波长变长而使 $\nu'<\nu$ 了。

(4) 观察者和波源同时相对于传播介质运动(可假定 $u>0, v_{人}>0$),根据以上讨论,观察者以速度 $v_{人}$ 迎向波源运动,相当于波速变为 $v_{波}+v_{人}$;而波源以速度 u 迎向观察者运动,相当于波长缩短为 $\lambda'=\lambda-uT$。因此,观察者所接收到的频率 ν' 应为

$$\begin{aligned}\nu' &= (v_{波}+v_{人})/(\lambda-uT)\\ &= [(v_{波}+v_{人})/(v_{波}-u)]\nu\end{aligned}\tag{8-21}$$

即 ν' 同时与 v、u 有关。

显然,此式是波源与观察者在同一直线上运动时,多普勒效应的普遍规律。据此还可讨论波源与观察者不在同一直线上运动的情形。

由于机械波是通过介质传播的,因此观察者和波源相对于介质运动的速度 $v_{人}$ 和 u 在公式(8-21)中的地位是不对称的。也就是说,在以介质为参考系时,观察者的运动与波源的运动在物理意义上是不同的,不能作等价变换。

事实上,多普勒效应并不限于机械波,光波(电磁波)同样存在多普勒效应。在真空中,由于光速 c 与参考系的选取无关,故在光波的多普勒效应公式中只出现观察者与波源的相对速率 $v_{人}$。根据相对论原理可以证明,当光源与观察者在同一直线上运动时,

$$\begin{aligned}\nu'(\text{接近}) &= \nu\sqrt{(1+v_{人}/c)/(1-v_{人}/c)}\\ \nu'(\text{远离}) &= \nu\sqrt{(1-v_{人}/c)/(1+v_{人}/c)}\end{aligned}\tag{8-22}$$

由此可见,当光源远离观察者而去时,观察者接收到的光波频率变小,波长变长,这种现象被称为“红移”。

天文学家们在发现了来自宇宙星体的光波存在红移现象以后,提出了“大爆炸”宇宙学的理论。除此以外,多普勒效应已在科学研究、工程技术、交通管理、医疗卫生等各行业有着极为广泛的应用。例如分子、原子等粒子由于热运动的多普勒效应会使其发射、吸收谱线频率增宽。利用这种增宽,可在天体物理、受控热核反应等实验中监视、分析恒星大气、等离子体的物理状态。利用多普勒效应制成的雷达系统已广泛地应用到对于车辆、导弹、卫星等运动目标的速度监测。

声波的多普勒效应用于医学的诊断,也就是我们平常说的彩超。彩超简单地说就是高清晰度的黑白“B超”再加上彩色多普勒,首先说说超声频移诊断法,即“D超”,此法应用多普勒效应原理,当声源与接收体(即探头和反射体)之间有相对运动时,回声的频率有所改变,此种频率的变化称为频移,“D超”包括脉冲多普勒、连续多普勒和彩色多普勒血流图像。彩色多普勒超声一般是用自相关技术进行多普勒信号处理,把自相关技术获得的血流信号经彩色编码后实时地叠加在二维图像上,即形成彩色多普勒超声血流图像。由此可见,彩色多普勒超声(即彩超)既具有二维超声结构图像的优点,又同时提供了血流动力学的丰富信息,在实际应用中受到了广泛的重视和欢迎,在临床上被誉为“非创伤性血管造影”。

阅读材料7　声波　声强级

1. 声波

声波是机械纵波。频率在 20Hz 到 20 000Hz 之间的声波,能引起人的听觉,称为可闻声波,也简称声波。频率低于 20Hz 的叫做次声波,高于 20 000Hz 的叫做超声波。

介质中有声波传播时的压力与无声波时的静压力之间有一差额，这一差额称为声压。声波是疏密波，在稀疏区域，实际压力小于原来静压力，声压为负值；在稠密区域，实际压力大于原来静压力，声压为正值。它的表示式可如下求得。

把表示体积弹性形变的公式

$$\Delta p = -K\frac{\Delta V}{V}$$

应用于介质的一个小质元，则 Δp 就表示声压。对平面简谐声波来讲，体应变 $\Delta V/V$ 也等于 $\partial y/\partial x$。以 p 表示声压，则有

$$p = -\frac{\partial y}{\partial x} = -K\frac{\omega}{u}A\sin\omega\left(t-\frac{x}{u}\right)$$

由于纵波波速即声速 $u=\sqrt{\dfrac{K}{\rho}}$，所以上式又可改写为

$$p = -\rho u\omega A\sin\omega\left(t-\frac{x}{u}\right)$$

而声压的振幅为

$$p_{\mathrm{m}} = \rho u A\omega$$

2. 声强级

声强就是声波的平均能流密度，根据式(8-10)，声强为

$$I = \frac{1}{2}\rho u A^2\omega^2$$

$$= \frac{1}{2}\frac{p_{\mathrm{m}}^2}{\rho u}$$

由此式可知，声强与频率的平方、振幅的平方成正比。

引起人的听觉的声波，不仅有一定的频率范围，还有一定的声强范围。能够引起人的听觉的声强范围为 $10^{-12}\sim 1\mathrm{W/m^2}$。声强太小，不能引起听觉；声强太大，将引起痛觉。

由于可闻声强的数量级相差悬殊，通常用声强级来描述声波的强弱。规定 $I_0 = 10^{-12}\ \mathrm{W/m^2}$ 作为测定声强的标准，某一声强 I 的声强级用 L 表示，

$$L = \lg\frac{I}{I_0} \tag{8-23}$$

声强级 L 的单位名称为贝尔，符号为B。通常用分贝(dB)为单位，1B=10dB。这样式(8-23)可表示为

$$L = 10\lg\frac{I}{I_0}(\mathrm{dB}) \tag{8-24}$$

声音响度是人对声音强度的主观感觉，它与声强级有一定的关系，声强级越大，人感觉越响。

声波是由振动的弦线(如提琴弦线、人的声带等)、振动的空气柱(如风琴管、单簧管等)、振动的板与振动的膜(如鼓、扬声器等)等产生的机械波。近似周期性或者由少数几个近似周期性的波合成的声波，如果强度不太大时会引起愉快悦耳的乐音。波形不是周期性的或者是由个数很多的一些周期波合成的声波，听起来是噪声。

3. **超声波和次声波**

超声波一般由具有磁致伸缩或压电效应的晶体的振动产生。它的显著特点是频率高,波长短,衍射不严重,因而具有良好的定向传播特性,而且易于聚焦。也由于其频率高,因而超声波的声强比一般声波大得多,用聚焦的方法可以获得声强高达 $10^9\,\mathrm{W/m^2}$ 的超声波。超声波穿透本领很大,特别是在液体、固体中传播时,衰减很小。在不透明的固体中,能穿透几十米厚度。超声波的这些特性,在技术上得到广泛的应用。

利用超声波的定向发射性质,可以探测水中物体,如探测鱼群、潜艇等,也可用来测量海深。由于海水的导电性良好,电磁波在海水中传播时,吸收非常严重,因而电磁雷达无法使用。利用声波雷达——声呐,可以探测出潜艇的方位和距离。

因为超声波碰到杂质或介质分界面时有显著的反射,所以可以用来探测工件内部的缺陷。超声探伤的优点是不损伤工件,而且由于穿透力强,因而可以探测大型工件,如用于探测万吨水压机的主轴和横梁等。此外,在医学上可用来探测人体内部的病变,如“B超”仪就是利用超声波来显示人体内部结构的图像。

目前超声探伤正向着显像方向发展,如用声电管把声信号变换成电信号,再用显像管显示出目的物的像来。随着激光全息技术的发展,声全息也日益发展起来。把声全息记录的信息再用光显示出来,可直接看到被测物体的图像。声全息在地质、医学等领域有着重要的意义。

由于超声波能量大而且集中,所以也可以用来切削、焊接、钻孔、清洗机件,还可以用来处理种子和促进化学反应等。

超声波在介质中的传播特性,如波速、衰减、吸收等与介质的某些特性(如弹性模量、浓度、密度、化学成分、黏度等)或状态参量(如温度、压力、流速等)密切有关,利用这些特性可以间接测量其他有关物理量。这种非声量的声测法具有测量精度高、速度快等优点。

由于超声波的频率与一般无线电波的频率相近,因此利用超声元件代替某些电子元件,可以起到电子元件难以起到的作用。超声延迟线就是其中一例。因为超声波在介质中的传播速度比起电磁波要小得多,用超声波延迟时间就方便得多。

次声波又称亚声波,一般指频率在 $10^{-4}\sim 20\,\mathrm{Hz}$ 之间的机械波,人耳听不到。它与地球、海洋和大气等的大规模运动有密切关系。例如火山爆发、地震、陨石落地、大气湍流、雷暴、磁暴等自然活动中,都有次声波产生,因此已成为研究地球、海洋、大气等大规模运动的有力工具。

次声波频率低,衰减极小,具有远距离传播的突出优点。在大气中传播几千千米后,吸收还不到万分之几分贝。因此对它的研究和应用受到越来越多的重视,已形成现代声学的一个新的分支——次声学。

本章要点

1. **机械波的基本概念**

(1) 产生的条件　波源、弹性介质

(2) 基本类型　横波、纵波

(3) 特征量　波速、周期和频率、波长

(4) 几何描述　波面与波前、波线

2. 平面简谐波

1) 波函数

$$y = A\cos[\omega(t - x/u) + \alpha]$$

2) 能量

(1) 能量密度

$$w = \rho A^2\omega^2\sin^2[\omega(t - x/u) + \alpha]$$

平均能量密度

$$\bar{w} = \frac{1}{2}\rho A^2\omega^2$$

(2) 平均能流密度(强度)

$$I = \bar{w}u = \frac{1}{2}\rho u A^2\omega^2$$

3. 机械波的干涉

(1) 惠更斯原理

(2) 波的叠加原理

(3) 波的相干条件　频率相同,振动方向相同,相位差固定。

(4) 二列波相干叠加的结果当 $\Delta\varphi = \pm 2k\pi, k = 0,1,2,\cdots$ 时,振幅最大;当 $\Delta\varphi = \pm(2k+1)\pi, k = 0,1,2,\cdots$ 时,振幅最小。

(5) 驻波　由两列振幅相同,传播方向相反的波相干叠加形成,其波动方程

$$y = 2A\cos(2\pi x/\lambda)\cos\omega t$$

由此可解定波腹、波节的位置。相邻的波腹(或波节)间的距离为半个波长。

4. 多普勒效应

由于声源与观察者的相对运动,造成接收频率发生变化的现象。

$$\nu' = -\frac{v_{波} \pm v_{人}}{v_{波} \mp u}\nu$$

习题 8

8-1　波传播所经过的介质中,各质点的振动具有(　　)。

A. 相同的相位　　B. 相同的振幅

C. 相同的频率　　D. 相同的机械能

8-2　在下面几种说法中,正确的说法是(　　)。

A. 波源不动时,波源的振动周期与波动的周期在数值上是不同的

B. 波源振动的速度与波速相同

C. 在波传播方向上的任一质点振动相位总是比波源的相位滞后

D. 在波传播方向上的任一质点的振动相位总是比波源的相位超前

8-3 一横波沿绳子传播时的波动方程为 $y=0.05\cos(4\pi x-10\pi t)$(SI),则( )。

A. 波长为0.5m B. 波长为0.05m

C. 波速为25m/s D. 波速为5m/s

8-4 沿波的传播方向(x 轴)上,有 A、B 两点相距1/3m$\left(\lambda>\frac{1}{3}\text{m}\right)$,$B$ 点的振动比 A 点滞后1/24s,相位比 A 点落后 $\pi/6$,此波的频率 ν 为( )。

A. 2Hz B. 4Hz C. 6Hz D. 8Hz

8-5 一平面简谐波沿 x 轴正向传播,已知 $x=L(L<\lambda)$ 处质点的振动方程为 $y=A\cos\omega t$,波速为 u,那么 $x=0$ 处质点的振动方程为( )。

A. $y=A\cos\omega[t+L/u]$ B. $y=A\cos\omega[t-L/u]$

C. $y=A\cos[\omega t+L/u]$ D. $y=A\cos[\omega t-L/u]$

8-6 一平面简谐波沿 x 轴正向传播,已知 $x=-5\text{m}$ 处质点的振动方程为 $y=A\cos\pi t$,波速为 $u=4\text{m/s}$,则波动方程为( )。

A. $y=A\cos\pi[t-(x-5)/4]$ B. $y=A\cos\pi[t-(x+5)/4]$

C. $y=A\cos\pi[t+(x+5)/4]$ D. $y=A\cos\pi[t+(x-5)/4]$

8-7 横波以波速 u 沿 x 轴正向传播,t 时刻波形曲线如图所示,则该时刻( )。

A. A 点速度小于零 B. B 点静止不动

C. C 点向上运动 D. D 点速度大于零

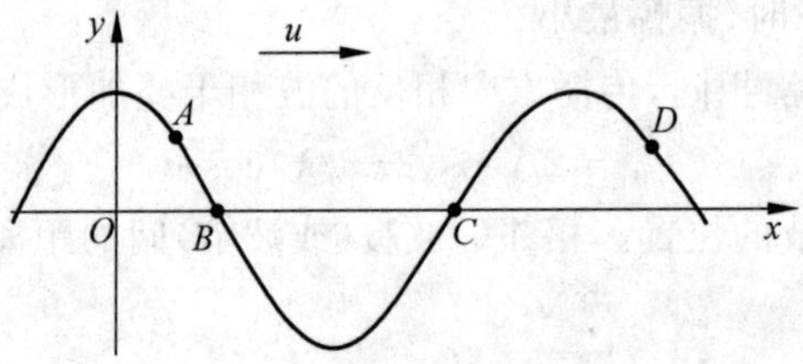

习题8-7图

8-8 在简谐波传播过程中,沿传播方向相距 $\frac{\lambda}{2}$(λ 为波长)的两点的振动速度必定( )。

A. 大小相同,而方向相反 B. 大小和方向均相同

C. 大小不同,方向相同 D. 大小不同,而方向相反

8-9 一平面简谐波在弹性介质中传播,在某一瞬时,介质中某质元正处于平衡位置,此时它的能量是( )。

A. 动能为零,势能最大 B. 动能为零,势能为零

C. 动能最大,势能最大 D. 动能最大,势能为零

8-10 一平面简谐波在弹性介质中传播,在介质质元从最大位移处回到平衡位置的过程中( )。

A. 它的势能转换为动能

B. 它的动能转换为势能

C. 它从相邻一段介质元获得能量,其能量逐渐增加

D. 它把自己的能量传给相邻的一段介质元,其能量逐渐减少

8-11 在驻波中,两个相邻波节间各质点的振动( )。

A. 振幅相同,相位相同　　　　B. 振幅不同,相位相同

C. 振幅相同,相位不同　　　　D. 振幅不同,相位不同

8-12 一平面简谐波在 $t=0$ 时的波形图如图所示,若此时 A 点处介质质元的动能在增大,则( )。

A. A 点处质元的弹性势能在减小

B. B 点处质元的弹性势能在减小

C. C 点处质元的弹性势能在减小

D. 波沿 x 轴负向传播

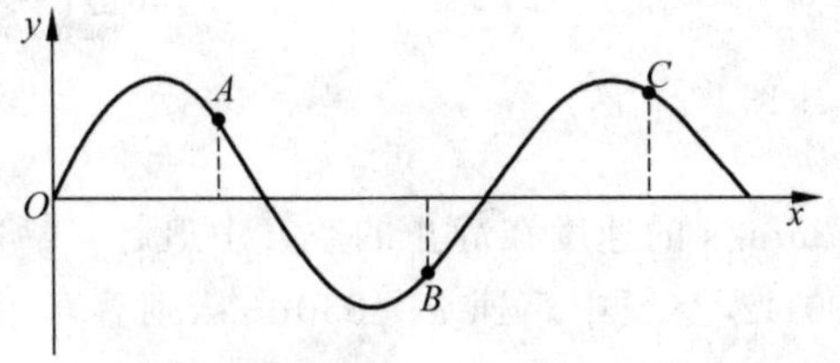

习题 8-12 图

8-13 下列关于驻波的描述中正确的是( )。

A. 波节的能量为零,波腹的能量最大

B. 波节的能量最大,波腹的能量为零

C. 两波节之间各点的相位相同

D. 两波腹之间各点的相位相同

8-14 一平面简谐机械波在媒质中传播时,若一媒质质元在 t 时刻的总机械能是 22J,则在 $\left(t+\dfrac{T}{2}\right)$($T$ 为波的周期)时刻该媒质质元的振动动能是________,总机械能为________。

8-15 一劲度系数为 k 的弹簧振子作简谐振动时,其振幅为 A,则它在平衡位置处的势能为________。一平面简谐机械波在媒质中传播时,若一媒质质元在 t 时刻恰处于平衡位置,总机械能是 12J,则 t 时刻该媒质质元的势能为________。

8-16 两列相干平面简谐波振幅都是 4cm,两波源相距 30cm,相位差为 π,在波源连线的中垂线上任意一点 P,两列波叠加后的合振幅为________。

8-17 在波长为 λ 的驻波中两个相邻波节之间的距离为________。

8-18 新型列车速度可达 200km/h,与该车汽笛声的音调相比:(1)站在车前方路旁的人听起来音调________(填"偏高"或"偏低");站在车后方路旁的人听起来音调________(填"偏高"或"偏低");(2)迎面来的另一列车上的乘客听起来音调怎样?此时列车汽笛发出的音调变化了吗?________;(3)坐在新型列车动车组上的乘客听起来音调怎样?________。

8-19　一平面简谐波沿 x 轴正向传播，$t=0$ 时的波形图如图所示，波速 $u=20\text{m/s}$，求波动方程和 P 处介质质点的振动方程。

8-20　如图所示为一沿 x 轴正向传播的平面简谐波在 $t=0$ 时刻的波形图，波速 $u=0.4\text{m/s}$，求：

(1) 该波的波动方程；

(2) $t=0$ 时刻 P 处质点的振动速度。

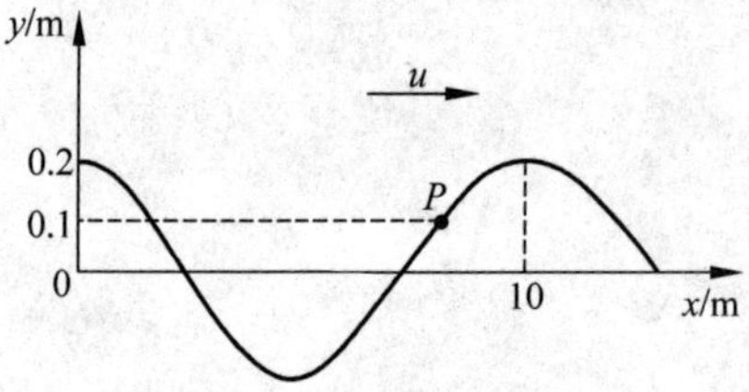

习题 8-19 图

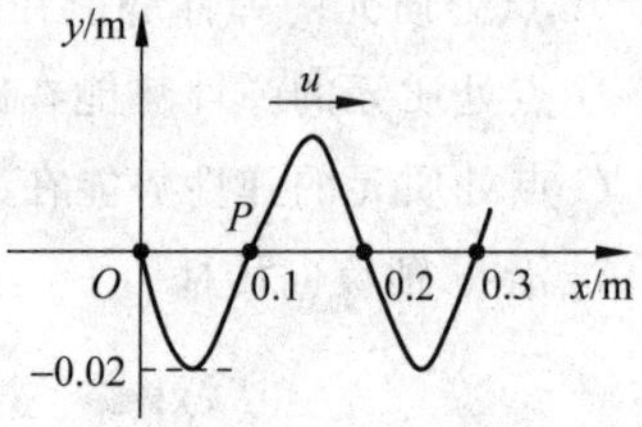

习题 8-20 图

8-21　一警车以 $v_s=25\text{m/s}$ 的速度在静止的空气中追赶一辆速度 $v_R=15\text{m/s}$ 的客车，若警车警笛声的频率为 800Hz，空气中声速 $u=330\text{m/s}$，则客车上人听到的警笛声波的频率是多少？

自测题和能力提高题　　自测题和能力提高题答案

附　　录

附录 A　量纲

本书根据我国计量法，物理量的单位采用国际单位制，即 SI。SI 以长度、质量、时间、电流、热力学温度、物质的量及发光强度这 7 个最重要的相互独立的基本物理量的单位作为基本单位，称为 SI 基本单位。

物理量是通过描述自然规律的方程或定义新物理量的方程而彼此联系着的，因此，非基本量可根据定义或借助方程用基本量来表示，这些非基本量称为导出量，它们的单位称为导出单位。

某一物理量 Q 可以用方程表示为基本物理量的幂次乘积：

$$\dim Q = \mathrm{L}^{\alpha}\mathrm{M}^{\beta}\mathrm{T}^{\gamma}\mathrm{I}^{\delta}\Theta^{\varepsilon}\mathrm{N}^{\xi}\mathrm{J}^{\eta}$$

这一关系式称为物理量 Q 对基本量的量纲。式中 α、β、γ、δ、ε、ξ 和 η 称为量纲的指数，L、M、T、I、Θ、N、J 则分别为 7 个基本量的量纲。下表列出几种物理量的量纲。

物理量	量　纲	物理量	量　纲
速度	LT^{-1}	磁通	$\mathrm{L}^2\mathrm{MT}^{-2}\mathrm{I}^{-1}$
力	LMT^{-2}	亮度	$\mathrm{L}^{-2}\mathrm{J}$
能量	$\mathrm{L}^2\mathrm{MT}^{-2}$	摩尔熵	$\mathrm{L}^2\mathrm{MT}^{-2}\Theta^{-1}\mathrm{N}^{-1}$
熵	$\mathrm{L}^2\mathrm{MT}^{-2}\Theta^{-1}$	法拉第常数	TN^{-1}
电势差	$\mathrm{L}^2\mathrm{MT}^{-3}\mathrm{I}^{-1}$	平面角	1
电容率	$\mathrm{L}^{-3}\mathrm{M}^{-1}\mathrm{T}^4\mathrm{I}^2$	相对密度	1

所有量纲指数都等于零的量称为量纲一的量。量纲一的量的单位符号为 1。导出量的单位也可以由基本量的单位(包括它的指数)的组合表示，因为只有量纲相同的物理量才能相加减；只有两边具有相同量纲的等式才能成立，故量纲可用于检验算式是否正确，对量纲不同的项相乘除是没有限制的。此外，三角函数和指数函数的自变量必须是量纲一的量。

在从一种单位制向另一单位制变换时，量纲也是十分重要的。

附录B　国际单位制(SI)的基本单位和辅助单位

1. 国际单位制的基本单位

物理量	单位名称	单位符号	单位的定义
长度	米	m	光在真空中(1/299 792 458)s时间间隔内所经路径的长度
质量	千克(公斤)	kg	千克是质量单位,等于国际千克原器的质量
时间	秒	s	秒是铯-133原子基态的两个超精细能级之间跃迁所对应的辐射的9 192 631 770个周期的持续时间
电流	安[培]	A	在真空中截面积可忽略的两根相距1m的无限长平行圆直导线内通以等量恒定电流时,若导线间相互作用力在每米长度上为2×10^{-7}N,则每根导线中的电流为1A
热力学温度	开[尔文]	K	开尔文是水的三相点热力学温度的1/273.16
物质的量	摩[尔]	mol	摩尔是一系统的物质的量,该系统中所包含的基本单元数与0.012kg碳-12的原子数目相等。在使用摩尔时,基本单位应予指明,可以是原子、分子、离子、电子及其他粒子,或是这些粒子的特定组合
发光强度	坎[德拉]	cd	坎德拉是一光源在给定方向上的发光强度,该光源发出频率为540×10^{12}Hz的单色辐射,且在此方向上的辐射强度为(1/683)W/sr

2. 国际单位制的辅助单位

物理量	单位名称	单位符号	定　义
[平面]角	弧度	rad	弧度是一圆内两条半径之间的平面角,这两条半径在圆周上截取的弧长与半径相等
立体角	球面度	sr	球面度是一立体角,其顶点位于球心,而它在球面上所截取的面积等于以球半径为边长的正方形面积

附录C　希腊字母

小写	大写	英文名称	小写	大写	英文名称
α	A	Alpha	ν	N	Nu
β	B	Beta	ξ	Ξ	Xi
γ	Γ	Gamma	ο	O	Omicron
δ	Δ	Delta	π	Π	Pi
ε	E	Epsilon	ρ	P	Rho
ζ	Z	Zeta	σ	Σ	Sigma

续表

小写	大写	英文名称	小写	大写	英文名称
η	H	Eta	τ	T	Tau
θ	Θ	Theta	υ	Υ	Upsilon
ι	I	Iota	$\varphi(\phi)$	Φ	Phi
κ	K	Kappa	χ	X	Chi
λ	Λ	Lambda	ψ	Ψ	Psi
μ	M	Mu	ω	Ω	Omega

附录 D　物理量的名称、符号和单位(SI)

物理量		单位	
名称	符号	名称	符号
长度	l, L	米	m
质量	m	千克	kg
时间	t	秒	s
速度	v	米每秒	$m \cdot s^{-1}$, m/s
加速度	a	米每二次方秒	$m \cdot s^{-2}$, m/s^2
角	$\theta, \alpha, \beta, \gamma$	弧度	rad
角速度	ω	弧度每秒	$rad \cdot s^{-1}$, rad/s
(旋)转速(度)	n	转每秒	$r \cdot s^{-1}$, r/s
频率	ν	赫[兹]	Hz, s^{-1}; Hz, 1/s
力	F	牛[顿]	N
摩擦因数	μ	一	1
动量	p	千克米每秒	$kg \cdot m \cdot s^{-1}$, $kg \cdot m/s$
冲量	I	牛[顿]秒	$N \cdot s$
功	A	焦[耳]	J
能量,热量	E, E_k, E_p, Q	焦[耳]	J
功率	P	瓦[特]	$W(J \cdot s^{-1})$, W(J/s)
力矩	M	牛[顿]米	$N \cdot m$
转动惯量	J	千克二次方米	$kg \cdot m^2$
角动量	L	千克二次方米每秒	$kg \cdot m^2 \cdot s^{-1}$, $kg \cdot m^2/s$
劲度系数	k	牛顿每米	$N \cdot m^{-1}$, N/m

续表

物理量		单位	
名称	符号	名称	符号
压强	p	帕[斯卡]	Pa
体积	V	立方米	m^3
热力学能	U	焦[耳]	J
热力学温度	T	开[尔文]	K
摄氏温度	t	摄氏度	℃
物质的量	ν, n	摩尔	mol
摩尔质量	M	千克每摩尔	$kg \cdot mol^{-1}$, kg/mol
分子自由程	λ	米	m
分子碰撞频率	Z	次每秒	s^{-1}
黏度	η	帕[斯卡]秒,千克每米秒	$Pa \cdot s$, $kg \cdot m^{-1} \cdot s^{-1}$, $kg/(m \cdot s)$
热导率	κ	瓦每米开	$W \cdot m^{-1} \cdot K^{-1}$, $W/(m \cdot K)$
扩散系数	D	平方米每秒	$m^2 \cdot s^{-1}$, m^2/s
比热容	c	焦[耳]每千克开	$J \cdot kg^{-1} \cdot K^{-1}$, $J/(kg \cdot K)$
摩尔热容	$C_m, C_{V,m}, C_{p,m}$	焦[耳]每摩尔开	$J \cdot mol^{-1} \cdot K^{-1}$, $J/(mol \cdot K)$
摩尔热容比	$\gamma = C_{p,m}/C_{V,m}$		
热机效率	η		
制冷系数	ε		
熵	S	焦[耳]每开	$J \cdot K^{-1}$, J/K
电荷	q, Q	库[仑]	C
体电荷密度	ρ	库[仑]每立方米	$C \cdot m^{-3}$, C/m^3
面电荷密度	σ	库[仑]每平方米	$C \cdot m^{-2}$, C/m^2
线电荷密度	λ	库[仑]每米	$C \cdot m^{-1}$, C/m
电场强度	E	伏[特]每米	$V \cdot m^{-1}$, V/m
真空电容率	ε_0	法拉每米	$F \cdot m^{-1}$, F/m
相对电容率	ε_r		
电场强度通量	Ψ_e	伏[特]米	$V \cdot m$
电势能	E_p	焦[耳]	J
电势	V	伏[特]	V
电势差	$V_1 - V_2$	伏[特]	V
电偶极矩	p	库[仑]米	$C \cdot m$

续表

物理量		单位	
名称	符号	名称	符号
电容	C	法拉	F
电极化强度	P	库[仑]每平方米	$C\cdot m^{-2}$,C/m^2
电位移	D	库[仑]每平方米	$C\cdot m^{-2}$,C/m^2
电流	I	安[培]	A
电流密度	j	安[培]每平方米	$A\cdot m^{-2}$,A/m^2
电阻	R	欧[姆]	Ω
电阻率	ρ	欧[姆]米	Ω·m
电动势	$\mathscr{E}$	伏[特]	V
磁感应强度	B	特[斯拉]	T
磁矩	m	安[培]平方米	$A\cdot m^2$
磁化强度	M	安[培]每米	$A\cdot m^{-1}$,A/m
真空磁导率	μ_0	亨[利]每米	$H\cdot m^{-1}$,H/m
相对磁导率	μ_r		
磁场强度	H	安[培]每米	$A\cdot m^{-1}$,A/m
磁通[量]	Φ_m	韦[伯]	Wb
磁通匝链数	Ψ		
自感	L	亨[利]	H
互感	M	亨[利]	H
位移电流	I_d	安[培]	A
磁能密度	ω_m	焦[耳]每立方米	$J\cdot m^{-3}$,J/m^3
周期	T	秒	s
频率	ν,f	赫[兹]	Hz
振幅	A	米	m
角频率	ω	弧度每秒	$rad\cdot s^{-1}$,rad/s
波长	λ	米	m
角波数(波数)	k	每米	m^{-1},1/m
相位	φ	弧度	rad
光速	c	米每秒	$m\cdot s^{-1}$,m/s
振动位移	x,y	米	m
振动速度	v	米每秒	$m\cdot s^{-1}$,m/s
波强	I	瓦[特]每平方米	$W\cdot m^{-2}$,W/m^2

附录 E　基本物理常数表（2006 年国际推荐值）

物　理　量	符号	数　　值	单　位	计算时的取值
真空光速	c	299 792 458（精确）	m/s	3.00×10^{8}
真空磁导率	μ_0	$4\pi\times10^{-7}$（精确）	H/m	
真空介电常数	ε_0	$8.854\,187\,817\cdots\times10^{-12}$（精确）	F/m	8.85×10^{-12}
牛顿引力常数	G	$6.674\,28(67)\times10^{-11}$	$m^3/(kg\cdot s^2)$	6.67×10^{-11}
普朗克常数	h	$6.626\,608\,96(33)\times10^{-34}$	J·s	6.63×10^{-34}
基本电荷	e	$1.602\,176\,487(40)\times10^{-19}$	C	1.60×10^{-19}
里德伯常数	R_∞	10 973 731.568 527(73)	m^{-1}	10 973 731
电子质量	m_e	$0.910\,938\,215(45)\times10^{-30}$	kg	9.11×10^{-31}
康普顿波长	λ_C	$2.426\,310\,58(22)\times10^{-12}$	m	2.43×10^{-12}
质子质量	m_p	$1.672\,621\,637(83)\times10^{-27}$	kg	1.67×10^{-27}
阿伏伽德罗常数	N_A，L	$6.022\,141\,79(30)\times10^{23}$	mol^{-1}	6.02×10^{23}
摩尔气体常数	R	8.314 472(15)	J/(mol·K)	8.31
玻尔兹曼常数	k	$1.380\,650\,4(24)\times10^{-23}$	J/K	1.38×10^{-23}
摩尔体积（理想气体），$T=273.15K$，$p=101\,325Pa$	V_m	22.414 10(19)	L/mol	22.4
斯特藩-玻尔兹曼常数	σ	$5.670\,400(40)\times10^{-8}$	$W/(m^2\cdot K^4)$	5.67×10^{-8}

附录 F　常用数学公式

1. 矢量运算

1）单位矢量的运算

$\boldsymbol{i}$、$\boldsymbol{j}$ 和 $\boldsymbol{k}$ 为坐标轴 $\boldsymbol{x}$、$\boldsymbol{y}$ 和 $\boldsymbol{z}$ 方向的单位矢量，有

$$\boldsymbol{i}\cdot\boldsymbol{i}=\boldsymbol{j}\cdot\boldsymbol{j}=\boldsymbol{k}\cdot\boldsymbol{k}=1,\quad \boldsymbol{i}\cdot\boldsymbol{j}=\boldsymbol{j}\cdot\boldsymbol{k}=\boldsymbol{k}\cdot\boldsymbol{i}=0$$

$$\boldsymbol{i}\times\boldsymbol{i}=\boldsymbol{j}\times\boldsymbol{j}=\boldsymbol{k}\times\boldsymbol{k}=\boldsymbol{0}$$

$$\boldsymbol{i}\times\boldsymbol{j}=\boldsymbol{k},\quad \boldsymbol{j}\times\boldsymbol{k}=\boldsymbol{i},\quad \boldsymbol{k}\times\boldsymbol{i}=\boldsymbol{j}$$

2）矢量的标积和矢积

设两矢量 $\boldsymbol{a}$ 与 $\boldsymbol{b}$ 之间小于 π 的夹角为 θ，有

$$\boldsymbol{a}\cdot\boldsymbol{b}=\boldsymbol{b}\cdot\boldsymbol{a}=a_xb_x+a_yb_y+a_zb_z=ab\cos\theta$$

$$\boldsymbol{a}\times\boldsymbol{b}=-\boldsymbol{b}\times\boldsymbol{a}=\begin{vmatrix}\boldsymbol{i} & \boldsymbol{j} & \boldsymbol{k}\\ a_x & a_y & a_z\\ b_x & b_y & b_z\end{vmatrix}$$

$$|\boldsymbol{a}\times\boldsymbol{b}|=ab\sin\theta$$

3）矢量的混合运算

$$\boldsymbol{a}\times(\boldsymbol{b}+\boldsymbol{c})=(\boldsymbol{a}\times\boldsymbol{b})+(\boldsymbol{a}\times\boldsymbol{c})$$

$$(s\boldsymbol{a})\times\boldsymbol{b}=\boldsymbol{a}\times(s\boldsymbol{b})=s(\boldsymbol{a}\times\boldsymbol{b})\quad（s\ 为标量）$$

$$\boldsymbol{a}\cdot(\boldsymbol{b}+\boldsymbol{c})=\boldsymbol{b}\cdot(\boldsymbol{c}\times\boldsymbol{a})=\boldsymbol{c}\cdot(\boldsymbol{a}\times\boldsymbol{b})$$

$$\boldsymbol{a}\times(\boldsymbol{b}\times\boldsymbol{c})=(\boldsymbol{a}\cdot\boldsymbol{c})\boldsymbol{b}-(\boldsymbol{a}\cdot\boldsymbol{b})\boldsymbol{c}$$

2. 三角函数公式

$$\sin(90^\circ-\theta)=\cos\theta$$
$$\cos(90^\circ-\theta)=\sin\theta$$
$$\sin\theta/\cos\theta=\tan\theta$$
$$\sin^2\theta+\cos^2\theta=1$$
$$\sec^2\theta-\tan^2\theta=1$$
$$\csc^2\theta-\cot^2\theta=1$$
$$\sin2\theta=2\sin\theta\cos\theta$$
$$\cos2\theta=\cos^2\theta-\sin^2\theta=2\cos^2\theta-1=1-2\sin^2\theta$$
$$\sin(\alpha\pm\beta)=\sin\alpha\cos\beta\pm\cos\alpha\sin\beta$$
$$\cos(\alpha\pm\beta)=\cos\alpha\cos\beta\mp\sin\alpha\sin\beta$$
$$\tan(\alpha\pm\beta)=\frac{\tan\alpha\pm\tan\beta}{1\mp\tan\alpha\tan\beta}$$
$$\sin\alpha\pm\sin\beta=2\sin\frac{1}{2}(\alpha\pm\beta)\cos\frac{1}{2}(\alpha\mp\beta)$$
$$\cos\alpha+\cos\beta=2\cos\frac{1}{2}(\alpha+\beta)\cos\frac{1}{2}(\alpha-\beta)$$
$$\cos\alpha-\cos\beta=-2\sin\frac{1}{2}(\alpha+\beta)\sin\frac{1}{2}(\alpha-\beta)$$

3. 常用导数公式

(1) $\frac{\mathrm{d}x}{\mathrm{d}x}=1$

(2) $\frac{\mathrm{d}(au)}{\mathrm{d}x}=a\frac{\mathrm{d}u}{\mathrm{d}x}$

(3) $\frac{\mathrm{d}}{\mathrm{d}x}(u+v)=\frac{\mathrm{d}u}{\mathrm{d}x}+\frac{\mathrm{d}v}{\mathrm{d}x}$

(4) $\frac{\mathrm{d}}{\mathrm{d}x}x^m=mx^{m-1}$

(5) $\frac{\mathrm{d}}{\mathrm{d}x}\ln x=\frac{1}{x}$

(6) $\frac{\mathrm{d}}{\mathrm{d}x}(uv)=u\frac{\mathrm{d}v}{\mathrm{d}x}+v\frac{\mathrm{d}u}{\mathrm{d}x}$

(7) $\frac{\mathrm{d}}{\mathrm{d}x}\mathrm{e}^x=\mathrm{e}^x$

(8) $\frac{\mathrm{d}}{\mathrm{d}x}\sin x=\cos x$

(9) $\frac{\mathrm{d}}{\mathrm{d}x}\cos x=-\sin x$

(10) $\frac{\mathrm{d}}{\mathrm{d}x}\tan x=\sec^2 x$

(11) $\frac{d}{dx}\cot x = -\csc^2 x$

(12) $\frac{d}{dx}\sec x = \tan x \sec x$

(13) $\frac{d}{dx}\csc x = -\cot x \csc x$

(14) $\frac{d}{dx}e^u = e^u \frac{du}{dx}$

(15) $\frac{d}{dx}\sin u = \cos u \frac{du}{dx}$

(16) $\frac{d}{dx}\cos u = -\sin u \frac{du}{dx}$

4. 常用积分公式

(1) $\int dx = x + c$

(2) $\int au\,dx = a\int u\,dx + c$

(3) $\int (u+v)dx = \int u\,dx + \int v\,dx + c$

(4) $\int x^m dx = \frac{1}{m+1}x^{m+1} + c, \quad m \neq -1$

(5) $\int \frac{dx}{x} = \ln|x| + c$

(6) $\int e^x dx = e^x + c$

(7) $\int \sin x\,dx = -\cos x + c$

(8) $\int \cos x\,dx = \sin x + c$

(9) $\int \tan x\,dx = \ln|\sec x| + c$

(10) $\int e^{-ax} dx = -\frac{1}{a}e^{ax} + c$

(11) $\int x e^{-ax} dx = -\frac{1}{a^2}(ax+1)e^{-ax} + c$

(12) $\int x^2 e^{-ax} dx = -\frac{1}{a^3}(a^2x^2 + 2ax + 2)e^{-ax} + c$

(13) $\int \frac{dx}{\sqrt{x^2+a^2}} = \ln(x + \sqrt{x^2+a^2}) + c$

(14) $\int \frac{x\,dx}{(x^2+a^2)^{3/2}} = -\frac{1}{(x^2+a^2)^{1/2}} + c$

(15) $\int \frac{dx}{(x^2+a^2)^{3/2}} = \frac{1}{a^2(x^2+a^2)^{1/2}} + c$

习 题 答 案

习 题 1

1-1 B　1-2 D　1-3 B　1-4 B　1-5 C　1-6 C　1-7 B

1-8 B　1-9 B

1-10　0；$\dfrac{v_1t_1+v_2t_2}{t_1+t_2}$或者$\dfrac{2v_1t_1}{t_1+t_2}$或者$\dfrac{2v_2t_2}{t_1+t_2}$

1-11　$\omega=4t^3-3t^2$；$a_\tau=12t^2-6t$

1-12　(1) $A\omega^2\sin\omega t$；(2) $\dfrac{1}{2}(2n+1)\pi/\omega, n=0,1,2,3,\cdots$

1-13　45m/s　1-14　8m；10m　1-15　2m/s；3m/s

1-16　(1) $\Delta\boldsymbol{r}=(4\boldsymbol{i}-2\boldsymbol{j})$m；

(2) $|\Delta\boldsymbol{r}|=2\sqrt{5}$ m；该段时间内质点的位移矢量的方向与 x 轴的夹角为 $\alpha=-26.6°$；

(3) 略

1-17　(1) $x(3)=4$m；(2) $x(3)-x(0)=3$m；(3) 5m

1-18　(1) $y=2-\dfrac{x^2}{4}, x>0$,运动轨迹图略；

(2) $\bar{\boldsymbol{v}}=2\boldsymbol{i}-3\boldsymbol{j}$ m/s；

(3) $\boldsymbol{v}(1)=2\boldsymbol{i}-2\boldsymbol{j}$ m/s, $\boldsymbol{v}(2)=2\boldsymbol{i}-4\boldsymbol{j}$ m/s；

(4) $\boldsymbol{a}(1)=\boldsymbol{a}(2)=-2\boldsymbol{j}$ m/s^2

1-19　$x=\sqrt{(l_0-v_0t)^2-H^2}$；$v=-\dfrac{(l_0-v_0t)v_0}{\sqrt{(l_0-v_0t)^2-H^2}}=-\dfrac{v_0}{\cos\alpha}$；

$a=-\dfrac{v_0^2H^2}{x^3}$

1-20　4.03m；差不多是人所跳高度的两倍。

1-21　(1) $t=0.5$s 时质点以顺时针方向转动；(2) $\theta(0.25)=0.25$rad

1-22　(1) $t=1$s 时 a 与半径成 45°；(2) $s=1.5$m, $\Delta\theta=0.5$rad

1-23　$a_n=0.25$m/s^2, $a=0.32$m/s^2, $\alpha=128°40'$

1-24　(1) 48.0m；(2) $16\sqrt{2}$ m/s

1-25　(1) $(8t\boldsymbol{j}+\boldsymbol{k})$m/s；(2) $8\boldsymbol{j}$ m/s^2

1-26　(1) 7.49×10^3 m/s；(2) 8.00m/s^2

1-27　4.5m/s^2, 0.6m/s^2

1-28　(1) $\boldsymbol{r}=200t\boldsymbol{i}+(200\sqrt{3}t-5t^2)\boldsymbol{j}$ m, $\boldsymbol{a}=-10\boldsymbol{j}$ m/s^2；

(2) $a_\tau=5\sqrt{3}$ m/s^2, $a_n=5$m/s^2,图略

1-29 (1) $\boldsymbol{r}=2t\boldsymbol{i}+(9-2t^2)\boldsymbol{j}\,\text{m}, \boldsymbol{a}=-4\boldsymbol{j}\,\text{m/s}^2$;

(2) $a_{\tau}=2\sqrt{2}\,\text{m/s}^2, a_n=2\sqrt{2}\,\text{m/s}^2$;

(3) $t=0, t=2\text{s}$

习 题 2

2-1 B 2-2 A 2-3 D 2-4 A 2-5 B 2-6 B 2-7 D

2-8 C 2-9 C 2-10 D

2-11 1; $\cos^2\theta$

2-12 $\frac{2}{3}t^3\boldsymbol{i}+3t\boldsymbol{j}$

2-13 $\frac{mv}{t}$,竖直向下

2-14 $\boldsymbol{i}-5\boldsymbol{j}$

2-15 3∶1; 3∶1

2-16 $\frac{3}{2}F_0R^2$

2-17 18J,6m/s,162J,18m/s

2-18 =,>

2-19 $M\sqrt{6gh}$,方向垂直斜面向下

2-20 $\frac{m\omega^2(A^2-B^2)}{2}$

2-21 (1) $v=v_0\text{e}^{-Kt/m}$; (2) $x_{\max}=\frac{mv}{K}$

2-22 (1) $v_B=d\sqrt{\frac{k}{2m}}$; (2) $\frac{d}{\sqrt{2}}$

2-23 (1) $\sqrt{(g\sin\theta)^2+[2g(1-\cos\theta)]^2}$; (2) 48.2°

2-24 (1) 0.06m; (2) 4.2J,碰撞是非弹性的

2-25 $\sqrt{2gh+m^2v^2\cos^2\theta/(M+m)^2}$

习 题 3

3-1 C 3-2 D 3-3 B 3-4 C 3-5 C 3-6 C 3-7 D

3-8 刚体的总质量,质量的分布,转轴的位置

3-9 $\frac{1}{2}Ma$

3-10 5.0N

3-11 0.4rad/s

3-12 12.5N·m

3-13 $M_{阻}=J\alpha=-\frac{1}{3}ml^2\frac{\omega_0}{t}=-\frac{1}{3t}ml^2\omega_0$

3-14 $a=\frac{m_1g}{m_1+m_2+M/2}$; $T_1=\frac{m_1(m_2+M/2)g}{m_1+m_2+M/2}$, $T_2=\frac{m_1m_2g}{m_1+m_2+M/2}$

讨论:当 $M=0$ 时(忽略滑轮质量),$T_1=T_2=\frac{m_1m_2g}{m_1+m_2}$

3-15 $v=\sqrt{\frac{2mgh-kh^2}{m+I/R^2}}$

3-16 (1) $\omega=\frac{mv_0R}{\frac{1}{2}MR^2+mR^2}$; (2) 损失的机械能 $\Delta E=\frac{1}{2}mv_0^2-\frac{1}{2}\left(\frac{1}{2}MR^2+mR^2\right)\omega^2$

习　题　4

4-1　D　4-2　A　4-3　B　4-4　C　4-5　C　4-6　C　4-7　C

4-8　C　4-9　B　4-10　A

4-11　c；c　4-12　0.8，0.8　4-13　0.075m^3

4-14　2.60×10^8　4-15　(1) $\sqrt{3}\ c/2$；(2) $\sqrt{3}c/2$

4-16　(1) $\dfrac{m}{sl}$；(2) $\dfrac{25m}{9Sl}$　4-17　(1) $9\times0^{16}\text{J}$；(2) $1.5\times0^{17}\text{J}$

4-18　$c\sqrt{1-(l/l^2)^2}$，$m_0c^2\left(\dfrac{l_0-l}{l}\right)$

4-19　3/5，1/5　4-20　$m_0c^2(n-1)$

习　题　5

5-1　B　5-2　C　5-3　D　5-4　B　5-5　C　5-6　A　5-7　C

5-8　C　5-9　D　5-10　C　5-11　B　5-12　D　5-13　C

5-14　$1.33\times10^5\text{Pa}$　5-15　6.23×10^3；6.21×10^{-21}；1.035×10^{-20}

5-16　12.5J；20.8J；24.9J　5-17　(1) 1∶1；(2) 2∶1；(3) 10∶3

5-18　氩；氦　5-19　1∶2；5∶3

5-20　4.81K

5-21　在速率 v 附近单位速率区间内的分子数占总分子数的百分比。

5-22　(1) $f(v)\mathrm{d}v=\dfrac{\mathrm{d}N}{N}$ 表示理想气体分子速率大小在 v 附近，$v\sim v+\mathrm{d}v$ 速率区间内的分子数占总分子数的百分比；

(2) $Nf(v)\mathrm{d}v=\mathrm{d}N$ 表示理想气体分子速率大小在 v 附近，$v\sim v+\mathrm{d}v$ 速率区间内的分子数；

(3) $\displaystyle\int_{v_1}^{v_2}f(v)\mathrm{d}v=\frac{\Delta N}{N}$ 表示某种理想气体分子速率在 $v_1\sim v_2$ 区间内的分子数占总分子数的百分比；

(4) $N\displaystyle\int_{v_1}^{v_2}f(v)\mathrm{d}v=\Delta N$ 表示某种理想气体分子速率在 $v_1\sim v_2$ 区间内的分子数；

(5) $\dfrac{\int_{v_1}^{v_2}vf(v)\mathrm{d}v}{\int_{v_1}^{v_2}f(v)\mathrm{d}v}=\dfrac{\int_{v_1}^{v_2}v\mathrm{d}N}{\Delta N}$ 表示某种理想气体分子速率在 $v_1\sim v_2$ 区间内分子的平均速率$\bar{v}$

习　题　6

6-1　B　6-2　C　6-3　B　6-4　C　6-5　B　6-6　B　6-7　C

6-8　B　6-9　C　6-10　A

6-11 15J 6-12 2∶5 6-13 1.6×10^3J

6-14 $-|W_1|$；$-|W_2|$ 6-15 124.7J，−84.3J 6-16 500，700

6-17 W/R；$\frac{7}{2}W$ 6-18 $\frac{3}{2}p_1V_1$，0 6-19 $\frac{2}{i+2}$，$\frac{i}{i+2}$

6-20 8.31J，29.09J 6-21 −700J

6-22 (1) $W_p=2.49\times10^3$J；$Q_p=8.73\times10^3$J；

(2) $W_T=1,73\times10^3$J；$Q_T=1.73\times10^3$J；

(3) $W_a=1.51\times10^3$J；$Q_a=0$J

6-23 (1) $T_C=100$K；$T_B=300$K；

(2) $W_{AB}=400$J；$W_{BC}=-200$J；$W_{CA}=0$；

(3) 循环中气体总吸热 $Q=200$J

6-24 (1) $W_{da}=-5.065\times10^3$J；

(2) $\Delta E_{ab}=3.039\times10^4$J；

(3) 净功 $W=5.47\times10^3$J；

(4) $\eta=13\%$

6-25 (1) $\eta=10\%$；(2) $W_{bc}=3\times10^4$J

习 题 7

7-1 B 7-2 A 7-3 A 7-4 A

7-5 (1) π；(2) −π/2；(3) π/3

7-6 (1) 10cm；(2) $\frac{\pi}{2}$或者$-\frac{\pi}{2}$

7-7 $\varphi_2-\varphi_1=\frac{2\pi}{3}$或$\varphi_1-\varphi_2=\frac{4\pi}{3}$

7-8 (1) 同频率；(2) 同振幅；(3) 两振动互相垂直；

(4) 位相差为$(2k+1)\frac{\pi}{2}$，$k=0,\pm1,\pm2,\cdots$

7-9 (1) $T=1.2$s；(2) $v=-20.9$cm/s

7-10 $x=2\cos\left(\frac{4}{3}\pi t+\frac{2}{3}\pi\right)$cm

7-11 $x=2\times10^{-2}\cos\left(5t/2-\frac{1}{2}\pi\right)$(SI)

7-12 (2/3)s

7-13 $\varphi=-\frac{2\pi}{3}$；$T=3.43$s

7-14 15/16

7-15 A_2-A_1；$x=(A_2-A_1)\cos\left(\frac{2\pi}{T}t+\frac{1}{2}\pi\right)$

7-16　1×10^{-2} m；$\pi/6$

习　题　8

8-1　C　8-2　C　8-3　A　8-4　A　8-5　A　8-6　B　8-7　D

8-8　A　8-9　C　8-10　C　8-11　B　8-12　D　8-13　C

8-14　11J,22J　8-15　0；6J

8-16　0　8-17　$\lambda/2$

8-18　（1）偏高；偏低；（2）偏高；没变；（3）音调不变

8-19　$y=0.2\cos\left[4\pi\left(t-\frac{x}{20}\right)\right]$(SI)；$y_P=0.2\cos(4\pi t+\pi/3)$(SI)

8-20　（1）$y=0.02\cos\left[2\pi\left(\frac{t}{0.5}-\frac{x}{0.2}\right)-\frac{\pi}{2}\right]$ m；（2）$v_P=-0.08\pi$ m/s

8-21　826Hz

索　引

（以汉语拼音字母顺序排列）

J

绝对参考系	absolute reference frame	(4-1)
绝对空间	absolute space	(4-1)
绝对时间	absolute time	(4-1)
机械运动	mechanical motion	(1-1)
机械能	mechanical energy	(2-8)
机械能守恒定律	law of conservation of mechanical energy	(2-8)
加速度	acceleration	(1-2)
伽利略相对性原理	Galilean principle of relativity	(1-5)
角动量	angular momentum	(2-5)
角动量守恒定律	law of conservation of angular momentum	(2-5)
角加速度	angular acceleration	(1-4)
角速度	angular velocity	(1-4)
角位移	angular displacemnent	(1-4)
静摩擦力	static friction force	(2-2)
劲度系数	coefficient of stiffness	(2-2)
绝对速度	absolute velocity	(1-5)
绝对运动	absolute motion	(1-1)
机械波	mechanical wave	(8-1)
机械振动	mechanical vibration	(7-1)
简谐波	simple harmonic wave	(8-2)
简谐运动	simple harmonic motion，SHM	(8-1)
绝热线	adiabat	(6-2)
绝热过程	adiabatic process	(6-2)
绝热方程	adiabatic equation	(6-2)

K

卡诺	Carnot	(6-4)
卡诺定理	Carnot theorem	(6-4)
卡诺循环	Carnot cycle	(6-4)
开尔文	Kelvin	(6-5)
可逆过程	reversible process	(6-5)
克劳修斯	Clausius	(6-5)
克劳修斯等式	Clausius equality	(6-5)

L

力	force	(2-2)
力矩	moment of force	(2-5)
洛伦兹变换	Lorentz transformation	(4-2)
理想气体	ideal gas	(5-1)
理想气体内能	internal energy of ideal gas	(5-3)
理想气体物态方程	equation of state of ideal gas	(5-1)

参 考 文 献

[1] 张三慧.大学基础物理学(上册)[M].北京：清华大学出版社，2009.

[2] 单秋山.物理教程[M].哈尔滨：哈尔滨工业大学出版社，2002.

[3] 朱峰.大学物理[M].北京：清华大学出版社，2014.

[4] 戴剑锋，李维学，王青.工科物理(下册)[M].北京：机械工业出版社，2009.

[5] 吴王杰.物理(工)[M].北京：机械工业出版社，2007.

[6] 张丹海 洪小达.简明大学物理教程[M].北京：科技出版社，2008.

[7] 朱峰.大学物理学[M].北京：清华大学出版社，2009.

[8] 徐建中.物理学[M].北京：化学工业出版社，2009.

[9] 马文蔚.物理学[M].北京：高等教育出版社，2014.

[10] 唐海燕，王丽梅，宋士贤.工科物理教程[M].北京：国防工业出版社，2007.

[11] 魏京花，宫瑞婷.普通物理学习辅导[M].北京：中国建材工业出版社，2010.

[12] 刘金伟，于慧，王俊平.大学物理学习题集[M].天津：天津科学技术出版社，2005.

[13] 赵凯华，罗蔚因.新概念物理教程 热学[M].2版.北京：高等教育出版社，2005.

[14] 秦允豪.普通物理学教程 热学[M].3版.北京：高等教育出版社，2011.

[15] CARDWELL D S L. From Watt to Clausius：the rise of thermodynamics in the early industrial age [M]. London：Heinemann，1971.

[16] CLAUSIUS R. The mechanical theory of heat-with its applications to the steam engine and to physical properties of bodies[M]. London：MDCCCLXVII，1865.